口絵１　空間的に連続した森林（左）と分断化した森林（右）の例
マレーシア・サラワク州（ボルネオ島北部）にて．→p. 46

口絵２　クロサルノコシカケの子実体
ナラ類やクリの心材腐朽菌で大径木に発生する．→p. 87

口絵３　ヒジリタケの子実体

国内では西表島の河畔砂質土壌などに稀に発生する．→p. 93

口絵４　マツ材線虫病（マツ枯れ）とナラ類萎凋病（ナラ枯れ）

上：マツ材線虫病被害（左），線虫接種で世界で初めて枯れたマツ（右）．下：ナラ類萎凋病被害（左），被害木に認められる大量のフラス（右）．→p. 150

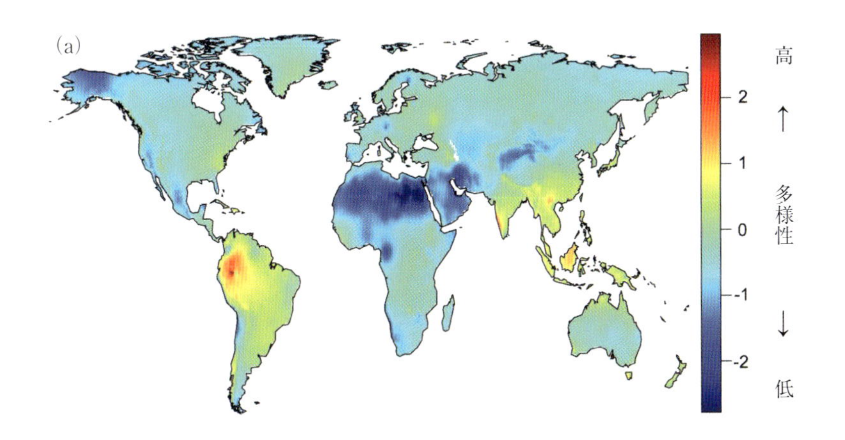


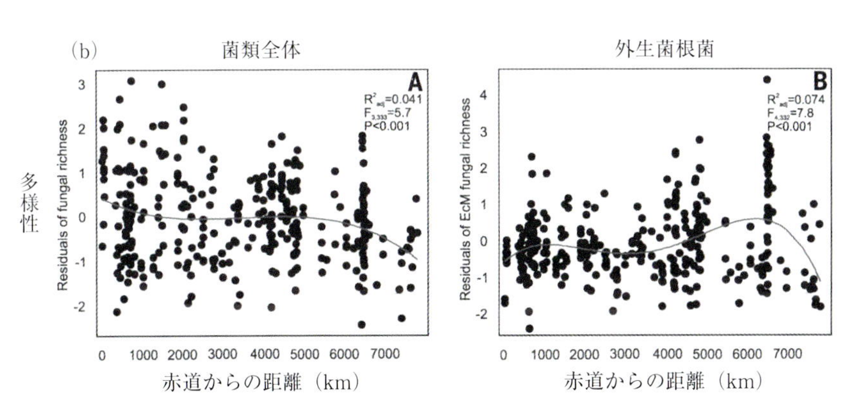


口絵５　世界の土壌中に生息する（a）菌類の多様性と（b）赤道からの距離に伴う菌類全体と外生菌根菌の多様性

菌類全体では赤道近くの熱帯での多様性が高く，外生菌根菌では赤道から5000〜6000 km 離れた地点で高くなった．Tedersoo *et al.*（2014）を改変．→p. 123

口絵 6　スギ赤枯病の罹病葉→p. 179

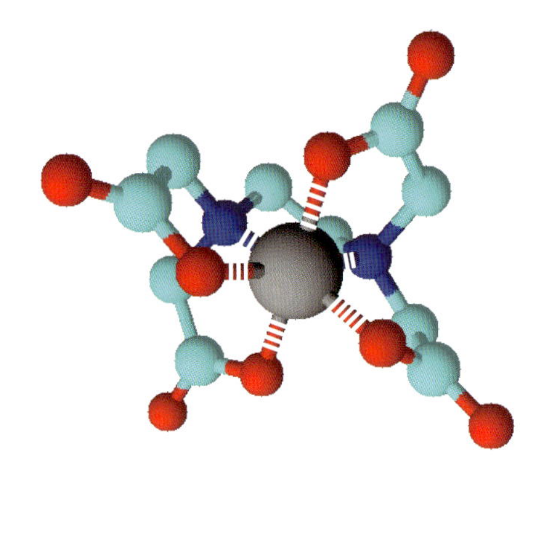


口絵 7　エチレンジアミンテトラ酢酸（EDTA）と鉄のキレート結合の模式図

1 分子の EDTA の 4 つのカルボキシル基および 2 つのアミノ基が鉄とキレート結合している様子を，模式的に示す．水素は省略している．→p. 213

口絵 8　ヤブツバキ落葉上に出現したリチズマ科子嚢菌類の子実体（黒点）と漂白部

沖縄県国頭郡ヤンバルの亜熱帯林で採取．バーは 1 cm．→p. 265

森林科学シリーズ

# 森林と菌類

升屋勇人　編

Series in Forest Science

10

共立出版

# 執筆者一覧


| | |
|---|---|
| **升屋勇人** | （国研）森林研究・整備機構森林総合研究所（序章・第4章・第5章・終章） |
| **滝　久智** | （国研）森林研究・整備機構森林総合研究所（序章） |
| **山下　聡** | 徳島大学大学院社会産業理工学研究部（第1章） |
| **服部　力** | （国研）森林研究・整備機構森林総合研究所（第2章） |
| **松田陽介** | 三重大学大学院生物資源学研究科（第3章） |
| **佐橋憲生** | （国研）森林研究・整備機構森林総合研究所（第4章） |
| **山路恵子** | 筑波大学生命環境系（第6章） |
| **春間俊克** | 筑波大学生命環境科学研究科生物圏資源科学（第6章） |
| **松岡俊将** | 兵庫県立大学大学院シミュレーション学研究科（第7章） |
| **大園享司** | 同志社大学理工学部環境システム学科（第7章） |

# 『森林科学シリーズ』刊行にあたって

樹木は高さ 100 m，重さ 100 t に達する地球上で最大の生物である．自ら移動することはできず，ふつうは他の樹木と寄り合って森林を作っている．森林は長寿命であるためその変化は目に見えにくいが，破壊と修復の過程を経ながら，自律的に遷移する．破壊の要因としては，微生物，昆虫などによる攻撃，山火事，土砂崩れ，台風，津波などが挙げられるが，それにも増して人類の直接的・間接的影響は大きい．人類は森林から木を伐り出し，跡地を農耕地に変えるとともに，環境調節，災害防止などさまざまな恩恵を得てきた．同時に，自ら植林するなど，森林を修復し，変容させ，温暖化など環境条件そのものの変化をもたらしてきた．森林は人類による社会的構築物なのである．

森林とそれをめぐる情勢の変化は，ここ数十年に特に著しい．前世紀，森林は破壊され，木材は建築，燃料，製紙などに盛んに利用された．日本国内においては拡大造林の名のもとに，奥地の森林までが開発され，針葉樹造林地に変化した．しかし世紀末には，地球環境への関心が高まり，とりわけ温暖化と生物多様性の喪失が懸念されるようになった．それを受けて環境保全の国際的枠組みが作られ，日本国内の森林政策も木材生産中心から生態系サービス重視へと変化した．いまや，森林には木材資源以外にも大きな価値が認められつつある．しかしそれらはまた，複雑な国際情勢のもとで簡単に覆される可能性がある．現に，アメリカ前大統領のバラク・オバマ氏は退任にあたり「サイエンス」誌に論文を書き，地球環境問題への取り組みは引き返すことはできないと遺言したが，それは大統領交代とともに，自国第一の名のもとにいとも簡単に破棄されてしまった．

動かぬように見える森林も，その内外に激しい変化への動因を抱えていることが理解される．私たちは，森林に新たな価値を見い出し，それを持続的に利用してゆく道を探らなくてはならない．

『森林科学シリーズ』刊行にあたって

本シリーズは，森林の変容とそれをもたらしたさまざまな動因，さらにはそれらが人間社会に与えた影響とをダイナミックにとらえ，若手研究者による最新の研究成果を紹介することによって，森林に関する理解を深めることを目的とする．内容は高校生，学部学生にもわかりやすく書くことを心掛けたが，同時に各巻は現在の森林科学各分野の到達点を示し，専門教育への導入ともなっている．

『森林科学シリーズ』編集委員会
菊沢喜八郎・中静　透・柴田英昭・生方史数・三枝信子・滝　久智

# まえがき

森林を歩くと必ず見かけるキノコなどの菌類たち．森林生態系の中では，他の生物に比べて決してメジャーな存在ではないが，そのバイオマスや機能は実はかなりメジャー級である．例えば，ナラタケは樹木を枯死させたり食用になったりするキノコであるが，地下に菌糸を張り巡らせ，広範囲に広がっている．1 個体のバイオマスは推計ではシロナガスクジラ以上とも言われ，地球最大の生物とも言われたことがある．また，様々な腐朽菌は木質分解者として主要な存在であり，リグニンなど他の生物が分解できない化合物を分解するため，炭素循環の中で重要なピースの一つである．こうした事実は，普段目にしている姿からは，ほとんど想像できない．何より，地下部のみで生育する菌類や，微小で肉眼では認識できない種類がほとんどであるため，目にすることすら難しい．そのため，近年，生物多様性研究はインベントリーからサービス機能に主軸を置いた研究になってきているにも関わらず，菌類はいまだ所属不明種を多く抱え，インベントリーの完成も程遠い．森林生態学における菌類のサービス機能についての研究は，菌類は森林生態系で重要な役割を果たしていると言われているにも関わらず，まだまだ十分に進んでいるとはいえない．そんな状況の中，本書は菌類学と森林生態学の接点となることを期待して作成された．

森林科学シリーズの第 10 巻目にあたる本書は，これまで生物多様性研究や森林生態学であまり扱われてこなかった菌類に焦点を当て，様々な側面から森林と菌類の関係の俯瞰を試みるものである．本書のコンセプトは序章で詳細に述べられるが，簡単に言えば，森林の変化と菌類との関係である．具体的には，森林利用，林業以外の人為的影響，気候変動が菌類へ及ぼす影響，またその逆に菌類が森林へ及ぼす影響について，基本的な知見から応用的な事例まで解説する．第 1 章では森林利用におけるオーバーユース，アンダーユースが菌類の多様性にどのように影響するのかについて各研究事例を交えて解説する．第

2章では森林生息性菌類のレッドリストについて，菌類の絶滅や保全という視点で整理，概説する．第3章では樹木の生育と密接に関連する菌根菌について，基本的な知見から利用との関連まで網羅的に解説している．第4章では，樹木病害の森林生態系における機能と，森林利用が樹木病害の発生や挙動とどのように関連するかについて解説する．林業以外の人為的影響としては，外来生物と環境影響物質の問題を取りあげた．第5章では，菌類そのものが外来種である場合や，菌類以外の外来生物が森林の菌類に与える影響について解説する．第6章では，環境影響物質として農薬や重金属，放射性物質を取り上げ，森林や樹木における菌類の機能について詳細に解説している．そして，近年より顕著な気候変動が，森林や菌類とどのように関係するかを，多様性との関連で基本的な概念から応用的な事例まで，第7章でまとめている．非常に幅広い分野から構成され，それぞれの内容も豊富であるため，十分に消化しきれないかもしれない．そのため本書は，研究者や専門家，大学院生を対象とした．しかし，各章ごとに独立した内容なので，それぞれを専門的に学びたい学生が参考書とともに個別に読み込むことで，より知識を深めることができると思う．全体を通読することで森林生態学における菌類研究の重要性や面白さが伝わることを期待している．

各章のコンセプトに関連する各分野の研究者に声をかけて本書は出来上がった．実際には，編者が森林関係で個人的に現在最も読んでみたいテーマを持っている研究者にお願いした結果でもある．本書を作成するにあたり，まず序章を各著者に通読してもらったのちに，各章の内容についてはそれぞれの著者に一任した．もっと多くの研究者に依頼したかったが，編者の能力の限界，コンセプトや構成の都合上，そして過度な重複を避けるため，実は何人かの研究者への依頼をやむを得ず断念している．そのため，いくつかの分野の境界領域では情報が希薄な個所があるかもしれないが，その点はご了承いただきたい．また，他分野に比べて見劣りすることもあるかもしれないが，これもまた森林と菌類の関係に関する研究の現状である．

各章ごとにそれぞれの話題を読み解くために必要な用語や概念に関して極力説明を加えてあるが，実際に菌類を扱ったことのない人には十分ではないかもしれない．その際には各章にある参考，引用文献などをあたっていただければ幸いである．また，菌類そのものに関する基本的な知見について十分には解説できていないため，菌類に関するその他入門書も参考に読み進めていただければ幸いである．菌類生態学の入門書としては，本書でも第7章の執筆者の一人である大園博士が最近執筆された『基礎から学べる菌類生態学』（共立出版）がうまくまとまっている．本書で欠けている部分を補うことができるので，合わせて通読されれば，より理解が深まると思われる．

本書を出版するにあたって，共立出版株式会社の信沢孝一氏，山内千尋氏ならびに野口訓子氏には多大なご尽力を賜った．心よりお礼申し上げる．

升屋 勇人

# 目　次

## 序章　森林と菌類



## 第1部　森林のオーバーユースやアンダーユースに関する話題

## 第1章　森林利用による森林の変化と菌類

## 第２章　森林生息性菌類のレッドリスト



## 第３章　森林利用と菌根菌

## 第4章　森林と樹木病害の関係

# 第2部 外来生物や環境影響物質に関する話題

## 第5章　外来生物による森林の変化と菌類



## 第6章　環境影響物質による森林植物と菌類への影響

# 第3部　気候変動による森林の変化

## 第7章　気候変動による森林の変化と菌類への影響

## 終章　森林と菌類：複雑な相互作用と将来展望



## 索　引

# 序 森林と菌類

升屋勇人・滝 久智

## はじめに

現在，我々は地球上の生命の歴史の中で 6 度目の大量絶滅という大きな波の中で生きている（Dirzo *et al.*, 2014）．世界各国で様々な生物種が絶滅しており，種によっては地域個体群の明瞭な減少がみられるのである．例えば陸生脊椎動物の 322 種が 1500 年までに絶滅したと言われ，生き残っている種でも平均して 25% の個体数減少が認められるという．無脊椎動物でも，調べられている種類の 67% で平均 45% の個体数減少があるという結果が報告されている．この原因としては様々なものが考えられているが，究極的には全て人為的な活動に起因する現象ととらえられている．

森林に目を向けてみると，近年人類による森林への干渉は森林生態系に大きな影響を与えてきた．その結果，森林に生息する生物に対して様々な問題が生じ，過去と比べて森林生態系は大きく，そして急速に変化してきた．仮に同じような干渉が続けば，今後さらなる影響がもたらされることが予想される．現在，進行している生態系への人為的干渉が，森林生態系と生物多様性に影響を及ぼすことは，誰の目にも明白であり，その影響の対象は多岐に渡ると予想される．しかし，影響の程度については，ほとんど予測が不可能なぐらい基礎的な知見は不足している．特に一見，見過ごされがちな微生物や菌類では，生態学的知見は他生物に比べて大きく不足しているため，影響そのものも十分に把握できているとは言い難い．そうした意味では，菌類学的視点の本書は，多くの困難を抱えており，他の生物と森林の関係を記した他書に比べると十分に的を得ていなかったり，見劣りしたりするかもしれない．そのためなのか，菌類や微生物の視点で生物多様性や森林生態系の変化をとらえた成書は編者の把握する範囲では見当たらない．しかし，挑戦する意味はあると考えている．

本書では森林生態系における生物多様性の変化と生物の関係の中で，特に菌類に焦点をあて，様々な要因が菌類に与える影響について概説することを目的としている．まずはその導入として，本章では菌類についての基本的な解説をする．

## 0.1　菌類概説

### 0.1.1　菌類の分類

菌類といえば，いわゆるカビ，きのこの仲間であり，真核生物の中で一つの界を形成する生物群である．過去に植物の一群として扱われていたこともあるが，実際には植物よりも動物に近い．肉眼的な視点で菌類を見た際，色鮮やかなキノコが植物のように地面から生えている様子は，その生物が植物よりも動物に近いと連想させるのには無理があるかもしれない．しかし，近年の分子系統解析では，系統的には動物と同じオピストコンタ（Opisthokonta）という分類群に含まれている．詳細は後述するが，その中でも独自の形態と生態を持っていることから，独立した界として位置づけられる（図 0.1）．

菌類の多様性は未だ十分に把握されているとは言いがたい．一説には地球上で 500 万種ぐらい生息していると予想されているが，現時点では 10 万種程度が記載されているに過ぎず，菌類の記載がいかに遅れているかがわかる．菌類の分類体系については過去様々な変遷を経て現在にいたるが，近年の分子系統解析により，大まかな体系については一応の決着がついていると考えられる．主要な門として担子菌門（Basidiomycota），子嚢菌門（Ascomycota），グロムス門（Glomeromycota），接合菌門（Zygomycota，便宜的に），ツボカビ門（Chytridiomycota）（その他に，Blastocladiomycota，Neocallimastigomycota，Cryptomycota を認める考え方もあるが，高次分類群の分類基準は必ずしも明

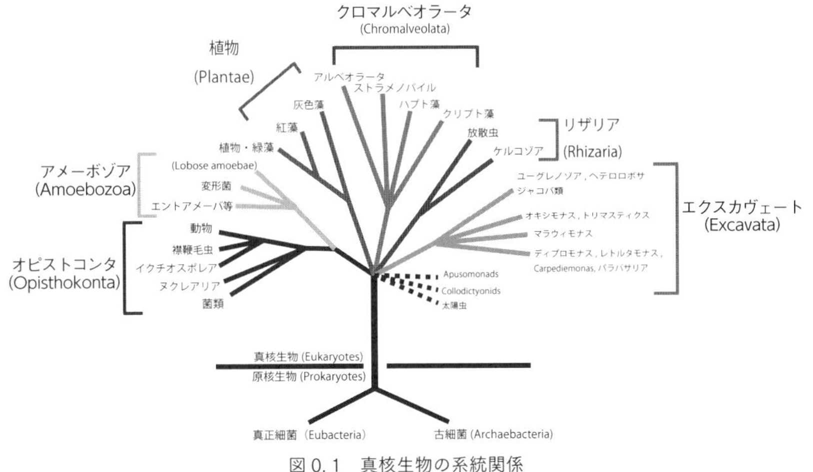


図 0.1　真核生物の系統関係
Current Biology 14 (17): R694 に掲載の図を改変.

確ではないため，ここでは Catalogue of life, 31st October 2016 版に基づき説明，表 0.1 を参照）を菌界（Kingdom Fungi）とする考え方があるが，90% 以上が担子菌門と子嚢菌門で占められている．

子嚢菌門は，最近追加された Archaeorhizomycetes といったごくマイナーな綱を含めると 16 の綱になる多様な分類群であり，系統的にも比較的新しいグループである．身近な青カビとして知られる *Penicillium* 属菌やコウジカビの *Aspergillus* 属菌，パン酵母の *Saccharomyces* 属もこのグループに含まれる．担子菌門は 17 綱があり，マツタケやシイタケといった，いわゆるキノコを形成するグループはこの中に含まれる．その他，植物寄生菌のサビ菌やクロボ菌も担子菌である．その他グロムス門は根に内生しアーバスキュラー菌根を形成するグループに限定される．一方，ここで便宜的に接合菌門とまとめているグループは，系統的に多様な分類群を多く含んでおり，遺伝的にも距離があるため綱レベルの分類体系は設定されていない．ケカビ，ミズカビの仲間が数多く記載されているが，ハビタットや利用基質がよくわかっていないものも多く，潜在的な多様性の高さが予想されている．また，分子系統解析を持ってしても十分な解像度が得られていない部分も多い．以上のように，菌類の分類体系には綱レベルでも所属不明な種が複数あり，新たな種類が記載，報告されることで，

表 0.1　菌類の高次分類体系（Catalogue of life, 31st October 2016 より）

| 界（Kingdom） | 門（Phyllum） | 綱（Class） |
|---|---|---|
| 菌界<br>(Kingdom fungi) | 子嚢菌門<br>(Ascomycota) | アーキリゾマイセス綱（Archaeorhizomycetes） |
| | | ホシゴケキン綱（Arthoniomycetes） |
| | | ドチデア綱（Dothideomycetes） |
| | | ユーロチウム綱（Eurotiomycetes） |
| | | ゲオグロッサム綱（Geoglossomycetes） |
| | | ラブルベニア綱（Laboulbeniomycetes） |
| | | チャシブゴケキン綱（Lecanoromycetes） |
| | | リキナ綱（Lichinomycetes） |
| | | ネオレクタ綱（Neolectomycetes） |
| | | オービリア綱（Orbiliomycetes） |
| | | チャワンタケ綱（Pezizomycetes） |
| | | ニューモキスチス綱（Pneumocystidomycetes） |
| | | サッカロミセス綱（Saccharomycetes） |
| | | シゾサッカロミセス綱（Schizosaccharomycetes） |
| | | フンタマカビ綱（Sordariomycetes） |
| | | タフリナ綱（Taphrinomycetes） |
| | 担子菌門<br>(Basidiomycota) | ハラタケ綱（Agricomycetes） |
| | | アグリコスティルバム綱（Agricostilbomycetes） |
| | | アトラクティエラ綱（Atractiellomycetes） |
| | | クラッシキュラ綱（Classiculomycetes） |
| | | クリプトマイココラックス綱（Cryptomycocolacomycetes） |
| | | シストバシディウム綱（Cystobasidiomycetes） |
| | | アカキクラゲ綱 Dacrymycetes |
| | | エントライザ綱（Entorrhizomycetes） |
| | | モチビョウキン綱（Exobasidiomycetes） |
| | | マラッセチア綱（Malasseziomycetes） |
| | | ミクロボトリウム綱（Microbotryomycetes） |
| | | ミキシア綱（Mixiomycetes） |
| | | サビキン綱（Pucciniomycetes） |
| | | シロキクラゲ綱（Tremellomycetes） |
| | | トリチラキウム綱（Tritirachiomycetes） |
| | | クロボキン綱（Ustilaginomycetes） |
| | | ワレミア綱（Wallemiomycetes） |
| | ツボカビ門<br>(Chytridiomycota) | ブラストクラディア綱（Blastocladiomycetes） |
| | | ツボカビ綱（Chytridiomycetes） |
| | | Monoblepharidomycetes |
| | | ネオカリマスティクス綱（Neocallimastigomycetes） |
| | 接合菌門<br>(Zygomycota) | 綱は未設定 |
| | グロムス門<br>(Glomeromycota) | グロムス綱（Glomeromycetes） |

全体的な分類体系は今後も修正を繰り返しながら進んでいくと思われる．

過去に鞭毛を有する遊走子を持つ卵菌類なども，分類学的な位置づけでは菌類に含まれていたが，現在は分子系統解析により，全く異なる生物群，ストラメノパイルとして扱われている．しかし，生態的な位置づけでは菌類と同様に，腐生的，寄生的な生活を送る微生物であり，菌類様微生物と呼ばれ，菌類と同じ研究コミュニティで取り扱われている．実際にも利便性が高いため本書でもこれらの分類群は菌類の一部として扱っている．

### 0.1.2　菌類の生理生態

菌類は真核生物の中でも比較的単純な生理，構造を持つ生物群であるが，最大の特徴は，いくつかの分類群を除き，菌糸体という形態をとり，表面から酵素等の二次代謝産物を滲出して，栄養となる資源を吸収可能なレベルにまで分解し，吸収する点にある．体外で分解，吸収を行うところは，同じ従属栄養生物である動物の多くが体内に消化系を持っていることとは対照的である．栄養吸収の点では植物の根に近いかもしれないが，菌類は植物とは比較できないぐらい多様な分解酵素を生成し，細胞外に分泌して，様々なものを分解，吸収する．菌糸体を持っていないグループは酵母やラブルベニア類など，もともと菌糸体を持っていた分類群から派生したグループである．

菌糸体は，菌類の中でも菌糸と呼ばれる細胞が，成長と分枝を繰り返すことで形成されるネットワークである．動物や植物よりも圧倒的に単純な構造であり，子実体組織も動物や植物に比べると単純である．菌糸の先端成長により大きくなり，吸収と貯蔵を繰り返し，細胞が増殖する．酵母の場合，一つの細胞が分裂するか，出芽することで細胞増殖を行う．菌類のコロニーの古い部分では，細胞の老化が起こっており，自己融解により細胞の寿命が全うされる．それまでに新たな細胞や次世代のコロニーを形成する元となる繁殖単位（胞子など）が形成される．

菌類が生育するための栄養源は，基本的には他生物にとっても必要な栄養素と同じである．つまり炭素，窒素，リン，微量元素がなければ菌類は生育できない．菌類が利用する炭素はほとんどが光合成産物由来のものであり，植物基質に由来する．その中でも特にセルロース，ヘミセルロース，リグニンといった植物の細胞壁成分は，他生物にとって分解しにくいものである．しかし，菌類はそれらを分解し炭素源として利用するための高い能力を有している．また，菌類は様々な窒素化合物を窒素源として利用する．それぞれの種が利用しやすい化合物を利用する一方で，より複雑なシステムで窒素代謝の総合的な調節が行われているという．また，菌類において，リンは有機態リン化合物を分解することにより利用される．微量元素は必須元素であり，ときには他種とその獲得を巡って競合が起こることがあるぐらい重要なものである．微量元素の確保は菌類にとって重要なものであり，効率的な輸送システムを発達させる同時に，シデロフォア（siderophore）と呼ばれる化合物を産生し，鉄などを特異的に結合させて細胞内に取り込む．

菌類の本体が菌糸体であるという事実は，普段キノコを目にしていると忘れがちである．しかし，実際には地下部で菌糸体のバイオマスが子実体と比べて巨大である場合がある．例えばナラタケの仲間の *Armillaria ostoyae* のように一つのジェネット（1 個体とみなせる遺伝的に均一なユニット）が約 9.7 平方キロメートルまで広がっていた事例が北米で報告されている（Schmit & Tatum, 2008）．バイオマスに換算すると 7567～35000 トンにもなるという．それゆえ *Armillaria ostoyae* は現在地球上で最も巨大な生物という解釈がなされている．さらにそのジェネットの年齢を推定すると 1900～8650 歳になると言われている．これは極端な事例であるが，菌類における個体の概念が動物や植物など他生物のものと若干異なることが，このような数値になる要因の一つと思われる．

菌類において個体をどのように規定するかについては非常に難しい．実際には規定できる場合と不可能な場合がある．個体を辞書通りに捉えるならば，生命活動を支える生命の基本単位である．動物においては，群体生物を除いて，個体は比較的容易に規定できるが，植物や菌類では難しい．これは増殖様式とも関係している．菌類は菌糸体の分断により，一般的な動物における個体の概念に照らしあわせた意味での「個体」（すなわち，独立して生存できる最小単位，ただし群体は除く）が容易に増殖できる．遺伝的に均一な個体が複数，遺伝的な組み換えなしに増殖できるのである．さらに菌類は無性的に増殖できる繁殖様式（アナモルフ）を持っていることが多く，遺伝的に同一な別の個体が広範囲に分布していることもある．有性生殖による増殖でも個体を増やすことができるが，この場合は遺伝的組み換えにより，遺伝的に多様な個体が生まれる．さらに無性繁殖であっても遺伝的組み換えにより，遺伝的に多様な個体の生産が可能な繁殖様式を持つ菌類も知られている．この場合，遺伝的に異なる核を一つの細胞内に持っており（ヘテロカリオン），一つの細胞内で核融合と分裂により遺伝的に異なる核に変化させることもできるのである（偽有性生殖）．よって，一部，ツボカビやラブルベニア類など菌糸体が発達していないグループでは個体を規定することは可能であるが，一般的な菌類の個体を遺伝的同一性で規定することはできない．こうしたことは，個体数や出現頻度を算出することを困難にするため，菌類生態学の進展を妨げる要因の一つと考えられる．

### 0.1.3　菌類の多様性

先述のように現在記載報告されている菌類のうち正式に認められている種類は約 10 万種ある（Mycobank，2018 年 8 月 1 日現在）．その一方で，実際にどれほどの種類の菌類が地球上に存在するかについては様々な報告がある．1991 年に出された Hawksworth による菌類の種数推定に関する論文は特に代表的なものである．それによれば，菌類調査がよく行われている地域における植物種と菌類種の比率に基づくと，菌類：植物の比率は 6：1 であったことから，それを地球上の植物種数に基づいたとき，菌類の種数はおよそ 150 万種と見積もられた．しかし，その数値は Hawksworth 自身も認めている通り，やや保守的な数値と考えられる．植物種数をベースとした推定には限界があり，実際に菌類は，植物が存在しない場所でも有機物があれば生息する．それは岩の上や，海中，洞穴内など，様々な場所があり，それらを考慮すると，実際の数値は 150 万よりかけ離れたものになる．また，場所によっては極端に菌類種と植物種の比率に大きな隔たりがある場合もあると考えられる．ギアナ高地で調査を行った例では 1200 の形態種が見つかっており，その約半数が未記載種であったという（Aime *et al.*, 2010）．その場所ではマメ科の *Dicymbe* の森林に限定しても約 260 種のキノコが見つかっている．その中には 2 新属と約 50 種の新種が含まれていた．この場合，Hawksworth の方法を採用すると菌類種数：植物種数は 260：1 であり，明らかに過度な推定値の算出となる．これまでには他にも菌類の種数推定についていくつかの論文が出されており，現在では，土壌菌類群集を分子生物学的手法により解析し，遺伝子レベルで種数を推定した結果に基づくと，地球上に生息する菌類は約 350～510 万種と見積もられている．既知種数は約 10 万種であることから，菌類の全貌を明らかにするのにはまだ時間がかかりそうである．実際に，過去十年間のうち 1 年で記載された種数が平均で約 1200 種であったことから，このペースでいくと，菌類全種の記載が完了するのに，2840～4170 年かかると予想される．ただし，その間に新しく生まれる種類もあるかもしれない．例えば，ニレ類立枯病菌の *Ophiostoma novo-ulmi* は *O. ulmi* から派生した種類と考えられているが，その誕生までは 100 年もかかっていないと考えられている．その一方で，逆にいくつかの菌類はハビタットや宿主とともに絶滅しているかもしれない．

## 0.2　森林生態系と菌類

### 0.2.1　菌類の生態系サービス・機能

身近な菌類のイメージは大きく分けて 2 つあると思われる．一般的に目につきやすい菌類といえばカビ，キノコである．カビは家庭の食物上に生え，食べ物の劣化の原因となる忌み嫌うべき存在と認識されている．キノコはスーパーなどで食品の 1 種として扱われている種類もあるが，野外でレジャーとして採集対象にもなる．また，抗生物質のペニシリンが糸状菌 *Penicilium* 属菌の 1 種から見つかったものであることをご存じの読者もいると思う．しかし，これまでも述べてきた通り，これらは菌類の一側面に過ぎない．実際にはあらゆる場所で，様々な機能を果たしているのが菌類である．中でも生態系サービス（生態系や生物が人類にとって利益となる機能）に占める菌類の役割は無視できない（表 0.2）．生態系サービスには様々なものがあるが，そのほとんどに菌類が何等かの形で関与している（Swift, 2005）．いわば生態系サービスそのものが菌類の役割といってもよいかもしれない．それにもかかわらず，菌類など微生物の生態について，特に森林生態学の分野ではあまり重視されていな

表 0.2　生態系サービスの主なカテゴリと関連する生物群　Swift, (2005) を改変.

| 生態系サービス | 生態系機能 | 主要な機能群 |
|---|---|---|
| 食べ物 | 一次生産<br>二次（植物食者）生産 | 一次，二次生産者（植物，草食動物，**食用菌類**） |
| 繊維，ゴム | 一次生産，二次代謝 | 一次生産者（植物） |
| 医薬，農薬 | 二次代謝 | 一次，二次生産者（植物，細菌，**菌類**） |
| 栄養循環 | 一次生産<br>分解<br>無機化その他の物質変換 | 一次生産者（植物），分解者（**菌類**，細菌，節足動物），物質変換（細菌），根部相利共生者（窒素固定細菌，**菌根菌**） |
| 水の流量，貯水の制御 | 土壌有機物合成<br>土壌構造制御<br>（団粒，孔隙の形成） | 分解者（**菌類**，細菌）<br>生態系エンジニア（大型動物，**菌類**，細菌） |
| 土壌，堆積物の移動制御 | 土壌保護<br>土壌有機物合成<br>土壌構造制御 | 一次生産者（植物）<br>分解者（**菌類**，細菌）<br>生態系エンジニア（大型動物，**菌類**，細菌） |
| 病虫害を含む生物集団の制御 | 植物二次代謝<br>花粉媒介<br>植物食<br>寄生<br>捕食 | 一次生産者（植物）<br>花粉媒介者（節足動物，鳥など）<br>植食者（動物）<br>寄生者（**菌類**，細菌，ウイルス）<br>捕食者，重複寄生者（動物，**菌類**） |
| 化学物質の解毒，浄水<br>生物災害の防御 | 分解<br>物質変換 | 分解者（**菌類**，細菌）<br>物質変換（**菌類**，細菌） |
| 大気成分，気候の制御 | 温室効果ガス放出 | 分解者（**菌類**，細菌，節足動物）<br>物質変換（細菌，**菌類**）<br>一次生産者（植物）<br>植物食者（動物，節足動物） |

いように思える．また，近年の生物多様性の研究は，生態系サービス機能が注目されている一方で，菌類についてはまだまた発展の余地がある．

## 0.2.2　分解者としての菌類

菌類は葉緑素を持たない従属栄養生物であり，生態系においては特に分解者としての位置づけが強調されている．実際に有機物の分解において菌類の機能は他の追随を許さないほどに優れている．とりわけ難分解性有機物であるセルロース，リグニン，ケラチンなどの分解において，菌類は他の生物と比較しても大きな役割を占めている．

セルロースは植物の細胞壁の主成分であり，陸上で最も豊富に存在するバイオポリマーである．これを利用できることは，生態系において優位な立場に身を置くことができるため，資源をめぐる競争は激しい．菌類はセルロースを分解してエネルギーとして利用するとともに，呼吸により二酸化炭素を放出する．子囊菌や担子菌を含む多くの菌類がセルロース分解能を持ち，特にハラタケ綱が強い分解能を有する．また，リグニン分解能は特定の菌群が獲得した能力であり，他の生物群にはあまりないものである．一部の細菌にもリグニン分解能を持つものが報告されているが，その能力は限定的であり，リグニン分解の主役は菌類が担っている．菌類は細胞外に分泌するペルオキシダーゼにより，リグニンを酸化分解し，リグニンに包まれているセルロースやその他化合物を利用する．リグニンは地球上で2番目に豊富に存在するバイオポリマーでもあるため，こうした分解者としての菌類の多様性は当然物質循環とも深く関わってくるはずであり，実際に，森林における菌類の多様性研究や，森林生態系の管理や人工林における施業履歴と菌類との関係など，様々な方面から知見が蓄積されている．それでも先の菌類多様性研究の遅れからもわかるように，未だに十分に機能がわかっていないものが大部分であり，菌類は単なる一分解者という位置づけと考えられていても，その存在が実際には大きな影響力を持っている可能性がある．

### 0.2.3　寄生者としての菌類

従属栄養生物である菌類は栄養源を獲得するため，他の菌類との競争にさらされている．その競争を回避し，栄養源を独占するためにも，他菌類が利用していない，もしくは利用できない資源を利用する方向に進化してきたグループがいくつも存在する．その一部が寄生菌である．植物，動物，菌寄生菌など，非常に広範な生物について寄生菌が報告されているが，菌類としては利用可能であれば，宿主の分類群に関係なく寄生する．免疫不全の人に対して樹木寄生菌が寄生していた例も時々報告されている．

寄生菌の存在により，他生物の生存が難しくなる場合も多い．他生物の病原菌として我々が無視できない種類も数多く報告されている．宿主生物は菌類から人間まで様々だが，植物病原菌の種類が最も多い．森林生態系の中では樹木を枯死させるような病原菌は特に重要な存在であり，その生態系への影響は計り知れない．第5章でも取り上げるニレ類立枯病菌，クリ胴枯病菌，樹木疫病菌などは森林生態系を激変させるほどの影響を与えている．樹木に直接寄生して森林に影響を与えなくても，森林生態系に重要な役割を果たしている寄生菌も多い．例えばブナ葉を食害するブナシャチホコの寄生菌，*Cordyceps militaris* といった昆虫寄生菌のように，害虫の密度調節に大きな役割を果たす存在もあり，間接的にも森林に影響を与えている．また近年では菌類によるコウモリの新興感染症，白鼻症（White nose syndrome）が北米で問題となっているが，コウモリは害虫の捕食者として大きな役割を果たしていることから，その生態的，経済的影響は無視できない．樹木病原菌や寄生者と森林生態系との関係については，菌類自体の多様性から，十分には明らかになっていないが，一部では森林生態系の恒常性維持に重要な役割を果たしていると考えられている．これらの詳細については第4章で解説がある．

### 0. 2. 4　共生者としての菌類

陸上植物の根には必ず何らかの菌類が寄生，または共生しており，物質のやりとりを行っている．菌類の存在なしに自然界では生育できない植物がほとんどといってよい．植物の根の共生者として重要な役割を果たすのは菌根菌と呼ばれるグループで，その分類群は担子菌から子嚢菌，接合菌と多岐に渡る．また根の内部に無病徴に生息している内生菌の中にも，宿主植物の生育に重要な役割を果たしている種類は多い．これらの詳細については第3章で述べられる．地衣類は藻類との共生体であり，切っても切れないぐらいの絶対共生生物であるが，過去に担子菌，子嚢菌類の中で複数回，地衣化した系統が発生し，現在の多様性を形作っている．現在の子嚢菌門の中で，フンタマカビ綱（Sordariomycetes）は植物寄生菌のいもち病菌や *Fusarium* 属，冬虫夏草として知られる *Cordyceps* 属などの昆虫寄生菌，高いセルロース分解能を有する *Chaetomium* といった土壌菌など，非常に様々なハビタットで重要な機能を発揮しているが，もともとは地衣化した系統群から派生してきたと考えられている．

昆虫と共生している菌類も多い．ハキリアリやキノコシロアリは自らの餌となる菌類を育てるために，菌類の栄養となる資源を収集する．菌類はこれらのアリやシロアリの重要な栄養源となっている．アンブロシアキクイムシと共生菌との関係も，キクイムシが樹木に穿孔し，菌類を繁殖させ，幼虫は繁殖している菌類を利用して成長する．主に昆虫の餌資源として直接的に菌類が利用される一方で，菌類は分散や繁殖を昆虫に依存している．また間接的に，昆虫の餌資源となる植物体に含まれる有毒物質の解毒や，難分解性物質の分解に共生菌が貢献する例もある．この中には細胞内共生に進化した例もある．人間の腸内にいる細菌類が人と共生しているように，昆虫の種類によっては，腸管内に生息する酵母類が，昆虫の生育に重要な役割を果たしていると考えられている．

## 0.3　生物多様性における 4 つの変化要因

本書では，森林における生物多様性への変化要因が菌類とどのように関係するかについて，様々な事例を挙げながら概説することを主な構成としている．そのために，まず，森林の生物多様性に対して，現在どのような変化要因があるかについて説明する．

### 0.3.1　オーバーユースとアンダーユース

オーバーユースによる影響とは，生物の生息地が開発によって改変されたり，生物そのものが乱獲されたりすることによって，人間が過剰に利用することに付随した影響である．たとえば，森林から食料生産のための農地への転用や居住のための宅地への転用など，人間のための経済性や効率性を優先する土地利用の変化は，多くの生物にとって生息地自体の減少や生育環境の変化へとつながる．また，鑑賞用や遺伝子資源などの文化的かつ商業的利用による生物種の乱獲，盗掘など直接的な人間による過剰な採取は生物種の個体数減少あるいは絶滅をもたらす場合もある．オーバーユースには，過度な経済優先主義を背景とした生態系レベルや種レベルでの生物多様性の過剰利用に関係して，世界規模での人口増加も寄与している．産業革命以降急激な増加をしている世界の人口は現在 70 億人を超え，今後も増え続け今世紀末までには 100 億人に到達すると予測されている（国連人口基金，2016）．人口の増加は，食料をはじめとする資源の不足や都市化や農地化などの土地利用の変化をもたらす．

アンダーユースとは，オーバーユースとは反対に，自然に対する人間の働きかけが縮小することによる影響である．日本の伝統的な景観ともいえる，森林，水田，畑地，ため池，草地などの土地利用形態が複合的に存在する里山景観では，人間による継続的な利用によって，生態系が人為的な影響を受け続けていた．こうした人為的な撹乱を受けなくなることで生物多様性に変化を与えることがある．たとえば，里山景観に生息してきたであろう数多くの生物種が現在絶滅危惧種としてリストにあがっている．森林においても，整備が十分に行われないことで，そこに生息する生物に何らかの影響がおよぶ．人の働きかけが少なくなっている背景については，日本社会のことを思い浮かべれば想像しやすいだろう．日本は，世界のどの国も経験したことのないような速度で人口の高齢化が進行しているとされる．現在65歳以上の高齢者人口は，3,392万人となり，総人口に占める割合は26.7%とされ，総人口においても，2000年代前半にピークを迎えたのち現在減少傾向にあり，この傾向は今後も続くと予測されている（内閣府，2016）．特に，都市圏から距離のある中山間地域での人口減少は激しく，多くの地域において居住者がいなくなる状況におちいり，森林の人による利用をはじめとして，森林そのものにかかわる機会がますます減っていくと予想される．

こうしたオーバーユースやアンダーユースに関する問題については，本巻の第1部にあたる第1章から第4章が概説をする．特に，第1章は森林利用による菌類の多様性への影響について，第2章は森林保護にかかわる菌類の希少種について，第3章は森林利用の菌根菌への影響について，第4章は森林利用にともなる樹木病害との関係についての話題を取りあつかう．

## 0.3.2　人によって持ち込まれたもの

外来種など人によって持ち込まれた生物も在来の生物多様性に影響を与える要因となる．人によって意図的あるいは非意図的に国外や国内であっても他の地域から持ち込まれた野生生物が，その生物自身のもつ移動能力を越えて，導入された先の地域固有の生態系や生物種に影響を与えることがある．もともと人がある目的のため導入した生物のような意図的な例としては，栽培植物，家畜やペット，狩猟対象動物，天敵，餌などが，野外に定着しまうことがあげられる．意図せず人や物の移動に随伴して運ばれる非意図的な例としては，資材や農林産物，輸送貨物などに付随して，生物が本来の生息地以外に定着をしてしまうことがあげられる．

外来生物が問題となった背景には，近年急激にすすんだ人の往来，社会経済や貿易のグローバル化が寄与している．日本の貿易収支だけみても，財務省貿易統計によれば，戦後の1950年，輸出で2,980億円，輸入で3,482億円だったものが，2015年現在，輸出で75兆6,139億円，輸入で78兆4,055億円と驚異的な増加をしている．

さらに外来の生物のみならず，化学物質などの非生物も人によって持ち込まれ，生物多様性に影響を与える要因となる．農薬や肥料をはじめとする化学物質は，1世紀ほどの間に急速に開発および使用されるようなった．たとえば化学農薬については，欧米では1930年代から開発が始まり普及し，日本において本格的に使用されるようになったのは，第2次世界大戦後である．戦後の人口増加とともに食料難の解決に農薬は大きく貢献し，生活に大きな利便性をもたらしてきた．1960年代農薬による環境に対する悪影響に警鐘が鳴らされて以後，農薬をはじめとする化学物質の安全性も高まってきている．一方で，環境中に放出される農薬が，標的とする生物以外の生物に影響を及ぼしているおそれもあり，生物多様性に与える問題についての懸念も存在する．加えて，開発にともなう重金属による影響や，東日本大震災における東京電力福島第一原発事後の放射性物質の生物への影響についても近年報告されている．

以上に示したように人々の生活がより近代的になったことにより生じた生物や物質による影響に関する話題については，本巻の第2部にあたる第5章および第6章で概説をする．特に，第5章では外来生物に関する話題を，第6章では汚染に関する話題を取りあつかう．

### 0.3.3　気候変動

地球温暖化，海水面の上昇，積雪や降水量の変化，台風の頻度や強度の変化など気候変動も生物多様性の動態に影響する．IPCC（気候変動に関する政府間パネル）の第5次評価報告書によると，地球の温暖化には疑う余地はないとされ，温暖化していることが再確認されている（Flato *et al.*, 2013）．1880

年から2012年の間に0.85度上昇し，最近30年の各10年間の平均気温は，1850年以降どの平均気温よりも高いことが報告されている．地球温暖化の影響により，様々な生物の分布に変化が生じる．さらには，分布のみならず，動植物の成長速度や発生時期などにも変化が生じる．また，生物種は単独で生活をしているわけではなく，他の生物との相互作用をともなって生活をしている．温暖化の影響があらわれるスピードや強度は，生物によって異なるため，こうした生物間の相互作用にも影響をあたえる可能性もある．

気候変動は地球規模の影響といえる．二酸化炭素など温室効果ガスの排出など人間活動が20世紀半以降の気候変動の原因となっていることは間違いないようであるが，もっと長い期間でみると単に人間活動の影響だけでない地球環境の変化がともなっている場合もある．さらに，気候変動は，直接的な原因事象やたとえば人間など原因者を特定することも困難である場合が多いため，前述のオーバーユースやアンダーユース，人によって持ち込まれたものなどとの要因とは少し異なる考察が必要かもしれない．こうした特徴をもつ気候変動に関する話題については，本巻の第3部にあたる第7章が取りあつかう．

## おわりに：変化要因と菌類，ポジティブかネガティブか

ここで述べた4つの変化要因により，地球上の生物多様性への影響が，様々な分野，生物群の研究の中で論じられてきた．その中に実は菌類研究者のも研究もあった．しかし，それらは必ずしも全体の中で十分に認識されていたとは言えない．レッドデータブックの中には様々な菌類が名を連ねており，環境省レッドリスト2015では140種もの菌類が登録されているが，宿主が絶滅危惧種であったり，ハビタットが消失していたりと，必ずしも菌類を中心とした絶滅リスクの評価というわけではない．また，一定期間確認されていなかったことから絶滅危惧としている場合もある．実際には，研究者が不足しているだけかもしれないし，採集対象として注目されていない分類群だったりするかもしれない．そして，特定の菌類の絶滅により，生態系にどのような影響があらわれるかについての評価は行われていない．これには菌類研究者の人数や分類，取扱いの難しさ，対象が微小であることから，検出や正確な分布調査が困

難であることが背景にあるかもしれない（これらについては第2章，終章を参照されたい）．

本書では，上記の4つの変化要因に対して，菌類がどのように反応しているか，またその結果，どのような影響が森林生態系にあるかを，様々な専門家による様々な視点から考察してゆく．菌類そのものが変化要因となる場合もあり，また直接影響を受けるものになることもある．具体的な事例紹介から予想されるリスクまで考察したいと考えているが，知見が十分ではないため事例紹介にとどまることも多いかもしれない．この点についてはご容赦いただきたい．

本書の目論見は，これまで生物多様性研究の中で蔑ろにされてきた菌類について，スポットライトを当て，その重要性を主張することにある．そのため，大系的な内容とはなっておらず，通常の教科書的なものとは異なる．また，各分野の専門家それぞれの視点を尊重し，いくつかの点で用語や主張の統一を極力避けた．本書の目論見がうまく行くかどうかはわからないが，本書を通じて，様々な専門家や学生が様々な側面から菌類生態学に興味を抱き，生物多様性研究の潮流に菌類研究が少しでも乗ってくれれば本望である．

## 参考文献

堀越孝雄 他訳（2016）現代菌類学大鑑，pp. 664，共立出版．

大園享司（2018）基礎から学べる菌類生態学，pp. 259，共立出版．

## 引用文献

Aime, M. C., Largent, D. L., Henkel, T. W., and Baroni, T. J. (2010) The Entolomataceae of the Pakaraima Mountains of Guyana IV: New species of Calliderma, Paraeccilia and Trichopilus. *Mycologia,* **102**, 633–649.

Dirzo, R., Young, H. S., Galetti, M., Ceballos, G., Isaac, N. J. B., Collen, B. (2014) Defaunation in the Anthropocene. *Science,* **345**, 401–406.

Flato, G., J. Marotzke, B., Abiodun, P. *et al.* (2013) Evaluation of Climate Models. In: Climate Change 2013: The Physical Science Basis. Contribution of Working Group I to the Fifth Assessment Report of the Intergovernmental Panel on Climate Change. Climate Change 2013, **5**, 741–866.

国連人口基金（2016）世界人口白書 2016.

内閣府（2016）平成 28 年版　高齢社会白書.

Schmit, C. L., Tatum, M. L. (2008) The Malheur National Forest. Location of the world's largest living organism [The humongous fungus]. Malheur National Forest, USDA Forest Service. https://www.fs.usda.gov/Internet/FFSE_DOCUMENTS/fsbdev3_033146.pdf

Swift, M. J. (2005) Human impacts on biodiversity and ecosystem services: an overview. In: *The fungal community-Its organization and role in the ecosystem-. 3rd ed.* Mycology series 23. (eds. Dighton, J., White, J. F., Oudemans, P.) CRC Press, Taylor & Francis. 627–642.

# 第 1 部

# 森林のオーバーユースやアンダーユースに関する話題

# 森林利用による森林の変化と菌類

山下 聡

## はじめに

森林は菌類を含む非常に多様な生物から構成されており，生物多様性の保全上，非常に重要な生態系である．また，森林はその莫大なバイオマスにより，地球温暖化ガスの吸収，貯留という機能を期待されている．その一方で，森林面積の減少は近年になっても止まっておらず，1990 年から 2015 年までの四半世紀間に新しく森林となった土地と森林が失われた土地の差し引きで，1 億 2900 万 ha の土地から森林が消失した（FAO 2016 “Global forest resources assessment 2015: How are the world’s forests changing? Second edition.”, http://www.fao.org/3/a-i4793e.pdf）．このような森林の消失や改変を引き起こす主要因の一つに林業がある．林業には，天然林を伐り払い，木材を収穫する収奪型林業から，環境負荷に配慮した択伐を行う低インパクト伐採，そして目的とする樹木を造林，保育したのち，収穫する育成林業まで様々な方法がある．いずれの方法においても，森林に生息する菌類をはじめとする生物は収穫までの過程で様々な撹乱にさらされるものの，その撹乱の種類や強度に応じて色々な反応を示すことになる．

ところで森林において，植物が生産した光合成産物のほとんどは，倒木や落葉といった植物遺体（plant litter；リター）として分解系に加わる．これらは腐生菌（saprotrophic fungi）と呼ばれる一群の菌類によって分解される．腐生菌は落葉などを分解する落葉分解菌と，木材を分解する木材腐朽菌（wood decaying fungi）に大別される．木材腐朽菌は，人為撹乱がない環境においては，風倒などで生産される倒木や根株，落枝などを利用している．一方で，人為撹乱下において形成される枯死木，例えば森林施業等で生じた切り株や落枝，切り捨て材なども利用している．本章では木材腐朽菌に注目して，その生態を解説したのち，林業活動がどのような影響を菌類群集に及ぼしているのか，そして菌類の多様性保全のためにどのような森林管理が行われているかを紹介する．

## 1.1　森林・枯死木・木材腐朽菌

ここでは本書を理解するうえで必要になる基礎的な用語を紹介する．

### 1.1.1　森林

#### A. 森林タイプ

森林はどのように成立したかによって人工林（managed forest）と天然林（natural forest）に大別される（図 1.1）．人工林は人工的に植栽・育成された樹木によって形成される森林であり，天然林は自然条件下で散布された種子などが生育した樹木によって形成される森林である．天然林は，伐採や台風といった大きな撹乱を受けた履歴があるか否かによって，二次林（secondary forest）と原生林（primary forest）に大別される．日本では，森林が国土面積の70% 弱を覆っているが，森林のうちの５割が天然林（原生林 19.7%，二次林 39.2%）で，４割が人工林である（FAO 2015 “Global forest resources assessment 2015: Desk reference”, http://www.fao.org/3/a-i4808e.pdf）．他の国を見ると，北ヨーロッパの国々では原生林率が 10% を切り，スウェーデンやフィンランドでは人工林率が 30% を上回る．東南アジアにおいてはインドネシア，マレーシアでは原生林が 20% をこえる一方で，人工林率は 10% 以下と低い（表 1.1）．

#### B. 森林施業

森林施業は目的によって主伐（final cutting）と間伐（thinning）に分けられる．主伐は収穫を目的としており，間伐は目標とする立木密度を実現するため

図 1.1 様々な森林タイプ
a) 二次林(亜寒帯/リトアニア), b) 人工林(温帯/滋賀県),
c) 二次林(温帯/茨城県), d) 原生林(熱帯/マレーシア・サラワク州)

に，成長の悪い樹木個体などの不要な立木を伐採するものである．主伐は，方法によって皆伐(clear-cutting)と択伐(selective logging)に分けることができる．皆伐は文字通り，対象とする林分の木を全て伐採して収穫する方法である．一方，択伐とは，対象とする森林の中から目的に合った特定の樹木個体のみを選択して伐採する方法である．間伐では，施業によって生じた材を森林に残す場合と残さない場合があり，切った材を残す場合を切り捨て間伐と呼ぶこともある．これらの森林伐採によって形成された落枝や切り株，倒木などを総称して伐採残渣(logging residue)とよぶ．人工林においては，枝打ちや主伐

表 1.1　本章に出てくる国とその他の主要な国の森林の概要　FAO (2015) をもとに作成.

| 地域 | 国名 | 森林面積 (1000 ha) | 森林率 (%) | 原生林 (%) | 二次林 (%) | 人工林 (%) |
|---|---|---|---|---|---|---|
| 東アジア | | | | | | |
| | 日本 | 24958 | 68.5 | 19.7 | 39.2 | 41.1 |
| | 中国 | 208321 | 22.1 | 5.6 | 56.5 | 37.9 |
| 東南アジア | | | | | | |
| | マレーシア | 22195 | 67.6 | 22.7 | 68.4 | 8.9 |
| | インドネシア | 91010 | 53.0 | 50.6 | 44.0 | 5.4 |
| | タイ | 16399 | 32.1 | 41.0 | 34.7 | 24.3 |
| アジア／東ヨーロッパ | | | | | | |
| | ロシア | 814931 | 49.8 | 33.5 | 64.1 | 2.4 |
| 北ヨーロッパ | | | | | | |
| | ノルウェー | 12112 | 39.8 | 1.3 | 86.1 | 12.6 |
| | スウェーデン | 28073 | 68.4 | 8.6 | 42.5 | 48.9 |
| | フィンランド | 22218 | 73.1 | 1.0 | 68.5 | 30.5 |
| | デンマーク | 612 | 14.4 | 5.6 | 18.6 | 75.8 |
| | エストニア | 2232 | 52.7 | 2.6 | 89.6 | 7.8 |
| | ラトビア | 3356 | 54.0 | 0.5 | 81.3 | 18.2 |
| | リトアニア | 2180 | 34.8 | 1.2 | 72.7 | 26.1 |
| 西ヨーロッパ | | | | | | |
| | ドイツ | 11419 | 32.8 | 0.0 | 53.6 | 46.4 |
| | フランス | 16989 | 31.0 | — | 88.4 | 11.6 |
| 北中アメリカ | | | | | | |
| | USA | 310095 | 33.8 | 24.3 | 67.2 | 8.5 |
| 南アメリカ | | | | | | |
| | ブラジル | 493538 | 59.0 | 41.1 | 57.4 | 1.6 |
| | コスタリカ | 2756 | 54.0 | 65.8 | 33.5 | 0.6 |
| | パナマ | 4617 | 62.1 | 0.0 | 98.3 | 1.7 |

といった施業を通じて，いちどきに大量の伐採残渣が林地に供給されがちである．なお，天然林では，通常，ギャップ形成などを通じて枯死木が不定期に発生しており，一度に大量の枯死木が大面積で供給されることは稀である．一般的に，非生物的要因による自然撹乱については，面積的に大規模なものは低頻度で発生し，小規模なものは高頻度で発生する．これに対して人為的要因による撹乱は，大規模なものであっても高頻度で発生しうる（伊藤，2011）．

## 1.1.2　枯死木

森林生態系では，樹木が圧倒的なバイオマスを占め，炭素貯留や生物多様性

図 1.2　様々な枯死木
a）切り株と伐採残渣（スギ林／徳島県），b）立ち枯れ木と倒木（老齢ブナ林／茨城県），
c）倒木，根株，落枝（フタバガキ林／マレーシア・サラワク州）

の維持などの生態系機能の発揮において大きな役割を果たしている．樹木は死んでからも，生きていた時と同様，これらの役割を担っている．枯死した樹木，すなわち枯死木（dead wood）は，菌類や蘚苔類，昆虫，大型脊椎動物，樹木など様々な異なる分類群の生物によって生息場所や餌資源として利用されている（Stokland *et al.*, 2012）．枯死木は立枯れ（standing dead tree, snag：ただし snag は幹折れを指すこともしばしばある）や樹木が倒れるなどして形成された倒木（log）や切り株（stump）といった状態の違いや，枝（twig），幹（stem）といった部位，太さ（直径），腐朽がどの程度進んだかの指標である腐朽度（decay stage, 表 1.2），そして樹種などによって特徴づけられる．太さは，枯死木を粗大木質リター（coarse woody debris：CWD）と微細木質リター（fine woody debris：FWD）とに分ける際の基準に用いられることがあり，多くの場合でその境が 2.5 cm から 15 cm にある（深澤・山下，2013）．

## 1.1.3　木材腐朽菌

枯死木は自然条件下において，大面積での一斉枯死や風倒，小面積での倒木

表 1.2　腐朽度の分類方法の一例　Heilmann-Clausen & Christensen (2003) を一部抜粋.

| 段階 | 枯死木の状態 |
|---|---|
| 段階 1 | 材は硬い．ナイフは数 mm しか刺さらない．樹皮，小枝（Twig，直径 1 cm 以下）とも残存． |
| 段階 2 | 材はやや硬い．ナイフは 1 cm 程度刺さる．樹皮は壊れはじめる．太い枝（Branch, 直径 1～4 cm）は残存し，小枝はなくなりうる． |
| 段階 3 | 材は明らかに柔らかい．ナイフは 1～4 cm 程度刺さる．樹皮は一部がはがれる．太い枝もなくなりうる． |
| 段階 4 | 材の腐朽が進行し，ナイフは 5～10 cm 程度刺さる．樹皮はほぼ全てはがれる．材の形状が壊れ始める． |
| 段階 5 | 材の腐朽が非常に進み，一部は非常に柔らかくもろい．ナイフは 10 cm 以上突き刺さる．材は原型をとどめない． |

や落枝などによって形成され，これらを腐朽する菌類，すなわち木材腐朽菌によって利用されている．何らかの形で木材を利用している菌類は木材依存性菌類（saproxylic fungi）と呼ばれるが，これらは必ずしも分解機能を持っているとは限らない（Stokland *et al.*, 2012）．木材依存性菌類のうち，木材に生息する菌類を木材生息菌類（wood inhabiting fungi）と呼ぶ．木材生息菌類には木材腐朽菌類が含まれる（図 1.3）．木材腐朽菌は木材を構成するリグニン（lignin），ヘミセルロース（hemicellulose），セルロース（cellulose）に対する分解機能によって，3つのグループに分けられる（深澤，2013）．それらは，難分解性物質であるリグニンを分解する能力を持つ白色腐朽菌（white rot fungi），リグニンを分解することなくセルロースやヘミセルロースを分解することができる褐色腐朽菌（brown rot fungi），白色腐朽菌や褐色腐朽菌の活性が低下する含水率の高い材において，セルロースやヘミセルロースを分解することができる軟腐朽菌（soft rot fungi）である．木材腐朽菌に含まれる菌類を分類学的にみると，担子菌門（Basidiomycetes）のハラタケ目（Agaricales：図 1.4a）やキクラゲ目（Auriculariales），タバコウロコタケ目（Hymenochaetales：図 1.4b），タマチョレイタケ目（Polyporales：図 1.4c，d）や子囊菌門（Ascomycetes）のクロサイワイタケ科（Xylariaceae）などが含まれる．担子菌門の多くは白色腐朽菌で，一部が褐色腐朽菌である．子囊菌門には白色腐朽菌と軟腐朽菌が含まれる．

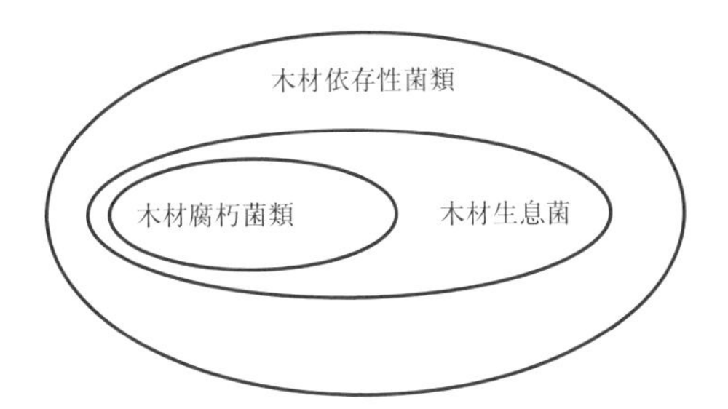


図 1.3　木材の利用方法による菌類の分類
何らかの形で木材を利用している菌類は木材依存性菌類，木材に生息する菌類は木材生息菌類と呼ばれるが，必ずしも分解機能を持つとは限らない．木材腐朽菌は白色腐朽菌，褐色腐朽菌，軟腐朽菌に分けられる．

図 1.4　木材腐朽菌類の子実体の例
a）ツキヨタケ（*Lampteromyces japonicus*：茨城県），b）キコブタケ属の一種（*Phellinus* sp.：マレーシア・サラワク州），c）ツヤウチワタケ属の一種（*Microporus xanthopus*：タイ），d）マンネンタケ属の一種（*Ganoderma australe*：マレーシア・サラワク州）

## 1.2　木材腐朽菌類が供給する生態系サービス

木材腐朽菌に限らず菌類は，基盤サービスや供給サービス，文化的サービスの提供や，生態系プロセスや保全計画の指標となる点から，人々の生活と密接につながっており，保全される必要がある（Heilmann-Clausen *et al.*, 2015）．本節では木材腐朽菌類の多様性と生態系機能の関係について示したうえで，木材腐朽菌類が供給する生態系サービスについて紹介する．

## 1.2.1　多様性と分解機能

生物の多様性と生態系機能は密接な関係がある．植物などの生産者群集では，種多様性が増加すると，群集全体の現存量も増加することなどが良く知られている（Cardinale *et al.*, 2011）．このような関係においては，多様性が増加することで，偶然，高い機能を持った種が群集に含まれ，そしてその種が群集内で優占した結果，群集全体として機能が高まる選択効果（selection effect）と多様性が増加することで様々な異なる機能を持った種が含まれるようになり，その結果，群集全体として機能が高まる相補性効果（complementary effect）が働いている．分解者である腐生菌と分解機能の関係についても研究例が増えつつあるが，今のところ，一定の傾向は見出しがたい．腐生菌の多様性が増加するに伴い，分解速度が増加することもあれば（Setälä & McLean, 2004），変化しなかったり（Dang *et al.*, 2005），減少したりする例（Fukami *et al.*, 2010）が報告されている．これらのことから，菌類の種多様性が増加すると分解が速まる可能性はあるが，種間競争による分解への負の影響も働く可能性がある．このように種の多様性と機能の関係は事例によって異なるが，菌類の種の多様性ではなく機能的多様性と生態系プロセスの関係についてみると，明瞭な正の関係がある（Hättenschwiler *et al.*, 2011）．

## 1.2.2　供給サービス

肉眼で見えるほど大型の子実体を形成する菌類を大型菌類（macrofungi）というが，その子実体を俗にキノコという．

キノコは国内外で古くから食料として利用され，例えば日本では，今昔物語にキノコ食に関わる話がみられる．大正時代から昭和初期の日本における野生キノコの利用種数は，東北や北関東，中国地方山間部などで多く，これらの地域では菌根菌よりも腐生菌のほうがより多くの種類を利用していたようである（齋藤，2006）．これらの地域では人口圧が低く，枯死木や落葉落枝の薪炭や肥料しての森林外での利用が少なかったため，腐生菌にとっての資源が豊富にあり，その結果，人々も腐生菌のキノコを利用できたことが指摘されている．食料以外の伝統的利用（traditional use）としては，一部の多孔菌類（polypore）を火口や染料，革砥として利用する例が挙げられる（Spooner & Roberts, 2005）.

現在の産業としてのキノコ利用について日本の状況をみてみよう．2014年の記録では，栽培キノコ類の生産額は2091億円であり，木材の生産額である2354億円に迫る非常に重要な林産物である（平成27年林業白書）．栽培キノコの中では生シイタケ（*Lentinus edodes*：図1.5）が691億円，ブナシメジ（*Hypsizygus marmoreus*）が520億円，エノキタケ（*Flammulina velutipes*）が340億円の順に多い．輸入については主に中国から乾シイタケが76億円，マツタケ（*Tricholoma matsutake*）が54億円，生シイタケが10億円ほどである．マツタケ以外は木材腐朽菌である．

### 1.2.3　文化的サービス

キノコやキノコ狩りは，洋の東西を問わず，古くから文芸作品を含む書物の中に登場したり，絵画や映画に描かれたりしてきた（根田，2003；吹春・根田編，2013）．例えば，日本の随筆集「翁草」では豊臣秀吉がマツタケ狩りをした際の逸話が紹介されていたり，フィンランドの映画「過去のない男」の中では主人公らがデートとしてキノコ狩りに出かけたりしている．なお，キノコ狩りは食料採集という面だけでなく，レクリエーションの面も併せ持っている．愛好家らによるキノコの採集記録は，1.3.1で示すように，研究にも利用されている．

## 1.3　枯死木依存性菌類の調査方法

菌類はその本体が菌糸として植物体などの基質や土壌中に存在しているため，個体を認識し，個体数を計数することが困難である．とりわけ，分子生物学的手法が発展する以前は，基質中の菌類相を明らかにするのに非常に多くの労力と困難を要した．そのため，比較的簡便に調査を行うことができる子実体（fruiting body：いわゆるキノコ型のものやサルノコシカケ型のものなどがあ

図1.5　シイタケのほだ木栽培（上）と菌床栽培（下）

る）に基づいた研究が行われてきた．ここでは，主要な調査方法について解説する．

## 1.3.1　子実体に基づいた調査

木材腐朽菌類に関する研究では，しばしば子実体の形態が類似するグループを対象に行われてきた．代表的なものは多孔菌類とハラタケ類（agaric）である．多孔菌類とはいわゆるサルノコシカケ型の子実体を形成する菌類など，子実層が管孔となっている菌類群を指す．多孔菌類は多系統群であり，タマチョレイタケ目やタバコウロコタケ目，ベニタケ目（Russulales）などを含む8以上の目（これら3目とハラタケ目（Agaricales），キクラゲ目（Auriculariales），イグチ目（Boletales），キカイガラタケ目（Gloeophyllales），トレキスポラ目（Trechisporales）など）からなるグループである．一方，ハラタケ類と呼ばれるカサと柄を持ついわゆるキノコ型（ハラタケ型）の子実体を形成するグループには，ハラタケ目，タマチョレイタケ目，ベニタケ目，イグチ目などが含まれる．この他に，コウヤクタケ類（corticioid）という管孔もヒダも持たない，まさに湿布薬のような形態をした子実体を形成する菌類もあり，これはコウヤクタケ科（Corticiaceae）などから構成されている．

多孔菌類は一般に硬質で長命な子実体を作るため，季節変動や短期的な気象条件の変化による菌類相の変動が小さい（Berglund *et al.*, 2005）．そのため，軟質で短命な子実体を形成するハラタケ類よりも少ない調査頻度で，調査対象となる森林を代表する菌類相を観察することができる．このことは，木材腐朽菌類の中で多孔菌類を対象にした研究例が多いことの理由の一つであろう．なお，ある林分において多孔菌類の多様性評価を行う場合，大面積を一度に調べるほうが狭い面積を複数回調べるよりも効率的に多くの種を得ることができる（Yamashita *et al.*, 2015b）．また，林分の多様性を把握するうえで，複数回調査を行うことの効果はハラタケ類で最も大きく，ついで多孔菌類，そしてコウヤクタケ類の順に小さくなる（Abrego *et al.*, 2016）．

分子生物学的手法が一般的に用いられるようになる以前は，子実体による調査が主要な菌類調査方法であった．その利点としては，子実体を発見しやすい特定のグループに限定した研究の場合は，非常に簡便に調査を行うことができる点がある．また，子実体が形成されているということは，その場所はその種にとって有性生殖できる場所であるといえる点も，菌糸の存在だけからはわからないことである．子実体による調査結果で注意すべき点とは，子実体の発生がないからといって，必ずしもその基質中に菌類が生息していないことを示すわけではない点や，複数の子実体が基質から発生していても，そこに複数の個体が生息しているとは言えない点である．

生態学的な研究において，対象となる生物の種名とその種のアバンダンス（abundance，優占度：しばしば個体数で評価される）は基礎的な情報であり，これらを把握することが非常に重要である．木材腐朽菌ではアバンダンスの指標として子実体が発生していた枯死木の本数を用いることが多い．物理的に隔てられた異なる枯死木には別の個体が生息していると考えれば，納得しやすい指標であろう．この点で地面から発生する菌類はアバンダンスの評価が難しい．

木材腐朽性の多孔菌類調査が盛んに行われてきた背景の一つであろう．なお，野外において，子実体を正確に種同定するのは困難な場合がある．そのような場合は，実験室に持ち帰り，顕微鏡により観察することになる．その際は，シスチジア（cystidia）や，剛毛体（setae），剛毛状菌糸（setal hyphae）の有無やその形態的特徴，胞子の形態や菌糸型（hyphal system），そして胞子及び菌糸の化学薬品に対する呈色反応などにより種同定を行うことになる．

子実体の発生に関する情報は古くから集められてきたので，その蓄積を利用することができる．例えば，博物館などに保管された標本を利用することで，現在の潜在的な分布を明らかにしようとする研究も行われている．ノルウェーで行われた研究では，分布域の狭い落葉分解菌の一種であるモリノカレバタケ属の一種（*Collybia fusipes*）ではモデルによる予測と実際の分布が非常によく一致していたものの，広域分布する木材腐朽菌であるバライロサルノコシカケ（*Fomitopsis rosea*）ではモデルと実際の分布があまり一致していなかったことが報告されている（Wollan *et al.*, 2008）．木材腐朽菌のように資源が空間的に偏在するような場合は，その影響が強く，適当な空間分布推定がしにくい．このような課題があるものの，過去と現在の子実体の空間分布情報は将来の気候変動が菌類の分布に及ぼす影響を予測する際に重要になる．

子実体には人々が親しみやすいという特徴があるため，研究者だけでなく，一般市民も参加して行う研究に適している．ごく最近では，1960年代以降にヨーロッパ9か国から得られた730万件の菌類子実体の発生記録について，博物館や教育機関，シチズンサイエンスプロジェクトといった様々なデータが統合され，一つの巨大なデータベースが整備された（Andrew *et al.*, 2017）．これを用いると，例えば気候変動が子実体形成のフェノロジーに及ぼす影響の解析などを広域で行うことができる．日本においては，京都市の森林で愛好家らが30年にわたりキノコ採集を続けたデータを用いて子実体発生の季節性について解析したところ，落葉分解菌や木材腐朽菌と比べて，外生菌根菌が気象条件から強く影響を受けていることが明らかにされている（Sato *et al.*, 2012）．

### 1.3.2　分離培養

木材中の菌類を分離培養することもある．特に，顕著な子実体が形成されない微小菌類（microfungi）について有用である．例えば，ブナ（*Fagus crenata*）の倒木が腐朽する過程では，微小菌類群集が遷移する要因が分解初期には材密度で，分解後期には含水率と窒素含有量であることが，本手法を用いて示されている（Fukasawa *et al.*, 2009）．菌類を分離培養する技術は，種同定のためだけでなく，菌種ごとの分解能力の推定（Fukasawa *et al.*, 2011）や環境耐性（Mswaka & Magan, 1999），種間関係における競争力（Boddy, 2000）といった種特性を明らかにする際に必要になる．これらの情報を，子実体を用いた調査や次に述べる分子生物学的手法からだけでは得ることが困難であり，種特性を知るうえで非常に重要な技術である．

### 1.3.3　分子生物学的手法の利用

木材腐朽菌の多様性調査では子実体を指標に行われるケースが2010年ごろまで非常に多く，現在でも盛んに行われている．その一方で，近年の分子生物学的手法の発展は，大きな変革を菌類研究にもたらしており，現在では木材から菌類のDNAを抽出して群集構造を評価する例が増えている．具体的には，以下のような流れで行われることが多い．まず，電動ドリルなどで枯死木から木片を採取したのち（図1.6），実験室においてDNAを抽出し，ポリメラーゼ連鎖反応（PCR：polymerase chain reaction）によってDNAを増幅させ，シークエンサーによって得られた産物の塩基配列を決定する．そして塩基配列がどの種に該当するのかをデータベースから特定する．データベースなどを用いても種同定ができない場合は，ある程度塩基配列が類似しているDNAをOTU（operational taxonomic unit）としてあたかも種のように見なして，菌類の多様性を評価することが多い．近年になって次世代シーケンサー（next generation sequencer）が登場し，一度に大量の塩基配列を決定できるようになったため，この方法を用いた研究が増えつつある（東樹，2016）．

この方法の長所は，子実体を発生していない材中の菌類であっても抽出できる点にある．必ずしもすべての菌が抽出されるわけではないものの，非常に多くの菌類を一度に抽出することができる（Ovaskainen *et al.*, 2013）．そのため，木材腐朽菌類の分布（Fukasawa & Matsuoka, 2015）や木材腐朽菌類の多様性と分解の関係（Yamashita *et al.*, 2015c）など，様々な研究に次世代シーケンサ

図 1.6　ドリルによる枯死木からの材片の採取

ーを用いた手法が取り入れられている．なお，分子生物学的手法の発展により，進化生物学的視点からの菌類研究も飛躍的に進められている．例えば，31 種類の木材腐朽菌類についてゲノムを比較することで，進化過程において，白色腐朽菌を祖先として褐色腐朽菌が複数回にわたり独立に進化したことが示されている（Floudas *et al.*, 2012）．

## 1.4　木材腐朽菌類に関する生態学的知見

本章では，木材腐朽性の多孔菌類に対する人為活動の影響に関する研究例を紹介していくのだが，その前に，木材腐朽性の多孔菌類の生態的特徴について紹介しておく．

### 1.4.1　概要

木材腐朽菌類に限らず，ある森林に認められる菌類群集は，その群集を構成する生物種のニッチ（利用可能な環境や餌の幅）や移動分散能力，生物間の相互作用（競争や相利関係），群集の歴史性（移入の順番），その地域の生物相（生物地理区）といった菌類側の要因と，森林の生物・非生物的環境条件や森林の時間的特性（森林が成立してからの時間），空間特性（森林のサイズ，形状，および周辺環境）といった要因のそれぞれが作用した結果とみなすことができる．林業をはじめとする森林利用は，森林の環境条件や時空間的な特性を変化させる．すなわち，木材腐朽菌類の餌や住み場所資源である木質リターの量や質に影響を及ぼすとともに，木質リターの周辺環境の条件を変化させる撹乱と捉えることができる．1.5では，森林利用がどういった木材腐朽菌類群集の変化を引き起こしていくかについて紹介するが，その前に本節において，人為活動の影響がない状況における木材腐朽菌類の特性についてまとめておく．

### 1.4.2　生活史

まず，本章で対象とする担子菌類の生活史について紹介する．木材腐朽性の担子菌類は，木材中に単核または複核の菌糸として存在し，複核化した菌糸が条件に応じて子実体を形成する．子実体では減数分裂により単核の胞子が形成され，風などにより飛散する．飛散した胞子は生育に好適な場所においては定着し，単核菌糸として存在し，別の単核菌糸と接合し，複核化する機会をうかがうことになる．なおタマチョレイタケ目のカワラタケ（*Trametes versicolor*）では，単核菌糸と複核菌糸で分解能力や競争力に差がないと言われている（Hiscox *et al.*, 2010）ものの，同じく木材腐朽菌であるアカキクラゲ綱（Dacrymycetes）の仲間では，複核化した菌糸のほうが単核菌糸よりも分解能力が高いと言われている（Shirouzu *et al.*, 2014）．複核化することで生理活性の異なる酵素が生産され，分解が活発になっている可能性がある．

### 1.4.3　分散と定着

森林管理が木材腐朽菌類に及ぼす影響について考える際に重要となるプロセスは分散と定着である．分散は，林分間でも同じ林内の枯死木間でも起こる（図1.7）．一般に多孔菌類やハラタケ類は胞子の分散を風に頼っていると考えられ，動物による胞子分散の重要性は高くないと考えられる（山下，2013; Halbwachs & Bässler, 2015）．胞子の分散距離は様々で，放出された胞子の大部分は子実体から数10 m〜数100 m以内に落ちるが（Norros *et al.*, 2012），1000 kmを超える場合もある（Hallenberg & Küffer, 2001）．超長距離分散は長い時間で見ればまれな事象ではないが（Moncalvo & Buchanan, 2008），定着するのに十分な量の胞子を期待できる範囲は，子実体からせいぜい10 km程度の範囲であろう（山下，2013）．胞子は莫大な量が放出されるが（堀越・鈴木，1990），散布後，すべての胞子が定着するわけではない．例えば，紫外線（UV–A と UV–B）を受けることで胞子は発芽能力を失いうる．

胞子の形質は，胞子の分散や定着過程と密接にかかわっている．Norros *et al.*（2015）によると，発芽能力は潜在的に胞子壁の厚い種で低く，薄い種で高いものの，紫外線に対する耐性は，胞子壁の厚い種の方が薄い種よりも耐性が高い（Norros *et al.*, 2015）．分散距離との関係を見ると，数理モデルでは子実体から飛散した一団の胞子のうち半数が死んでしまう距離は，風速条件によらず，胞子壁の厚い種のほうが胞子壁の薄い種よりも遠距離となるとされている．胞子の形質と分散した先の環境条件のマッチングが，木材腐朽菌類群集の組成を決める要因の一つになっているかもしれない．

無事に枯死木に到達した胞子が発芽，定着できるかは，胞子の形質以外にも，

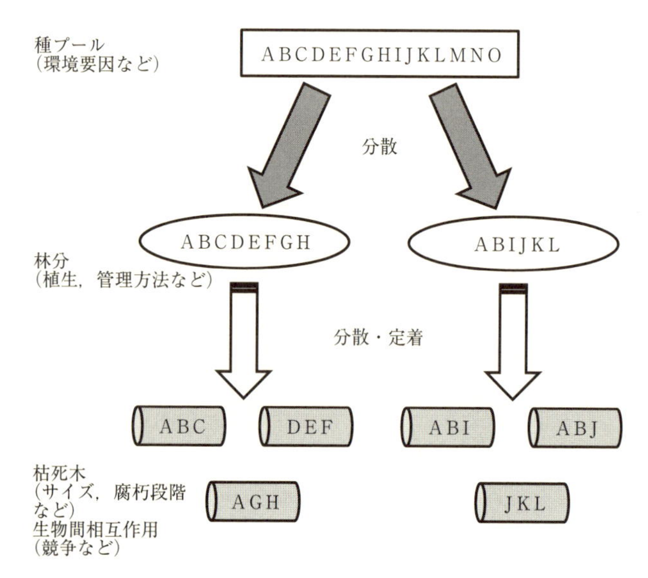


図 1.7　枯死木に菌類群集が形成される過程
アルファベットは種を示す．四角は種プールを，楕円は林分を，円筒は枯死木を示す．
ある地域の種プールは環境要因や歴史的要因などにより決まっている．種プールから森林の植生や管理方法などの違いにより，それぞれの林分に定着できる種が決まる．さらに各林分内では枯死木の腐朽段階やサイズといった枯死木の特性と侵入した種間の関係に従って群集が形成される．実際にはどの種が先に枯死木に侵入，定着したかという確率的な過程とそれにかかわる要因（例えば林分間や枯死木間の距離など）にも影響を受けて群集が形成される．

枯死木の環境条件と菌類の耐環境特性との関係や，他の菌との競争の優劣や定着の順序など様々な要因によって決まる．例えば，ジンバブエの熱帯林から得られたシロアミタケ属（*Trametes*）の菌糸を用いた実験では，実験対象とした10種では菌糸成長に最適な温度は種間差がほとんどなかったが，成長できる最高温度には種間で大きな違いがあった（Mswaka & Magan, 1999）．この場合，成長できる最高温度が高い菌は森林によって被覆されていない開放的な環境下でも生育できるかもしれない．水分や気温等の物理的条件は材のサイズや腐朽段階と，窒素やリンといった化学的条件は腐朽段階と関係しているため，菌類群集の構成は材のサイズや腐朽段階との関係によって論じられることも多い．特定の樹木の種類に対する特異性は，宿主特異性と呼ばれ，広葉樹と針葉樹といった広い範囲での特異性から，植物の特定の科や属，種といったある程度狭い範囲のものまである．宿主特異性も定着の成否に大きく関わる．また，適当な宿主に到達したとしても，他の菌との生物間相互作用や到着の順序などが，その後の群集形成の過程に影響している（Ottosson *et al.*, 2014）．このように胞子が特定の枯死木に定着できるかどうかは決定論的なプロセスと確率論的なプロセスの両方が働いている．

### 1.4.4　枯死木の状態と菌類群集

枯死木依存性菌類は基本的にすでに死んだ木を利用しており，樹木の生死にはほとんどの場合で関わらない．つまり，森林において，木材依存性菌類による枯死木の消費は，枯死木の供給速度に影響を及ぼさない．したがって枯死木依存性菌類と枯死木の相互作用系はドナーコントロール（donor-controll）型の系である．

木材腐朽菌にとって枯死木の腐朽段階やサイズ，樹種，部位（根株，樹幹，枝），状態（立枯れ，根株）といった要因は，枯死木上に形成される菌類群集を決定するうえで非常に重要である．これらの要因によって菌類群集が異なることは，枯死木から出現した子実体と（Heilmann-Clausen & Christensen, 2003, 2004; Lindhe *et al.*, 2004; Yamashita *et al.*, 2010），枯死木中から検出されたDNA（Kubartova *et al.*, 2012; Rajala *et al.*, 2012）のそれぞれに基づいた調査で確認されている．ブナ倒木に形成される菌類群集については，ベルギー，デンマーク，ハンガリー，オランダ，スロヴェニア，スウェーデンの6カ国における子実体の調査により，気候や森林の状態，基質のうち，どの要因が最も群集構成に影響を及ぼすかを調べた結果，倒木の腐朽度という基質の特性が非常に強く影響を及ぼしていることが示されている（Heilmann-Clausen *et al.*, 2014）．このように資源の状態は木材腐朽菌類群集が形成されるうえで非常に重要な要因の一つである．このことから資源状態の多様性と資源の量を維持することが，林分レベルでの木材腐朽菌の多様性を維持するうえで非常に重要である（Junninen & Komonen, 2011）．

## 1.4.5　生物間相互作用

枯死木において木材腐朽菌類は様々な生物と相互作用をしている（Stokland *et al.*, 2012；深澤・山下，2013）．木材腐朽菌類は枯死木において，餌資源と空間をめぐり，菌類同士や他の生物と厳しい競争関係にある（Boddy, 2000）．ある環境において，先に定着した種が後に侵入しようとする種の定着を左右することを先住効果（priority effect）という．この効果は，様々な生物で広く認められ，後から侵入する種の定着を促進する場合も阻害する場合もある（Connell & Slatyer, 1977）．例えば，白色腐朽菌と褐色腐朽菌のどちらの腐朽型の菌が定着して優占するかが，その枯死木を後で利用する菌類や昆虫，植物などの組成に影響を及ぼし得る（Ottosson *et al.*, 2014; 深澤，2013）．逆に昆虫の利用が菌類の出現に影響を及ぼしているとする研究例もある．伐倒後数年以内の分解初期の枯死木をケシキスイ科（Nitidulidae）の一種 *Glischrochilus quadripunctatus* とタマキノコムシ科（Leiodidae）の一種 *Agathindium nigripenne* が利用すると，伐倒後10年以上経ったその枯死木ではコフキサルノコシカケ（*Ganoderma applanatum*）の出現が促進されることが報告されている（Jacobsen *et al.*, 2015）．このように，枯死木中の木材腐朽菌類群集の動態には，先住効果が大きな役割を果たしている．木材腐朽菌類間の種プールの中で複数の種が枯死木に侵入，定着する際に，どの種から順番に定着していくのかという群集形成における歴史性が，分解の進行速度などに影響を及ぼすことも示されている（Dickie *et al.*, 2012; Fukami *et al.*, 2010; Hiscox *et al.*, 2015）．このように，群集の動態は機能にも影響を及ぼしている．

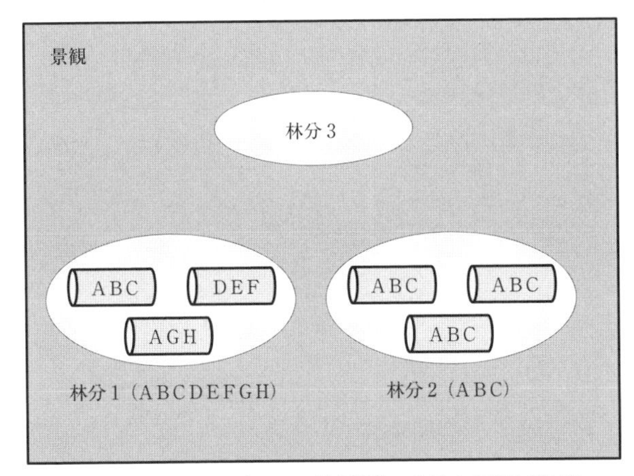


図 1.8　枯死木に形成される菌類群集における空間的階層性
アルファベットは種を示す．楕円は林分を，円筒は枯死木を示す．
枯死木を最小単位とした時，枯死木で観察される多様性を $\alpha$ 多様性，すべての枯死木で観察される多様性を $\gamma$ 多様性，枯死木間の変異を $\beta$ 多様性という．林分 1 では枯死木間の種構成の変異が大きい（$\beta$ 多様性が高い）ため，林分レベルでの多様性（$\gamma$ 多様性）も高くなる．これに対して林分 2 では枯死木間の種構成に変異がない（$\beta$ 多様性が極めて低い）ため，林分レベルでの多様性も低くなる．枯死木の質的な変異の大きさを主要因として，このような現象が認められることがある．一般に原生林では枯死木間の質的な変異性が大きく，人工林では変異性が小さい．景観レベルでの多様性に対しては，各林分における多様性と林分間の種構成の変異が寄与する．

### 1.4.6　空間スケール

森林利用と菌類群集の関係を考える際に，対象とする空間スケールを考慮することは非常に重要である．木材腐朽菌では，生息場所の最小の単位は通常，木質リターであり，次いで粗大木質リターが含まれる林分，林分が構成する森林，そして森林とそれ以外の生態系が構成する景観である．このように空間的なスケールには階層性があり，空間スケールの小さい下位の階層はより大きな上位の階層に含まれる．種多様性も空間スケールと対応している．例えば，ある森林内に複数の粗大木質リターがあるとき，個々の粗大木質リターで観察される種多様性を $\alpha$ 多様性（alpha diversity），すべての粗大木質リター全体の種多様性を $\gamma$ 多様性（gamma diversity）と呼び，粗大木質リター間の種組成の変異を示す種多様性を $\beta$ 多様性（beta diversity）と呼ぶ．多様性を評価する最小単位は，評価者の研究の目的や対象に依存しており，林分が最小単位となることもある（図 1.8）.

## 1.5　森林利用の影響

木材腐朽菌類にとって森林伐採は，森林中の枯死木の構成を短期的，長期的に大きく変化させ，生息地の喪失を招く撹乱である．例えば，皆伐施業では，上層木が持ち出されることで光条件が大きく変化するとともに，林地に一時的に枝葉を供給されることになる．それでは，森林利用に対して木材腐朽菌はどのような反応を示しているのだろうか．1.5.1 から 1.5.4 までは，研究が盛んな北ヨーロッパを中心とした亜寒帯での事例によって，森林施業の影響について解説する．そのうえで，温帯と熱帯での事例について 1.5.5 で紹介する．

### 1.5.1　枯死木

まずは，木材腐朽菌類群集が形成されるもっとも小さい単位である枯死木の特徴によって，伐採の影響がどのように変わるかを調べた研究を紹介しよう．フィンランドでは，森林施業によって森林中の枯死木の構成が大きく変化することに注目して，木材腐朽菌類の子実体が粗大木質リター（直径 5 cm 以上）と微細木質リター（直径 5 cm 以下）で調査された（Juutilainen *et al.*, 2014）．この研究では，マツとトウヒが優占する天然林および人工林で 11 万本を超える枯死木が調査対象とされている．調査の結果，森林タイプと木質リターの直径とによって菌類の種構成が変異した．微細木質リターの中のごく細いリターや，粗大木質リターで形成される多孔菌類群集では，トウヒ人工林よりもトウヒ天然林で明らかに多様性が高かった．過去の森林施業の影響は粗大木質リターを利用する菌類でより強く現れており，とくにトウヒ林で強かったと報告されている．レッドリスト種は粗大木質リターに多いと言われるが，この研究では，出現頻度の少ない種が微細木質リターから多く観察された．これらのことから，人為活動下においては，森林中の粗大木質リターの体積を増やすことと，微細木質リターを利用する菌の局所絶滅を避けるために微細木質リターの量をある程度維持することの二つが，木材腐朽菌類の多様性保全と復元で重要になると指摘されている．

森林施業の木材腐朽菌類群集に対する影響が木質リターの特徴によって異なるかを検討した例はカナダ東部の亜寒帯林からも報告されている（Kebli *et al.*, 2012）．この研究では材の収量を伐採無しから皆伐まで4段階に変化させた複数の林分において，ヤマナラシ属の一種（*Populus tremuloides*）の枯死木上に形成された枯死木依存性菌類群集を分子生物学的手法によって調査している．それによると，*Athelia neuhoffii*, キコブタケ属の一種（*Phellinus cinereus*），ツノフノリタケ（*Calocera cornea*）などが倒木に特徴的で，倒木を利用する菌には材の直径と腐朽度に対する選好性が認められた．一方，立枯れ木には *Resinicium bicolor* および *Phialophora* sp. などが特徴的で，立枯れ木を利用する菌類では選好する地上からの高さが異なっていた．人為活動の影響についてみると，施業の強度が増すと，倒木や立枯れ木の菌類多様性が減少する傾向にあった．火入れをした林分では，太い材ほど多様な菌類を維持していたことから，太い材は火災時にレフュージアとして機能している可能性が示唆されている．この研究では強度の林業活動は負の影響を木材腐朽菌類群集に及ぼすが，部分的な伐採であれば，粗大木質リターの体積が確保されるため，影響は小さいとされている．

これらの研究からは，枯死木の特徴によって，森林施業から枯死木依存性菌類群集が受ける影響が異なりうることがわかる．

## 1.5.2　林分

### A.　植生の違いの効果および菌類相の回復過程

まず，枯死木の腐朽の進行と林分レベルでの菌類群集の遷移を結びつけた，古典的な研究を紹介しよう（Sippola & Renvall, 1999）．フィンランド北部の亜寒帯林で行われたこの研究では，3年，18年，42年前に伐採されたマツ林と老齢マツ林（林齢250年以上）の間で木材腐朽性担子菌類群集の構成などを比較し，伐採後40年間の動態を以下のようにまとめている．

1. 老齢マツ林ではすべての腐朽段階の枯死木があり，木材腐朽菌の多様性は高い．林分間での菌類相の変異も大きい．
2. 伐採直後では，大径の粗大木質リターの新規加入がなくなる．パイオニア種（チウロコタケモドキ（*Stereum sanguinolentum*），*Phlebiopsis gigantea*,

シハイタケ属菌（*Trichaptum* spp.）など）が新しくできた伐採残渣に侵入する．白色腐朽菌が優占する．

3. 伐採から 20 年後になると，ほとんどの伐採残渣は表皮がなくなるまで分解が進む（表 1. 2 においては腐朽段階 4 に相当）．*Amyloporia xantha* や *Chaetodermella lund*，オオオシロイタケ属の一種（*Oligoporus sericeomollis*）といった腐朽段階の中期に現れる褐色腐朽菌が優占する．
4. 伐採から 40 年経過すると，パイオニア種は消滅するが，腐朽段階中期の材に現れる褐色腐朽菌がいまだに優占する．伐採以前に形成された粗大木質リターがほぼ完全に分解されるため，腐朽段階後期の材を好む菌は減少する．

1. 4. 4 で木材腐朽菌類と枯死木の相互作用系はドナーコントロール型の系であると述べたが，このように，林分レベルでの木材腐朽菌類群集の時間的遷移は木質リターの加入とその後の分解という時間的動態を強く反映している．

森林施業が多孔菌類に及ぼす影響については，菌類群集の種多様性や種構成を施業方法間で比較することで評価されている．例えばエストニアでは，一度皆伐された森林が，その後時間が経つに従って多孔菌類群集がどのように回復するかが調べられた（Lõhmus，2011）．この研究では 4 km$^2$ 中の森林 3.76 km$^2$ を林分ごとに二次林とドイツトウヒ（*Picea abies*）人工林などの森林タイプに分けた．皆伐後 0 年から 137 年にかけての植生回復の効果を森林タイプの効果を区別せずに解析したところ，皆伐後 20 年の間，多孔菌類群集は，レッドリスト掲載種を含め大きく種多様性を減少させていた．皆伐後 20 年を経過すると，種数が増加し始め，100 年を越しても上昇傾向は続いた．森林タイプの影響をみると，老齢二次林とドイツトウヒ人工林では群集組成は異なった．老齢二次林は広葉樹の老木に出現するカバノアナタケ（*Inonotus obliquus*）やカボチャタケ（*Pycnoporellus fulgens*）といった寄生菌や，広葉樹の倒木に出現する *Hyphodontia radula* やスルメタケ属の一種（*Rigidoporus crocatus*）といった希少種によって特徴づけられた．一方で，人工林にのみ出現する種は *Skeletocutis carneogrisea* だけであった．種多様性についてみると，二次林と比べて人工林では 9～22% も種多様性が低く，間伐施業を行った森林では種多様性が 15% ほど減少した．景観スケールでみると，老齢二次林が最も多様な種を維持していた．人工林に形成された群集では，林分レベルでの種多様性（$\alpha$多様性）は必ずしも低くはなかったが，林分間での類似度（$\beta$多様性）が低かったため，景観レベルでの種多様性（$\gamma$多様性）の維持には人工林はそれほど貢献しなかった．このように，人工林施業は菌類群集の種多様性に負の影響を及ぼす．この研究では，比較的可能な原生林のデータが示されていないため，多様性に対する皆伐の効果が十分な時間を経れば十分小さくなるのかわからない．しかしながら，老齢二次林では種多様性が高く，重要な生息場所であることに違いはない．

人工林と老齢天然林での多様性を比較した研究例をもう一つ紹介する．フィンランドで行われた研究では，老齢人工林（林齢95～109年生，切り株多数），過熟人工林（林齢126～145年生，切り株多数），老齢天然林（林齢129～198年生，切り株無しまたはごくわずか）の順に種多様性が増加することが示されている（Penttilä *et al.*, 2004）．老齢天然林と老齢人工林の間の種多様性の差は2倍弱であった．過熟人工林では菌類相は老齢人工林よりは種数が豊富になるものの，老齢天然林と比べると希少種が圧倒的に少なく，老齢人工林と同程度であった．この研究が行われた林分は，ドイツトウヒが優占し，ヨーロッパアカマツ（*Pinus sylvestris*）やカンバ類（*Betula* spp.），ヤマナラシ（*Populus tremula*）が混交していたが，ヤマナラシの大径の枯死木は，天然林にしか見られなかった．また，人工林間では過熟人工林のほうが，広葉樹が多かった．こういった植生の違いを反映し，この調査地では人工林が過熟になっても，老齢天然林と同じような生物多様性維持機能を持つことは期待できないとされている．なお，この研究では切り株の個数が伐採圧の指標とされているが，切り株の個数は倒木の本数および倒木のサイズと負の相関をしている（Bader *et al.*, 1995）．一世紀以上前の択伐であっても枯死木の量やサイズおよび腐朽段階の変異性を減少させてしまい，その効果が一世紀以上に渡って木材腐朽菌類群集に及びうる．

伐採強度が低くても森林伐採の影響は長期間にわたり継続しうる．スウェーデン北部で行われた研究結果では，一世紀前に行われた1 ha当たり22–26本の伐採痕を残す程度のごく低強度の伐採であっても，森林伐採は枯死木の動態やレッドリスト掲載種をはじめとする木材生息菌類に影響を与え続けていた

(Josefsson *et al.*, 2010)．特に大事なこととして，森林伐採により分解の初期及び中期にある倒木の本数を減少させることがあげられている．このように，森林伐採の効果は，樹木の定着から枯死までにかかる時間を反映して，100年以上という長期間にわたって木材腐朽菌類群集に影響し続ける．

ごく低強度の伐採だけでなく，伐採残渣などの持ち去りも，菌類群集に影響を及ぼしている．皆伐を行った後に残った枝や切り株といった伐採残渣は，かつては林内に放置されていたものの，近年では再生可能エネルギー資源として利用するために持ち去られるようになりつつある．このような燃料用材の収穫は枯死木を減少させる要因となる．フィンランド中部のドイツトウヒの皆伐林分において，木材分解菌に対する燃料用材収穫の影響が調べられている(Toivanen *et al.*, 2012)．ここでは，多孔菌類とハラタケ類の分類群数と出現頻度が，伐採から4〜5年後の燃料材が収穫された10林分と対照区とされた皆伐林10林分で調査されている．全体で148分類群の菌類が記録され，燃料材を収穫した林分では対照の林分よりも切り株上での菌類の分類群数，出現頻度とも低く，倒木上への出現頻度も低かった．燃料用材の収穫，とりわけ切り株の持ち去りは，木材分解菌に対して負の影響を及ぼしており，人工林に頻出する菌類個体群が将来的に減少するリスク要因となりうる．

## B．エッジ効果

森林と他の環境との境界をエッジと呼び，ここでは日射量が増え，総じて湿度が低く温度が高くなる．その結果，森林の辺縁部では森林の内側と異なる生物相が形成されることがあり，これをエッジ効果（辺縁効果：edge effect：図1. 9）と呼ぶ．木材腐朽菌類に対するエッジ効果はそれほど明瞭ではない．Crockatt（2012）は総説において，老齢林の指標種の出現頻度がおおむねエッジ付近（0〜25 m）で低く，内部（エッジから25〜50 m）で高い傾向にあることを指摘している．枯死木の出現頻度はエッジ付近で多いため，微小環境要因が影響を及ぼしているものと指摘されている．興味深い点としては，エッジがいつ形成されたかによって，影響の現れ方が異なり，古いエッジで効果が強く働いている（Siitonen *et al.*, 2005)．これが絶滅の負債（extinction debt：1. 5. 3参照）なのか，微小環境がより厳しくなっているのか，その両方なのかについては，言及されていない．

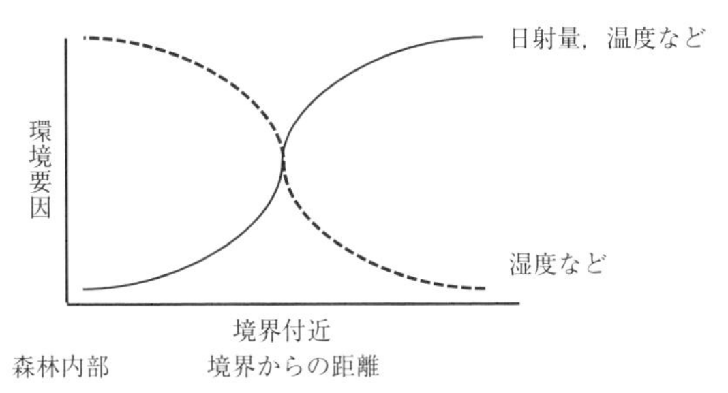


図 1.9　エッジ周辺での環境要因の変異
曲線の形は別の場合もありうる．

## 1.5.3 景観

これまで，枯死木レベルや林分レベルでの木材腐朽菌類群集に関する研究例を紹介してきた．ここではさらに空間的スケールを広げて，景観レベルでの研究例を紹介する．このレベルでは，主に森林の分断化（forest fragmentation）が問題として扱われている．森林の分断化とは，一つの大きく連続していた森林が，土地利用方法の転換などにより連続性を失い，複数の森林に分かれることである（図 1.10）．分断化が極端に進み，生物の移動がしにくくなることを孤立化（isolation）という（図 1.11）．分断化された森林に対しては他の森林からの移入が減少し，局所個体群サイズが低下したり，エッジ効果などが働くことで，これらの影響を受ける種では十分に時間が経つと局所絶滅が起こる可能性がある．

木材腐朽菌類の場合，風によって分散する胞子は他の生物に比べてはるかに移動性が高いと考えられるため，森林の分断化による影響は分散制限によるものではなく，資源の量の減少や質の均一化によるものであると考えられてきた（Junninen & Komonen, 2011）．その一方で，分断化した森林パッチの大きさや他のパッチからの孤立性といった景観要素もまた影響を及ぼしているとも報告されている（Abrego & Salcedo, 2014; Abrego *et al.*, 2015）．先にみたように，胞子は 100 km を超えるような分散もしうるが，ほとんどの胞子は子実体の近傍に落下することを考えると，分散制限がないとは考えにくい．近年は胞子の形質と生態的特性の関係も明らかになりつつある（Norros *et al.*, 2014, 2015; Halbwachs *et al.*, 2016）．これらも踏まえて分散，定着過程を理解し（Halbwachs

図 1.10　空間的に連続した森林（左）と分断化した森林（右）の例
マレーシア・サラワク州にて．→口絵 1

図 1.11　空間的に孤立化した原生林の例
周囲に一部二次林が残るが保護区との境界付近までアブラヤシ園が迫っている．
マレーシア・サラワク州にて．

& Bässler, 2015)，景観要素との関係について明らかにする必要がある．

菌類の生態的特性と分断化に対する感受性の関係について調べた例を紹介する．フィンランド南部およびロシア北西部に位置するカレリア地方で行われた研究では，119 種の木材腐朽菌類について，資源に対する特殊化などの生態的特性が絶滅リスクや森林の分断化に対する感受性と関係しているか調べられた (Nordén *et al.*, 2013)．119 種のうち，42% の種が広葉樹上で生育していたが，特定の一種に特殊化しているものは 4 種だけであった．これに対して，針葉樹には36％の種が特殊化していたが，このうちの半分以上が特定の樹種（トウヒまたはマツ）に特殊化していた．広葉樹と針葉樹の両方を利用していたものは22％に過ぎなかった．人為的に供給される枯死木に依存する種は認められなかったが，自然要因で供給される枯死木に特殊化した種としては20種が確認された．レッドリスト掲載種は資源利用において特殊化の程度が高く，森林の連続性の喪失によっても負の影響を受けていた一方で，普通種は連続性の高い天然林よりも，分断化の進んだ人工林において高頻度で出現していた．これらのことから，資源に特殊化した種で，資源の喪失を通じて分断化の影響を受けていると考えられている．木材腐朽菌の多様性維持を目的とした森林管理という視点からは，特定の景観において狭い人工林を多数維持するよりも，連続性の高い天然林を残すほうが効果的であることを上記の研究は示している．別の研究でも，木材腐朽菌類の保全を進めるうえで，保護区の効果を上げるために，老齢天然林や原生林の空間的な連続性を高くし，分断化の効果を極力下げることが必要であると指摘されている（Abrego *et al.*, 2015）．保全を目的とした森林管理については1.6.2で扱う．

森林の分断化は，特定の菌類の遺伝的多様性や菌類群集だけでなく，菌類を基底とした食物網構造全体にまで影響が及んでいる．多孔菌類の子実体には，菌類食性の昆虫やその寄生者などが認められる（図1.12）．森林が分断化すると菌食性昆虫やその寄生蜂などが時間がたつにつれて局所的に絶滅し，食物連鎖が単純化することが，バライロサルノコシカケに形成される昆虫群集に関する研究で示されている（Komonen *et al.*, 2000）．この研究は食物網構造（food web structre）が人為活動によって単純化しうることを明確に示している．

森林の分断化に対する木材腐朽菌類の反応にはどういった点に特徴があるのだろうか．オランダでは木材腐朽菌や外生菌根菌などの菌類4グループに哺乳類やチョウなど他の4グループを加えて，現在や過去の森林面積，森林タイプ，森林の土壌タイプなどがこれらの分類群のレッドリスト掲載種の分布や多様性にどういった影響を及ぼしているかが，10 km四方に区切られたメッシュデータを用いて調べられた（Flensted *et al.*, 2016）．その結果，レッドリストに掲載されている木材腐朽菌類の多様性や分布には他の分類群と同様，30 km四方や50 km四方の中での森林の連続性についてはほとんど効果がな

図 1. 12　マンネンタケ属の一種（*Ganoderma australe*）の子実体上に形成される昆虫群集
ゴミムシダマシ科，テントウムシダマシ科，ハネカクシ科などの鞘翅目や双翅目の昆虫がみられる（マレーシア・サラワク州）.

かった．このことは，レッドリスト掲載種にとっては，老齢林の空間的な連続性はそれほど重要ではないことを示している．一方で，チョウや Hydnoid 外生菌根菌の種多様性や哺乳類の分布では検出されなかったものの，枯死木依存性菌類や枯死木依存性昆虫を含む多くの分類群では，レッドリスト掲載種の多様性と分布が過去 200 年来連続して森林が被覆していたかどうかと関係していた．この研究では 10 km 四方の中での森林の空間的な連続性の重要性については評価していない点に注意する必要があるものの，木材腐朽菌などの枯死木依存性菌類にとっては，時間的に森林が連続して存在していることの方が，空間的に連続していることよりも重要である可能性が高い．なお，この研究における時間的な森林の連続性の問題は，絶滅の負債と呼ばれる現象の存在を示している．絶滅の負債とは，ある一種だけの状況であれば，生息地の変化ののち，結果的に絶滅すると考えられる個体群の数や割合のことをいい，生物群集の場合では，対象となる生息地の破壊（habitat destruction）や気候変動といった撹乱後に群集がある新しい平衡状態へ達するにしたがい，結果的に絶滅すると考えられる種の数や割合のことをいう（Kuussaari *et al.*, 2009）.

## 1. 5. 4　メタ解析による亜寒帯での人為活動の影響評価

これまでに紹介してきたような個別の研究を集め，その成果を再解析することで，一般的な傾向を見出すことができる．この手法をメタ解析と呼ぶ．ヨーロッパの亜寒帯地域のうち，フェノスカンジア（スカンジナビア半島，フィンランド，カレリア，およびコラ半島を含む地域）で行われた研究に関する76報の論文の結果をもとに，基質（木質リター），生息地（林分），そして景観という3つの空間スケールで，多孔菌類がどのような生態を示しているかについてまとめられている（Junninen & Komonen, 2011）（表1.3）．この表からは，基質の多様性の維持が林分レベルでの多様性維持に寄与し，人為活動の影響は極めて長期にわたり及ぶことがわかる．

## 1.5.5　森林利用の影響～温帯から熱帯まで～

### A.　温帯と亜熱帯

ここまで，ヨーロッパ北部の事例を中心に紹介してきたが，気候帯が変わると植生や菌類の種プールも変わるため，必ずしも亜寒帯でみられるパターンが温帯や熱帯でも見られるとは限らない．実際に，Junninen & Komonen (2011) とは別のメタ解析では，枯死木の体積と枯死木依存性菌類の種多様性の関係が調べられ，その関係性は亜寒帯地域では検出されるものの温帯域では検出されていない（Lassauce *et al.*, 2011）．この研究で解析対象とされた研究事例が亜寒帯で5例，温帯で6例とごくわずかしかないため，本来は温帯域でも認められるはずの関係が検出されていないだけの可能性があるものの，亜寒帯で得られた成果がどの程度，他の気候帯や地域に当てはまるのかについては検討を要する．ここでは，我々にとって身近な東アジアや東南アジアで行われてきた，人為活動の影響評価に関する研究例を中心に紹介することにする．

まず，冷温帯において，植生の変異により菌類相が大きく異なることを示した研究を紹介しよう．この研究では，茨城県内のブナ（*Fagus*）林，シイ（*Castanopsis*）林，コナラ（*Quercus*）林の広葉樹林3タイプとマツ林，スギ林，ヒノキ林の針葉樹林3タイプで多孔菌類相が比較された．その結果，広葉樹林と針葉樹林で種構成が大きく異なった．さらに詳細を見ると，広葉樹林の間でも森林タイプ間で種構成が異なり，針葉樹林の間ではマツ林での種構成がスギ林，ヒノキ林と異なっていた（Hattori, 2005）．同じ地域で行われた別の調査でも，ブナ林とスギ林の間で，森林の林齢に関わらず，多孔菌類の種構

表 1.3　基質，林分および景観レベルにおける各要因が多孔菌類群集に及ぼす影響
Junninen & Komonen (2011) の結論の一部を抜粋．

| レベル | 項目 | 種多様性への効果／その他コメント |
|---|---|---|
| 基質 | | |
| | 樹種 | 検出されなかった．データの質に問題？ |
| | 倒木／立枯れ | 影響あり．多孔菌類全体およびレッドリスト掲載種の種数は倒木で立ち枯れ木の 2 ～ 6 倍多い |
| | 直径 | 効果は複雑．大径木には小径木を利用する種も出現する．同じ体積で維持される種数は，小径木のほうが大径木よりも多い． |
| | 腐朽度 | 最も強い影響．全体の種数は腐朽が中程度まで進んだときに最も高く，初期と後期では低い．レッドリスト掲載種については腐朽の最終段階に多い． |
| 林分 | | |
| | 面積 | 影響あり．20 ha になるまでは急激に増加し，その後も面積の増加に従って緩やかに増加． |
| | SLOSS* | 総面積が同じとき，一つの広大な老齢林のほうが，複数の狭い林分よりも保全上重要． |
| | 森林の生産性 | 影響あり．大規模撹乱直後の林分以外では，生産量が高い森林で多孔菌類の多様性も高い．成熟したトウヒ林では，レッドリスト掲載種を維持するうえで 20 ～ 40 $m^3$/ha 以上の枯死木が必要． |
| | 森林施業 | 影響あり．施業方法は枯死木の量と質を変化させることで多孔菌類群集に影響する． |
| | 更新様式 | 成熟した天然林では人工林のおよそ 2 倍近い種数を維持している．天然林にはレッドリスト掲載種が見られ，人工林には伐採残渣や切り株を利用する種がみられるものの，腐朽が進んだ大径木を利用する種などはほとんど見られない． |
| | 伐採方法 | 皆伐は局所的に菌類群集の構成を一変させる．皆伐前に老齢林に生息する種が認められ，かつ，その種が利用していた基質が残されるのであれば，皆伐後であっても数十年は老齢林に生息する種の局所個体群が維持される可能性がある．間伐や択伐の影響は切り株の個数で評価でき，切り株の数が多ければ多いほど，希少種が少なくなる． |
| 景観 | | |
| | 基質と種プールの連続性 | 空間的な連続性よりも，時間的な連続性があることの方が局所的な多孔菌類個体群の維持のうえで重要． |
| | 過去の人為活動の強度 | 小さいほど，種多様性が高く，レッドリスト掲載種が多く，個体群サイズが大きく，胞子量及び胞子の活性が高く，さらには個体群内でのヘテロ接合度が高い． |
| | 絶滅の負債 | ある．10 ha 以下の小林分でも，明確に種構成が変異するまでに 50 年かそれ以上かかることもある． |
| | 移出入 | 多孔菌類では胞子数は分散の制限要因ではなく，基質の利用可能性と基質での定着が移動分散過程で非常に重要． |

＊SLOSS (Single large or seeral small)：総面積が同じとき，一つの大きな保護区と複数の小さな保護区のどちらがより多様な生物を維持するかという保全生態学上の問題．

成が大きく異なっており，ブナ林ではカイガラタケ（*Lenzites betulinus*），ツヤウチワタケ（*Microporus vernicipes*），ヒイロタケ（*Pycnoporus coccineus*），*Hyphodontia* cf. *paradoxa*, アラゲカワラタケ（*Trametes hirsuta*），カワラタケが優占したのに対して，スギ林では，ヒメシロカイメンタケ（*Oxyporus cuneatus*）とシックイタケ（*Antrodiella gypsea*）が優占した（Yamashita *et al.*, 2012）．なお，ブナ林内で，エビウロコタケ（*Hymenochaete rubiginosa*）とシロカイメンタケ（*Piptoporus soloniensis*）はクリ属（*Castanea*）を，ツリガネタケ（小型）（*Fomes fomentarius*）とムカシオオミダレタケ（*Elmerina holophaea*）はブナ属を，ホウロクタケ（*Daedalea dickinsii*）やクロサルノコシカケ（*Melanoporia castanea*）はコナラ属を主に利用していたことから，菌の種によって倒木の樹種に対する選好性があることが示された（Yamashita *et al.*, 2010）．このように，林分スケールでの多孔菌類相の変異は菌類の樹種に対する選好性によって，ある程度は説明できる．木材腐朽菌の多様性をある地域内で保全しようとした時，こういった森林タイプ間での菌類相の変異に関する知識は重要となる．森林タイプ間での菌類相の変異が高い場合，すなわち森林タイプ間での$\beta$多様性が高い場合，特定の森林タイプのみを地域内に残すような土地利用管理では，地域全体での菌類の多様性（$\gamma$多様性）を低下させると予測されるためである．

次に，人為活動の影響を評価した例として，冷温帯での皆伐後の多孔菌類群集の回復過程を調べた例を紹介する．茨城県北部で2年生から179年生の天然林10林分において多孔菌類相が調べられた（Yamashita *et al.*, 2012）．その結果，種構成は林齢とともに変化し，林分内の種多様性は林齢とともに増加した．広葉樹上の白色腐朽菌が伐採直後の林分で高頻度でみられたが，いったんは急激に減少し，林齢が100年を超すと，その頻度がやや増加するという変化を示した．日本の落葉広葉樹林では，伐採後，しばらくの間は切り株などの伐採残渣が残るため，これを分解する白色腐朽菌が優占する．一方で，森林伐採後の植林地においても同様の調査が茨城県北部の同じ地域において行われている．スギ（*Cryptomeria japonica*）及びヒノキ（*Chamaecyparis obtusa*）の人工林において，植栽後10年から77年と林齢の異なる森林で多孔菌類相及び種多様性が子実体を用いて比較された（Yamashita *et al.*, 2012）．その結果，多孔菌類の種多様性や種構成は林齢とは関係がなかった．一方，種構成と針葉樹の胸高断面積合計との間には関係性があり，針葉樹の胸高断面積合計が大きい林分では針葉樹を宿主として利用する菌類が認められた．これは菌類の宿主に対する特異性を反映した反応だと考えられる．このように，日本の冷温帯林においても，やはり森林植生や皆伐からの経過年数（林齢）は菌類群集の構成を決めるうえで非常に重要な要因となっている．

沖縄では1970年代から育成天然林施業と呼ばれる立木密度管理が行われてきた．育成天然林施業とは，天然林で下草刈りや成木の間伐をしたうえで，これらの伐採残渣を林地に残す施業である．育成天然林施業の多孔菌類に対する影響が，施業後1年から22年の林分と施業をしなかった林分で子実体を調査することで検討された（Yamashita *et al.*, 2014）．調査地の林分ではキゾメウロコタケやウチワタケ（*Microporus affinis*），ツヤウチワタケ（*Microporus vernicipes*），バライロアミタケ（*Coriolopsis retropicta*），*Flabellophora licmophora*, キウロコタケ属の一種（*Stereum spectabile*）等が優占した．バライロアミタケ，ツヤウチワタケ，*S. spectabile* はほぼ全ての林分に出現した．施業直後の一年目は枯死木の構成の変異によって菌類の種構成が大きく異なったが，施業から4年後以降には種構成に対する施業の影響はほとんど認められなかった．菌類の種数については伐採直後に細い枯れ枝を利用する菌類が増えたために種数が増加したが，4年後までには減少し，その後は施業からの経過年数が増えるにしたがって徐々に増加するというパターンを示していた．なお，林分間の菌類の種構成の変異は施業によっても説明できるが，施業とは関係なくおこる植生や枯死木の構成の変異によって説明できる割合がより大きかった．したがって，育成天然林施業の影響は木材腐朽性の多孔菌類に対しては少なくとも20年程度の間ではそれほど大きなものではないと考えられる．ただし，施業によって特定の樹齢の木本が消失することで，将来的に一時的に大径の枯死木の本数が少なくなるかもしれない．長期的な影響については今後の調査が必要である．

人工林では間伐施業が行われるが，間伐が腐朽菌の子実体相に及ぼす影響について，台湾中部で研究されている（Lin *et al.*, 2015）．この研究は，間伐強度が25% と50% に設定された35年生のスギ林で行われ，間伐前後で菌類の種構成が異なり，木材腐朽菌の多様性は間伐前までの方が高いことが示された．間伐により光環境や土壌の環境条件が大きく変わったためにこのような群集の反応が引き起こされたと考えられている．なお，台湾においては，スギは1896年に日本から持ち込まれ，1911年に多くが植栽された．現在は約45000 haのスギ人工林が広がっている．

### B. 熱帯

森林タイプ間で菌類相が異なる現象は，熱帯地域の森林においても認められる．熱帯地域ではマングローブ林で特異的な菌類相が形成されている（図1.13）．例えば，東南アジアからは離れてしまうが，中米のパナマでマングローブ林と周辺の熱帯多雨林で菌類相を比較した研究では，マングローブ林では特定の樹種に対する選好性が高い多孔菌3種が群集内で優占し，隣接する熱帯多雨林とは異なる種構成をしていたことが報告されている（Gilbert & Sousa, 2002）．この研究サイトではキコブタケ属の一種（*Phellinus swieteniae*）はブラックマングローブ（*Avicennia germinans*）を，ハカワラタケ（*Trichaptum biforme*）はアメリカヒルギ（*Rhizophora mangle*）を，*Datronia caperata*はホワイトマングローブ（*Laguncularia racemosa*）を宿主としていた．また，東南アジア熱帯地域に形成されるマングローブ林でも，*Fulvifomes*属菌3種で特定のマングローブに対する選好性が高いと考えられている（Hattori *et al.*, 2014）．東南アジア熱帯地域を代表する森林タイプであるフタバガキ林においても，ホウロクタケ属の二種（*Daedalea aurora, D. dochmia*），キゾメウロコタケ（*Erythromyces crocicreas*），*Perennipoira corticola, Phellinus fastuosus*などはフタバガキ科（Dipterocarpaceae）に特異性を示すと報告されており（Hattori, 2017），宿主に対する特異性は森林タイプ間での菌類相の違いを生み出す要因の一つとなっているようだ．ただし，熱帯地域の森林は，熱帯多雨林に代表されるように特定の樹種が優占するというよりは多様な樹種によって形成されることが多い．そのような樹木の多様性が高い森林では，宿主に対する選好性の低い菌類が優占的になると一般的に言われている（May, 1991）．マレーシアのフタバガキ林において優占するマンネンタケ属の一種（*Ganoderma australe*）も宿主特異性は低く，少なくともこれまでにマメ科（Leguminosae），フタバガキ科，トウダイグサ科（Euphorbiaceae）など15科から発生が記録されてい

図 1.13　マングローブ林
リンチャ島（インドネシア）にて.

る（Hattori *et al.*, 2012；Yamashita *et al.*, 2009）．このように樹種に対する選好性は菌の種によって様々ではあるが，熱帯においても植生タイプ間での菌類相の差異を説明する重要な要因である．ただし，例えば湿度条件といった物理的環境要因も菌類相に影響を及ぼしている．中米のコスタリカでの例ではあるが，乾燥林，湿潤林，多雨林の間で枯死木依存性の多孔菌類相が異なっており，乾燥林で最も種数が多く，多雨林で最も少なかったことが報告されている（Lindblad，2001）．この研究では全体で 102 種が記録されているが，すべての森林に共通して出現したのは 6 種しかなかった．湿潤林や多雨林では木材腐朽菌にとって過剰に湿度が高い条件となっているため，菌類相が異なることが指摘されている．このように，宿主は森林の菌類相を決定する重要な要因ではあるが，他の環境要因もまた影響を及ぼしている．

多孔菌類の多様性の森林タイプ間での比較研究が，マレー半島やボルネオ島で行われている．マレー半島では，1950 年代に行われた森林伐採後に成立し

図 1.14 東南アジアにおける様々な土地利用タイプ
マレーシア・サラワク州にて.

た二次林では原生林よりも多様性が低く，1990 年代においても伐採の影響が検出されている（Hattori *et al.*, 2012）．また，アカシア（*Acacia mangium*）人工林とゴム（*Hevea brasiliensis*）園には疎林や二次林に出現する菌類と同じ種が認められることなどが指摘されている（図 1.14）（Hattori *et al.*, 2012）．一方，同じように森林から転換した土地利用方法にアブラヤシ園がある．アブラヤシ園は近年急速に面積を増加させているが，多孔菌類の多様性は著しく低い（Hattori *et al.*, 2012）．これらと比較すると利用される個々の林分は小規模ではあるが，東南アジア熱帯地域各地で現在もみられる土地利用に焼畑耕作がある．これは，森林を伐採して焼き払い，数年間にわたり陸稲栽培を行った後，放棄し，二次林形成後に再利用する方法である．ボルネオ島では，焼畑後に森林が回復する過程で多孔菌類群集がどのように変化するかについての研究が行われている（Yamashita *et al.*, 2008）．この研究では，焼畑耕作後に数年間放置された森林，数十年間放置された森林，また，一部の有用樹だけを択伐した小面積の森林（孤立林），そして原生林で多孔菌類の種密度を比較している．その結果，上述の順に多孔菌類の多様性が増加することがわかった．さらにこれらの森林では，枯死木の量が増えるに従って種密度が増加していた．ただし，数十年間放置した森林であっても原生林とは種構成，種密度に違いがみられた．この研究結果からは，熱帯地域においても他の地域と同様，資源量が多孔菌類の多様性維持において重要であることが示唆される．

熱帯多雨林には同面積の亜寒帯林や温帯林と比べると，1.5倍から2倍程度の多孔菌類が認められている（Yamashita *et al.*, 2015b）．それだけでなく，隠蔽種や未記載種も多く含まれることを考慮すると，熱帯地域に生息する多孔菌類は，莫大な種数に上る可能性がある．加えて，多様な昆虫や節足動物などに利用されており（図1.12），これらの多様性を支えている（Yamashita *et al.*, 2015a）．新熱帯における研究事例を合わせても熱帯地域における菌類の研究例は非常に少なく，応用的研究だけでなく，基礎的研究も必要とされている．

## 1.6　菌類多様性保全のための森林管理

これまで，菌類群集に対する人為活動の影響について林業を中心に紹介してきた．それではどのような管理方法が，生物多様性の保全に効果があると考えられ，そして検討されてきたのだろうか．保全に対する考え方について紹介した後，ヨーロッパでの研究例を紹介する．

### 1.6.1　菌類の多様性保全へのアプローチ

生物多様性の保全には，関係者の自然に対する見方やそれに基づく保全方策の取り方の違いがあり，それらを背景に異なるアプローチがある（森，2012）．ここでは，特定の種に注目して保全を進める考え方と，菌類にとって重要な生息場所である枯死木に注目して保全を進める考え方の二つのアプローチについて述べる．

生物多様性の保全において，フラッグシップ種やアンブレラ種といった代用指標種（surrogate species）は，保全的価値（conservation significance）のある地域を特定するためや生態系に対する環境の変化を記述するため，そして社会に訴えるために用いられてきた．木材腐朽菌についても特定の種を代用指標とすることで，森林保全に活用しようという考えがあり（Halme *et al.*, 2017），これにはレッドリストなどが活用されることが期待される．しかしながら，菌類では35ヵ国で国別レッドリストが作成されているにすぎず，日本とニュージーランドを除いた33か国がヨーロッパに含まれる（Dahlberg & Mueller, 2011; Heilmann-Clausen *et al.*, 2015）．レッドリストに基づいて管理を行うにしても，多くの地域ではそのための基礎的な情報すらまとまっていないのが実情である．とはいえ，1.2.3や1.3.1で示したように，“キノコ”には愛好家も多く，将来的に有用なアプローチと考えられる（Halme *et al.*, 2017）．

このように特定の種や種群に注目するアプローチに対して，生息場所である枯死木の管理を適切に行うことで，木材腐朽菌類の多様性保全を進めるアプローチもある（Lassauce *et al.*, 2011）．このような方法は一般にメソフィルターアプローチと呼ばれる．生物保護区に設定される森林やその他の生態系が占める面積は限られているため，生息場所となる枯死木に注目してその管理を保護区外でも行うことで，枯死木依存性菌類の保全を図ろうとするものである（森, 2012）．このアプローチでは，特定の菌に限らずそれと相互作用するであろう様々な生物の保全を図ることができる．例えばヨーロッパのWWFは「枯死木—生きている森」というパンフレットを作成して，森林管理において枯死木を管理対象に加えることの必要性を訴えている（http://wwf.panda.org/?15899/Deadwood-living-forests-The-importance-of-veteran-trees-and-deadwood-to-biodiversity, 2017年8月1日現在）．

なお，森林には生物多様性保全だけでなく木材生産や他の生態系機能の発揮も期待されている．様々なニーズを全て同時に最大にすることはできないため，ある種の妥協が必要となる（森, 2012）．

### 1.6.2　保全を念頭に置いた森林管理

過度の森林利用は一般に，林分間の環境の変異を減らしてしまうために，林分間での菌類相の変異を小さくし（林分レベルでの$\beta$多様性の低下），景観スケールでの多様性（$\gamma$多様性）を結果的に低くする．また，森林内の古木や枯死木の量を減らすことにより，枯死木依存性生物にとって生息地の減少を引き起こしている．森林保護区を設定することで，人為撹乱の影響から生物多様性を守ることができると考えられているが，保護区によっては過去の森林利用の影響を受けている場合がある．実際に，過去200年間に森林施業が行われた保護区や200年以上前に森林施業が行われた保護区と比べて，過去に全く森林施業を受けなかったかごくわずかな択伐があった程度の原生林の保護区では，保護区内の倒木間の群集組成の変異（倒木レベルでの$\beta$多様性）が原生林の保護区で高いという報告がある（Halme *et al.*, 2013）．この研究では，倒木レベルでの$\beta$多様性を最も腐朽が進んだ段階で比べると，原生林で高く，過去に施業があった森林で低いことも示されている．一般に古い倒木では，それまでに形成された菌類群集や蘚苔類群集などの影響により，基質間の質的変異が大きく，木材腐朽菌のマイクロハビタットの多様性も高いと考えられる．過去に施業があった森林では，腐朽の進んだ材であっても質的な均一性が高い可能性がある．また別の可能性として，特定のマイクロハビタットを利用するような特殊な木材腐朽菌が種プールから絶滅していることも考えられる．このように，森林施業の影響は極めて長期間にわたり継続するため，原生林の保護が一義的に重要であり，二次林などの保全は二義的なものである（Halme *et al.*, 2013）．

生息場所の減少は生物の局所個体群のサイズを減少させ，地域的な絶滅を促進する．景観レベルでの生物多様性維持を目的として，木材生産を目的とした森林に小面積の生息場所を残す試みが，1990年代にスウェーデンに導入され，その後，ノルウェーやフィンランド，バルト三国で用いられている（Ylisirnio *et al.*, 2016）．この小面積の生息場所は，国ごとに定義や法的な位置づけは異なるが，森林性のキー・ハビタット（woodland key habitats；WKHs）と呼ばれている（Timonen *et al.*, 2010）．一つのWKHsの面積は平均でノルウェーの0.67 haからスウェーデンの4.63haである．全森林面積に占める割合もフィンランドの0.6%からラトビアの1.7%程度である（表1.4）．例えばフィンランドでは，小川沿いのトウヒ林は重要なWKHsとされている．このトウヒ林と人工林の間で，多孔菌類の種多様性とレッドリスト掲載種の出現が比較された（Hottola & Siitonen, 2008）．この研究ではWKHs69地点（平均0.7 ha），人工林70地点（平均1.7 ha）で合計約28000本の枯死木が調査され，

表 1.4　Woodland Key Habitat のサイズ　Timonen *et al.*（2010）より一部抜粋.

| | WKHs の平均面積（ha） | WKHs の総面積（ha） | 全森林面積に占める WKHs の割合（%） |
|---|---|---|---|
| スウェーデン | 4.63 | 379200 | 1.3 |
| フィンランド | 0.67 | 128371 | 0.6 |
| ノルウェー | 1.05 | 30087 | 1.5 |
| エストニア | 2.90 | 15852 | 0.7 |
| ラトビア | 2.10 | 51000 | 1.7 |
| リトアニア | 3.21 | 18000 | 1.2 |

114 種（うち 25 種がレッドリスト掲載種）が記録された．WKHs に出現した種数は人工林と比べて 28% 多かった．これは，枯死木の量が多く，広葉樹の割合が高かったことによると考えられている．しかしながら，レッドリスト掲載種の種数には WKHs と人工林の間で有意な差がなかった．このように WKHs は普通種の多様性は高いものの，希少種の保全にはあまり効果がないようである．同じくフィンランドで行われた別の研究においては，枯死木の量が多い WKHs で多孔菌類の多様性も高いことが指摘されており，枯死木の量とレッドリスト掲載種の多様性の間に正の相関があり，その量が 30 $m^3$/ha を上回ると，林分間での変異が大きくなることが示されている（Ylisirnio *et al.*, 2016）．その一方で 1 ha よりも小さい WKHs では，エッジ効果と将来起こる枯死木量の減少により，現在みられるすべての種を長期間にわたり維持することはできないことも指摘されている．すなわち，WKHs では絶滅の負債が問題となる（Berglund & Jonsson, 2008）．WKHs は遷移初期の森林を好むような多孔菌類を維持するのに有用であろう（Junninen & Komonen, 2011）．

施業方法を工夫することでも多様性保全が図られている．保残木（retention tree）施業はその一つで，皆伐施業の際に数本の樹木をあえて伐採せずに林地に残すことで，枯死木依存性生物を含む様々な生物にとって利用可能な資源を提供し，生物多様性に対する皆伐の影響を緩和しようとする方法である（図 1.15）．菌類，蘚苔類，地衣類，植物，鳥類，両生類などの多様性維持に対する保残木施業の効果について，メタ解析が行われている（Fedrowitz *et al.*, 2014）．この研究では，保残木施業を行った森林と皆伐施業林または非伐採林との間で生物多様性を比較した 944 例を含む 78 の研究についてメタ解析を行

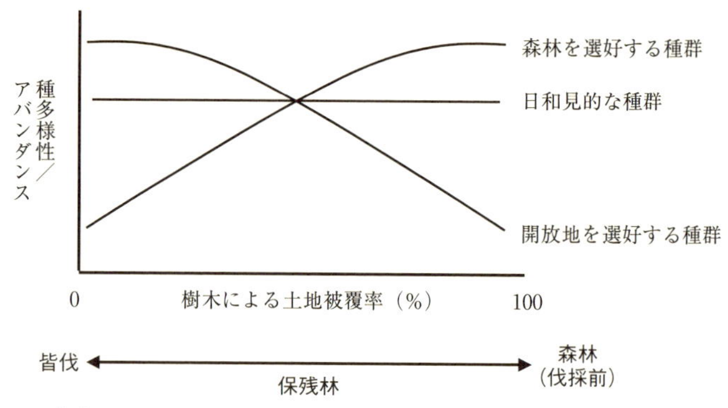


図 1.15　皆伐地から保残伐施業地，そして森林までの連続的な変化に対する種多様性とアバンダンスの反応
曲線の形は別の場合もありうる．Fedrowitz *et al.* (2014) より一部改変．

い，皆伐が生物相に及ぼす負の影響を，保残木施業は短期的であっても和らげることに役立っているかどうかを調べた．その結果，保残木施業は皆伐施業林よりも高い森林性の生物種の多様性とアバンダンスを支えており，非伐採林よりも高いオープンハビタット種の種多様性とアバンダンスを支えていた．森林性種，オープンハビタット種，ジェネラリスト種（森林にも開放地にも出現する種），未分類のすべてを合わせると，種多様性は皆伐施業林よりも保残木施業でより高かった．保残木施業は非伐採林に比べていくつかの種に対して負の影響を及ぼしており，菌類もアバンダンスが低下していた．これはある種の森林内に生息する生物種は保残木施業では維持できないことを示唆している．保残木施業は生物多様性に対する収穫の負の影響を和らげるので，生物多様性の保全と森林の生産性を両立させるための将来有望なアプローチであると考えられているが，保残木施業は森林内部またはオープンハビタットに高度に特殊化した種をターゲットにした保全活動の代替にはなりえないことも示されている．多孔菌類については，伐採後 6 年から 13 年程度の短期間であれば，施業後に形成された保残木の枯死木が多様な種を維持する生息場所になりうることが報告されている（Junninen *et al.*, 2007）．また，多孔菌類については保残木の密度が高いほうが，保残木の密度が低い場合よりも多様性が高く，その効果は少なくとも 10 年は続くことが示されている（Suominen *et al.*, 2015）．今後は，伐採前の森林との間で多様性を比較することなどを含め，より詳細な研究が必要である．

生物多様性の保全において，老齢天然林，WKHsおよび保残木施業の三つの方策は，それぞれの方策で維持される菌類の種構成の面からみると，相補的に補完しあうものである．分解後期のヤマナラシの倒木に認められる木材腐朽菌類がノルウェー南部で調査され，老齢林に対するスペシャリストとそれ以外の種（ここではジェネラリストと呼ぶ）をあらかじめ分けたうえで，これらの方策の効果が解析されている（Sverdrup-Thygeson *et al.*, 2014）．その結果，ジェネラリストの多様性はWKHsで低く，天然林で高かった一方，スペシャリストの多様性はWKHsで最も高く，天然林が中程度，保残木施業が最も低かった．種構成についてみると，ジェネラリストでは保全方策間で違いはなかったものの，スペシャリストでは天然林での種構成はWKHsおよび保残木施業でのものと異なっていた．これらのことに加えて，同時に行った枯死木依存性昆虫の調査では保残木施業も含めたすべての方策間でジェネラリスト種の種構成が異なっていたことから，天然林，WKHsおよび保残木施業は相補的に機能し，将来の森林保全戦略の一部となり得るものと結論している．

ここまで，フェノスカンジアの事例を中心に紹介してきたが，他の地域でもこれらの方策は十分に参考になるものだろう．木材腐朽菌類に限らず枯死木依存性生物の保全においては，枯死木を管理するという考え方が発展しつつある．生物多様性指標の中でも，枯死木の体積は木材生息菌類と木材依存性甲虫の種数と強い正の相関があることが確かめられている（Gao *et al.*, 2015）．また，生物の保全においては種数だけでなく，絶滅危惧種が保全対象に含まれているかといった種構成も重要である．そこで例えば，群集を座標付けしたうえで，群集構成を表す得点と枯死木量の関係を解析することで，群集全体の保全に必要な量を検討する方法が提案されている（Müller & Bütler, 2010）．生物多様性の喪失が懸念される東南アジアにおいても，自然保護区の設定だけでなく，低インパクト伐採（reduced impact logging）の導入や老齢二次林および人工林への生物多様性維持機能の期待があるが，どの程度の量の枯死木が種多様性の維持に必要かといった定量的な評価はなされていない（Hattori *et al.*, 2012）．東アジアについても状況は同じであり，今後の効果的な保全方策の検討とその評価方法の開発が期待される．ただし，菌類やその他の生物の保全において，原生林の保護が最も効果的であり，重要であることを改めて強調しておく（Gibson *et al.*, 2011; Halme *et al.*, 2013）．

## おわりに

森林に生息する菌類，とりわけ木材腐朽菌類の多様性と森林管理の関係についてみてきたが，これまでに紹介してきたように，多様性の保全に関する研究はヨーロッパを中心として進められてきた．これには，同地域での急速な枯死木依存性生物の多様性減少が背景にある（Stokland *et al.*, 2012）．この傾向は続いており，ここで紹介した以外にも菌類と森林管理に関する研究が盛んに発表されている（Abrego & Salcedo, 2013; Runnel *et al.*, 2014）．それでは今後，森林利用と菌類の多様性に関する研究はどのように展開していくのだろうか．

本章では，多孔菌類を中心に人為活動の影響について述べたが，人為活動に対して群集がどのように応答するかを考えるための基礎的な知見は，非常に少ない．北欧においても，例えば胞子分散プロセスといった群集動態を考えるうえで必須の過程に関する研究はごくわずかしかないのが現状である．近年では，菌類の形態的変異と生態的特性を結びつける研究が行われつつあり，胞子サイズが胞子分散戦略シンドロームの中で重要な鍵となっていることが示されつつある．十分な科学的知見の上に立って菌類が保全されるよう，今後は，遺伝子と形態，形態と生態を結び付けた形で多孔菌類についての知見を蓄積し，総合的に多孔菌類の生態を理解する必要がある．

東南アジアをはじめとする熱帯地域での研究は非常に重要である．多孔菌類の種多様性は木本植物や昆虫などと同じく，熱帯地域で高く，亜寒帯などの高緯度地域で低いと考えられている（Yamashita *et al.*, 2015b）．古くから，熱帯地域は生物多様性の保全上，重要な地域と認識されているものの（Myers *et al.*, 2000），今なお同地域では森林の収奪的利用が行われている．維管束植物や哺乳類のような定量的なデータはないものの，生息場所となる森林の面積が減少しているため（Sodhi *et al.*, 2004），多孔菌類をはじめとする木材腐朽菌類もその影響を受けていると考えられる．これに対して，熱帯地域での木材腐朽菌類の保全に関する研究は，本章で紹介したように，マレーシアやパナマなどの一部の国での少数の事例を除くと，ほとんど知られていない．そもそも枯死木依存性菌類に関する基礎生物学的な知見も他の地域に比して圧倒的に少ない．今後の研究の進展が強く望まれる．

枯死木は多様な生物の生息場所として森林生物の多様性維持に大きく寄与している．それと同時に，森林の炭素プールの一つでもあり，炭素蓄積に寄与している．近年，生物群集と生態系プロセスの間の関係に関する知見が急速に蓄積されつつあり，枯死木の分解と枯死木依存性生物の多様性の間の関係についても理解が進みつつある（山下ら，2013）．今後は研究例を蓄積させるとともに，森林の個別性を理解したうえで枯死木に期待されるこれら二つの機能をどのように発揮させるかを考える必要があるだろう．

## 引用文献


Abrego, N. & Salcedo, I. (2013) Variety of woody debris as the factor influencing wood-inhabiting fungal richness and assemblages: Is it a question of quantity or quality? *For. Ecol. Manage.*, **291**, 377–385.

Abrego, N. & Salcedo, I. (2014) Response of wood-inhabiting fungal community to fragmentation in a beech forest landscape. *Fungal Ecol.*, **8**, 18–27.

Abrego, N., Bassler, C. *et al.* (2015) Implications of reserve size and forest connectivity for the conservation of wood-inhabiting fungi in Europe. *Biol. Conserv.*, **191**, 469–477.

Abrego, N., Halme, P. *et al.* (2016) Fruit body based inventories in wood-inhabiting fungi: Should we replicate in space or time? *Fungal Ecol.*, **20**, 225–232.

Andrew, C., Heegaard, E. *et al.* (2017) Big data integration: Pan-European fungal species observations' assembly for addressing contemporary questions in ecology and global change biology. *Fungal Biology Reviews*, **31**, 88–98.

Bader, P. , Jansson, S. *et al.* (1995) Wood-inhabiting fungi and substratum decline in selectively logged boreal spruce forests. *Biol. Conserv.*, **72**, 355–362.

Berglund, H. & Jonsson, B. G. (2008) Assessing the extinction vulnerability of wood-inhabiting fungal species in fragmented northern Swedish boreal forests. *Biol. Conserv.*, **141**, 3029–3039.

Berglund, H., Edman, M. *et al.* (2005) Temporal variation of wood-fungi diversity in boreal old-growth forests: Implications for monitoring. *Ecol. Appl.*, **15**, 970–982.

Boddy, L. (2000) Interspecific combative interactions between wood-decaying basidiomycetes. *FEMS Microbiol. Ecol.*, **31**, 185–194.

Cardinale, B. J., Matulich, K. L. *et al.* (2011) The functional role of producer diversity in ecosystems. *Am. J. Bot.*, **98**, 572–592.

Connell, J. H. & Slatyer, R. O. (1977) Mechanisms of succession in natural communities and their role in community stability and organization. *Am. Nat.*, **111**, 1119–1144.

Crockatt, M. E. (2012) Are there edge effects on forest fungi and if so do they matter? *Fungal Biology Reviews*, **26**, 94–101.

Dahlberg, A. & Mueller, G. M. (2011) Applying IUCN red-listing criteria for assessing and reporting on the conservation status of fungal species. *Fungal Ecol.*, **4**, 147–162.

Dang, C. K., Chauvet, E. *et al.* (2005) Magnitude and variability of process rates in fungal diversity-litter decomposition relationships. *Ecol. Lett.*, **8**, 1129–1137.

Dickie, I. A., Fukami, T. *et al.* (2012) Do assembly history effects attenuate from species to ecosystem properties? A field test with wood-inhabiting fungi. *Ecol. Lett.*, **15**, 133–141.

Fedrowitz, K., Koricheva, J. *et al.* (2014) Can retention forestry help conserve biodiversity? A meta-analysis. *J. Appl. Ecol.*, **51**, 1669–1679.

Flensted, K. K., Bruun, H. H. *et al.* (2016) Red-listed species and forest continuity-A multi-taxon approach to conservation in temperate forests. *For. Ecol. Manage.*, **378**, 144–159.

Floudas, D., Binder, M. *et al.* (2012) The Paleozoic origin of enzymatic lignin decomposition reconstructed from 31 fungal genomes. *Science*, **336**, 1715–1719.

Fukami, T., Dickie, I. A. *et al.* (2010) Assembly history dictates ecosystem functioning: evidence from wood decomposer communities. *Ecol. Lett.*, **13**, 675–684.

深澤 遊 (2013) 木材腐朽菌による材の腐朽型が枯死木に生息する生物群集に与える影響. 日本生態学会誌, **63**, 311–325.

Fukasawa, Y. & Matsuoka, S. (2015) Communities of wood-inhabiting fungi in dead pine logs along a geographical gradient in Japan. *Fungal Ecol.*, **18**, 75–82.

Fukasawa, Y., Osono, T. *et al.* (2009) Microfungus communities of Japanese beech logs at different stages of decay in a cool temperate deciduous forest. *Canadian J. For. Res.-Revue Canadienne De Recherche Forestiere*, **39**, 1606–1614.

Fukasawa, Y., Osono, T. *et al.* (2011) Wood decomposing abilities of diverse lignicolous fungi on non-decayed and decayed beech wood. *Mycologia*, **103**, 474–482.

深澤 遊・山下 聡 (2013) 枯死木をめぐる生物間相互作用：企画趣旨と今後の展望. 日本生態学会誌, **63**, 301–309.

吹春俊光・根田 仁 編 (2013) 文化. 菌類の事典 (日本菌学会 編), pp. 645–687, 朝倉書店.

Gao, T., Nielsen, A. B. *et al.* (2015) Reviewing the strength of evidence of biodiversity indicators for forest ecosystems in Europe. *Ecol. Indic.*, **57**, 420–434

Gibson, L., Lee, T. M. *et al.* (2011) Primary forests are irreplaceable for sustaining tropical biodiversity. *Nature*, **478**, 378–381.

Gilbert, G. S., & Sousa, W. P. (2002) Host specialization among wood-decay polypore fungi in a Caribbean mangrove forest. *Biotropica*, **34**, 396–404.

Halbwachs, H. & Bässler, C. (2015) Gone with the wind-a review on basidiospores of lamellate agarics. *Mycosphere*, **6**, 78–112.

Halbwachs, H., Simmel, J. *et al.* (2016) Tales and mysteries of fungal fruiting: How morphological and physiological traits affect a pileate lifestyle. *Fungal Biol. Rev.*, **30**, 36–61.

Hallenberg, N. & Küffer, N. (2001) Long-distance spore dispersal in wood-inhabiting Basidiomycetes. *Nord. J. Bot.*, **21**, 431–436.

Halme, P., Ódor, P. *et al.* (2013) The effects of habitat degradation on metacommunity structure of wood-inhabiting fungi in European beech forests. *Biol. Conserv.*, **168**, 24–30.

Halme, P., Holec, J. *et al.* (2017) The history and future of fungi as biodiversity surrogates in forests. *Fungal Ecol.*, **27**, 193–201.

Hättenschwiler, S., Fromin, N. *et al.* (2011) Functional diversity of terrestrial microbial decomposers and their substrates. *Comptes Rendus Biologies*, **334**, 393–402.

Hattori, T. (2005) Diversity of wood-inhabiting polypores in temperate forests with different vegetation types in Japan. *Fungal Diversity*, **18**, 73–88.

Hattori, T. (2017) Biogeography of polypores in Malesia, Southeast Asia. *Mycoscience*, **58**, 1–13.

Hattori, T., Yamashita, S. *et al.* (2012) Diversity and conservation of wood-inhabiting polypores and other aphyllophoraceous fungi in Malaysia. *Biodivers Conserv.*, **21**, 2375–2396.

Hattori, T., Sakayaroj, J. *et al.* (2014) Three species of Fuluifomes (Basidiomycota, Hymenochaetales) associated with rots on mangrove tree *Xylocarpus granatum* in Thailand. *Mycoscience*, **55**, 344–354.

Heilmann-Clausen, J., & Christensen, M. (2003) Fungal diversity on decaying beech logs-implications for sustainable forestry. *Biodivers Conserv.*, **12**, 953–973.

Heilmann-Clausen, J., & Christensen, M. (2004) Does size matter? On the importance of various dead wood fractions for fungal diversity in Danish beech forests. *For. Ecol. Manage.*, **201**, 105–119.

Heilmann-Clausen, J., Aude, E. *et al.* (2014) Communities of wood-inhabiting bryophytes and fungi on dead beech logs in Europe-reflecting substrate quality or shaped by climate and forest conditions? *J. Biogeography*, **41**, 2269–2282.

Heilmann-Clausen, J., Barron, E. S. *et al.* (2015) A fungal perspective on conservation biology. *Conserv. Biol.*, **29**, 61–68.

Hiscox, J., Hibbert, C. *et al.* (2010) Monokaryons and dikaryons of *Trametes versicolor* have similar combative, enzyme and decay ability. *Fungal Ecol.*, **3**, 347–356.

Hiscox, J., Savoury, M. *et al.* (2015) Priority effects during fungal community establishment in beech wood. *ISME J.*, **9**, 2246–2260.

堀越孝雄・鈴木 彰 (1990) きのこの一生, pp. 163, 築地書館.

Hottola, J. & Siitonen, J. (2008) Significance of woodland key habitats for polypore diversity and red-listed species in boreal forests. *Biodivers Conserv.*, **17**, 2559–2577.

伊藤 哲 (2011) 森林の成立と撹乱体制. 森林生態学 (日本生態学会 編), pp. 38–54, 共立出版.

Jacobsen, R. M., Birkemoe, T. *et al.* (2015) Priority effects of early successional insects influence late successional fungi in dead wood. *Ecol. Evol.*, **5**, 4896–4905.

Josefsson, T., Olsson, J. *et al.* (2010) Linking forest history and conservation efforts: Long-term impact of low-intensity timber harvest on forest structure and wood-inhabiting fungi in northern Sweden. *Biol. Conserv.*, **143**, 1803–1811.

Junninen, K., & Komonen, A. (2011) Conservation ecology of boreal polypores: A reviewf. *Biol. Con-*

*serv.*, **144**, 11–20.

Junninen, K., Penttilä, R. *et al.* (2007) Fallen retention aspen trees on clear-cuts can be important habitats for red-listed polypores : a case study in Finland. *Biodivers Conserv.*, **16**, 475–490.

Juutilainen, K., Monkkonen, M. *et al.* (2014) The effects of forest management on wood-inhabiting fungi occupying dead wood of different diameter fractions. *For. Ecol. Manage.*, **313**, 283–291.

Kebli, H., Brais, S. *et al.* (2012) Impact of harvesting intensity on wood-inhabiting fungi in boreal aspen forests of Eastern Canada. *For. Ecol. Manage.*, **279**, 45–54.

Komonen, A., Penttilä, R. *et al.* (2000) Forest fragmentation truncates a food chain based on an old-growth forest bracket fungus. *Oikos*, **90**, 119–126.

Kubartova, A., Ottosson, E. *et al.* (2012) Patterns of fungal communities among and within decaying logs, revealed by 454 sequencing. *Mol. Ecol.*, **21**, 4514–4532.

Kuussaari, M., Bommarco, R. *et al.* (2009) Extinction debt : a challenge for biodiversity conservation. *Trends Ecol. Evol.*, **24**, 564–571.

Lassauce, A., Paillet, Y. *et al.* (2011) Deadwood as a surrogate for forest biodiversity : Meta-analysis of correlations between deadwood volume and species richness of saproxylic organisms. *Ecol. Indic.*, **11**, 1027–1039.

Lin, W. R., Wang, P. H. *et al.* (2015) The impacts of thinning on the fruiting of saprophytic fungi in Cryptomeria japonica plantations in central Taiwan. *For. Ecol. Manage.*, **336**, 183–193.

Lindblad, I. (2001) Diversity of poroid and some corticoid wood-inhabiting fungi along the rainfall gradient in tropical forests, Costa Rica. *J. Trop. Ecol.*, **17**, 353–369.

Lindhe, A., Åsenblad, N. *et al.* (2004) Cut logs and high stumps of spruce, birch, aspen and oak-nine years of saproxylic fungi succession. *Biol. Conserv.*, **119**, 443–454.

Lõhmus, A. (2011) Silviculture as a disturbance regime : the effects of clear-cutting, planting and thinning on polypore communities in mixed forests. *J. For. Res.*, **16**, 194–202.

May, R. M. (1991) A fondness for fungi. *Nature*, **352**, 475–476.

Moncalvo, J. M., & Buchanan, P. K. (2008) *Molecular evidence* for long distance dispersal across the Southern Hemisphere in the *Ganoderma applanatum-australe* species complex (Basidiomycota). *Mycol. Res.*, **112**, 425–436.

森　章 編 (2012) エコシステムマネジメント—包括的な生態系の保全と管理へ—, pp. 320, 共立出版.

Mswaka, A. Y., & Magan, N. (1999) Temperature and water potential relations of tropical *Trametes* and other wood-decay fungi from the indigenous forests of Zimbabwe. *Mycol. Res.*, **103**, 1309–1317.

Müller, J., & Bütler, R. (2010) A review of habitat thresholds for dead wood : a baseline for management recommendations in European forests. *Eur. J. For. Res.*, **129**, 981–992.

Myers, N., Mittermeier, R. A. *et al.* (2000) Biodiversity hotspots for conservation priorities. *Nature*, **403**, 853–858.

根田　仁 (2003) キノコ博物館, pp. 235, 八坂書房.

Nordén, J., Penttilä, R. *et al.* (2013) Specialist species of wood-inhabiting fungi struggle while generalists thrive in fragmented boreal forests. *J. Ecol.*, **101**, 701–712.

Norros, V., Penttilä, R. *et al.* (2012) Dispersal may limit the occurrence of specialist wood decay fungi already at small spatial scales. *Oikos*, **121**, 961–974.

Norros, V., Rannik, Ü., *et al.* (2014). Do small spores disperse further than large spores? *Ecology*, **95**, 1612–1621.

Norros, V., Karhu, E. *et al.* (2015) Spore sensitivity to sunlight and freezing can restrict dispersal in wood-decay fungi. *Ecol. Evol.*, **5**, 3312–3326.

Ottosson, E., Nordén, J. *et al.* (2014) Species associations during the succession of wood-inhabiting fungal communities. *Fungal Ecol.*, **11**, 17–28.

Ovaskainen, O., Schigel, D. *et al.* (2013) Combining high-throughput sequencing with fruit body surveys reveals contrasting life-history strategies in fungi. *ISME J.*, **7**, 1696–1709.

Penttilä, R., Siitonen, J. *et al.* (2004) Polypore diversity in managed and old-growth boreal *Picea abies* forests in southern Finland. *Biol. Conserv.*, **117**, 271–283.

Rajala, T., Peltoniemi, M. *et al.* (2012) Fungal community dynamics in relation to substrate quality of decaying Norway spruce (*Picea abies* [L.] Karst.) logs in boreal forests. *FEMS Microbiol. Ecol.*, **81**, 494–505.

Runnel, K., Põldmaa, K. *et al.* (2014) 'Old-forest fungi' are not always what they seem: the case of Antrodia crassa. *Fungal Ecol.*, **9**, 27–33.

齋藤暖生（2006）日本におけるきのこ利用とその生態的背景．ビオストーリー，**6**，106–121.

Sato, H., Morimoto, S. *et al.* (2012) A thirty-year survey reveals that ecosystem function of fungi predicts phenology of mushroom fruiting. *PLoS One*, **7**, e49777.

Setälä, H. & McLean, M. A. (2004) Decomposition rate of organic substrates in relation to the species diversity of soil saprophytic fungi. *Oecologia*, **139**, 98–107.

Shirouzu, T., Osono, T. *et al.* (2014) Resource utilization of wood decomposers: mycelium nuclear phases and host tree species affect wood decomposition by Dacrymycetes. *Fungal Ecol.*, **9**, 11–16.

Siitonen, P., Lehtinen, A. *et al.* (2005) Effects of forest edges on the distribution, abundance, and regional persistence of wood-rotting fungi. *Conserv. Biol.*, **19**, 250–260.

Sippola, A. L., & Renvall, P. (1999) Wood-decomposing fungi and seed-tree cutting: A 40-year perspective. *For. Ecol. Manage.*, **115**, 183–201.

Sodhi, N. S., Koh, L. P. *et al.* (2004) Southeast Asian biodiversity: an impending disaster. *Trends. Ecol. Evol.*, **19**, 654–660.

Spooner, B. & Roberts, P. (2005) *Fungi*. pp. 594, HarperCollins Publishers.

Stokland, J. N., Siitonen, J. *et al.* (2012). *Biodiversity in Dead Wood*, pp. 521, Cambridge University Press.

Suominen, M., Junninen, K. *et al.* (2015) Combined effects of retention forestry and prescribed burning on polypore fungi. *J. Appl. Ecol.*, **52**, 1001–1008.

Sverdrup-Thygeson, A., Bendiksen, E. *et al.* (2014) Do conservation measures in forest work? A comparison of three area-based conservation tools for wood-living species in boreal forests. *For. Ecol. Manage.*, **330**, 8–16.

Timonen, J., Siitonen, J. *et al.* (2010) Woodland key habitats in northern Europe: concepts, inventory and protection. *Scand. J. For. Res.*, **25**, 309–324.

Toivanen, T., Markkanen, A. *et al.* (2012) The effect of forest fuel harvesting on the fungal diversity of clear-cuts. *Biomass & Bioenergy*, **39**, 84–93.

東樹宏和（2016）DNA 情報で生態系を読み解く，pp. 201，共立出版.

Wollan, A. K., Bakkestuen, V. *et al.* (2008) Modelling and predicting fungal distribution patterns using herbarium data. *J. Biogeography*, **35**, 2298–2310.

山下 聡（2013）木材腐朽性担子菌類と菌食性昆虫の生物間相互作用：胞子分散における昆虫の役割. 日本生態学会誌，**63**，327–340.

Yamashita, S., Hattori, T. *et al.* (2008) Effects of forest use on aphyllophoraceous fungal community structure in Sarawak, Malaysia. *Biotropica*, **40**, 354–362.

Yamashita, S., Hattori, T. *et al.* (2009) Spatial distribution of the basidiocarps of aphyllophoraceous fungi in a tropical rainforest on Borneo Island, Malaysia. *Mycol. Res.*, **113**, 1200–1207.

Yamashita, S., Hattori, T. *et al.* (2010) Host preference and species richness of wood-inhabiting aphyllophoraceous fungi in a cool temperate area of Japan. *Mycologia*, **102**, 11–19.

Yamashita, S., Hattori, T. *et al.* (2012) Changes in community structure of wood-inhabiting aphyllophoraceous fungi after clear-cutting in a cool temperate zone of Japan: Planted conifer forest versus broad-leaved secondary forest. *For. Ecol. Manage.*, **283**, 27–34.

Yamashita, S., Hattori, T. *et al.* (2014) Effect of improvement cutting on the community structure of aphyllophoraceous fungi on Okinawa Island. *J. For. Res.*, **19**, 143–153.

Yamashita, S., Ando, K. *et al.* (2015a) Food web structure of the fungivorous insect community on bracket fungi in a Bornean tropical rain forest. *Ecol. Entomol.*, **40**, 390–400.

Yamashita, S., Hattori, T. *et al.* (2015b) Estimating the diversity of wood-decaying polypores in tropical lowland rain forests in Malaysia: the effect of sampling strategy. *Biodivers. Conserv.*, **24**, 393–406.

Yamashita, S., Masuya, H. *et al.* (2015c) Relationship between the decomposition process of coarse woody debris and fungal community structure as detected by high-throughput sequencing in a deciduous broad-leaved forest in Japan. *PLoS One*, **10**, e0131510.

山下 聡・岡部貴美子 他（2013）森林生態系における生物多様性と炭素蓄積. 森林総合研究所研究報告，**12**，1–21.

Ylisirniö, A. L., Mönkkönen, M. *et al.* (2016) Woodland key habitats in preserving polypore diversity in boreal forests: Effects of patch size, stand structure and microclimate. *For. Ecol. Manage.*, **373**, 138–148.

# 第2章 森林生息性菌類のレッドリスト

服部 力

## はじめに

「生物多様性」という言葉はすでに社会に定着し，最近では生物多様性保全の重要性について疑義を抱かれることも少なくなった．生態系は多様な機能を有する生物の複雑なネットワーク上に成り立っている．生物多様性の劣化，特定の生物の喪失や侵入は，生態系に大きな影響を及ぼす危険性があり，社会的な関心事となっている．

菌類は生態系の重要な構成員である．特に森林生態系内においては，菌類は様々な固有かつ重要な機能を担っている．樹木や森林生息性草本と共生する菌根菌，樹木の材，落葉を分解する木材腐朽菌及びリター分解菌，樹木の病原体である樹木病原菌などは，森林内において特に重要である．

また，生態系サービスや遺伝資源の提供などの形で，生物多様性は人類の経済活動に対して貢献している．多くの菌類は子実体そのもの，あるいは発酵産物やその他の代謝産物などが，食品，健康食品や医薬品として利用されている．木材腐朽菌などが産生する菌類由来酵素の有効利用も試みられている．現時点で未利用であっても，今後多様な形で利用されることが期待される種もあろう．人類に対する直接的利益提供という点からも，菌類多様性保全の意義は高い．

生態系から特定の種が喪失することを野生絶滅，また完全に喪失することを絶滅という．菌類の場合，野生絶滅種とは一般に菌株保存機関内などのみで生存する種をさす．培養菌糸やその産生物の利用を目的とするのであれば，野生絶滅してもかまわないという考えがあるかもしれない．しかし，野生絶滅した種については，生態系内において過去にその種と他種との間に存在していた相互作用は消失することから，生態系内になんらかの影響が生じる危険性がある．また生物進化という観点からは，その種のみならずその種から将来進化して生じる種も失われることになり，その影響は小さくはない．

本章では，レッドリストの作成プロセスを概説しつつ，絶滅が危惧される菌類やその保全に関わる情報，問題点について整理したい．

## 2.1　菌類の絶滅

菌類が絶滅するか否かは，しばしば議論の対象となる．もしも三葉虫やティラノサウルスが絶滅したというレベルでの議論であれば，その答えは明らかにイエスである．

プロトタキシテスはシルル紀からデボン紀に繁栄した，高さ 8 m に及ぶ円柱状の巨大生物である（図 2.1）．発見当初，プロトタキシテスは針葉樹とも考えられた．しかし炭素同位体の分析から，これらは光合成によって栄養を得る植物ではなく，分解者であることが強く示唆され，現在では菌類であることが有力視されている（Boyce *et al.*, 2007）．このような陸上生の巨大生物が人知れず現存しているとは考えられず，プロトタキシテスが絶滅生物であることは確実である．

一方，ドードーやニホンカワウソが絶滅したというレベルで，菌類が絶滅しているかということになると，その答えは容易に出せない．

肉眼的な子実体を形成，もしくは（植物病原菌など）肉眼的な病徴を示す種を除くと，特定の菌がそこに存在することを証明するには，その菌を分離培養するか，あるいは環境中からその菌の DNA を検出する必要がある．しかし発生頻度の極めて低い，あるいは分布の極めてまばらな菌を，無作為に分離もしくは検出することは容易ではない．また，たとえ肉眼的な子実体を形成する種であっても，サルノコシカケ類など一部の菌を除くと，きのこ類の子実体は概して短命である．また場合によっては数年，あるいは数十年に一度しか子実体を形成しない種もあるかもしれない．これらについては，菌糸体の形でその場

図 2.1　プロトタキシテスが生息する景観の想像図
Mary Parrish（スミソニアン協会）原図．Heuber（2001）より転載．

に存在していても，限られた子実体の発生期間以外は肉眼的にこれらを確認することはできない．

種が絶滅したことを厳密に証明する方法は存在しない．従って，ある種の存在が一定期間，例えば 30 年間，全く確認されない場合にその種が絶滅したと判断する，という手法を取ることがある．しかし 50 年以上記録のなかった菌が再発見されることも珍しくはない．

マダケの病原菌であるヒュウガハンチクキンは，長年記録が途絶えていたことから，一旦は絶滅種と判断された（環境庁，2000）．しかしこの菌は 2010 年に宮崎県において再発見され，現在では絶滅危惧 I 類としてランクづけられている（環境省，2015）．またシンジュタケ（図 2.2）は，小笠原諸島父島において 1936 年に採取された標本をもとに，新種として記載された種である．その後 60 年近く記録がなかったが，1994 年に小笠原諸島向島から再発見された．近年小笠原諸島各地において詳細な調査が行われた結果，父島，母島やその属島の各地に分布することが明らかになった．本種はむしろ，小笠原諸島では比較的普通種ではないかとも考えられる（保坂・南，2016）．

子実体が非常に小型の種や，地下に子実体を形成する種などは，子実体の発見に特殊な技能や経験が必要となる．こうした菌は，たとえ身近な環境に生息していたとしても，これらを見つけることのできる人がいなくなると，あたかも「絶滅」したかのように発生記録が途切れる．逆に，これまで希少と考えら

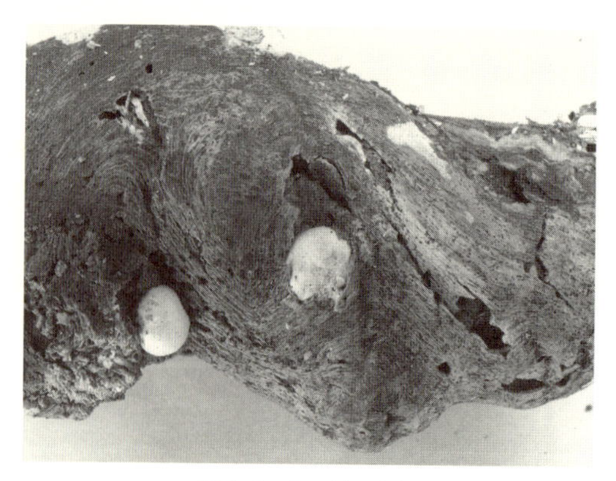

図 2.2　シンジュタケ
長年記録が途絶えていたが，近年小笠原諸島各地で発生が確認されている．

れていた種が，これらを見つける技能を有した人が増えることにより，実際にはそれほど希少ではないことがわかることもある．

日本国内からは，非常に多くの冬虫夏草類（昆虫類，クモ類，地下生菌などに寄生する子嚢菌類の一群で，地中や材内の宿主から発生する種が多く，発生確認が困難なものが多い）が記録されている．その要因としては，日本には冬虫夏草類を専門に研究する研究団体が存在しており，これらを見つけるエキスパート（パラタクソノミスト）が養成され続けていることが大きい．また近年，国内からトリュフ類などの地下生菌が続々と報告されているが，これもエキスパートの増加がその直接要因といってよいだろう．

エキスパートによる調査の結果，絶滅危惧のランク（後述）が下がることもある．キリノミタケは国内では 1937 年に宮崎県で初めて採取され，1973 年に再発見されたものの，その後長く国内からの記録がなかった．しかし 1990 年代末以降，宮崎県内の各地で発見が相次いだことから，絶滅危惧 I 類から絶滅危惧 II 類に「格下げ」になった（黒木ら，2002；環境省，2015）．これは，キリノミタケの宿主，発生環境や子実体発生時期などに精通したエキスパートが詳細な調査を行うことにより，その正確な分布や発生頻度を明らかにしたことによるものである．

このように，菌類にはその確認が困難な種が多いことから，「絶滅種」が実際には絶滅していなかったり，「絶滅危惧種」がそれほど危機的な状態ではなかったりという事例がしばしば存在する．ただ，だからと言って菌類は絶滅しないと結論づけることはあまりに早急だ．菌類には特定の宿主や環境に強く依存する種が多数知られている．これらについては，その宿主が著しく減少，もしくは依存環境が著しく劣化することにより，種の存続が困難になることは容易に想像できる．

菌類の絶滅を論じる上でもう一つの大きな壁となるのが，菌類分類学の遅れである．菌類は膨大な種数を含む生物群であり，その種数は150万種，あるいはそれ以上に及ぶとの推測がある．その場合，すでに記載されて名前が与えられた種はいまだ数パーセントに過ぎないことになる．一方で，菌類の分類に従事する研究者の数は限られ，さらに減少しつつある．絶滅が危惧される菌類についてのシンポジウムが開かれると，「菌類そのものよりも菌類研究者の絶滅の方が心配だ」といった笑えないジョークが繰り返される所以である．未記載種の中には，命名されることもなく地上から消えてしまう種もあろう．

未記載の種が多数残される一方で，特異な形状を有し，あるいは特殊な地域・環境において採取されたことから，一旦は独立種として記載されたものの，実際には他の広分布種と同種であることが判明した「種」も存在する．

現在，日本国内において「絶滅種」と考えられているものの中には，1930年代に小笠原諸島から新種として記載されたものの，その後未確認であることから絶滅種と判断されたものが多数含まれている．その中には，種の実態があまり明らかでない種も多く，実際には他地域から別名で記録されている種と同一種の可能性もある．これらが本当に「絶滅種」であるかどうかを明らかにするには，そのタイプ標本の再検討や，小笠原および周辺地域において採取された類似標本の形態学的および分子系統学的検討を行い，これらが本当に独立種なのか，また近年採取されていないかを再確認する必要がある．

絶滅の危惧される菌類を正確に把握するためには，菌類分類学の発展や地域の詳細な菌類リスト構築が不可欠である．

## 2.2　絶滅危惧とレッドリスト

絶滅危惧（絶滅危惧種）とは絶滅の恐れがある生物のことであり，そのリス

図 2.3　日本の絶滅の恐れのある野生生物植物Ⅱ（蘚苔類，藻類，地衣類，菌類）
EX26 種，EW1 種，CR＋EN39 種，VU23 種の菌類（地衣類を除く）が掲載されている．

クの高低によっていくつかのカテゴリー（ランク）が設けられている．全世界もしくは特定地域内における，絶滅の恐れがある生物の分類群（種に加えて，亜種，変種など種内分類群も含まれる可能性がある；以下「種」と表記するが，種内分類群が含まれることがある）の名前，およびそのカテゴリーなどのリストをレッドリストという．レッドリストには絶滅危惧種に加えて，絶滅種，絶滅のリスクがより低い種，さらに評価対象ではあるが十分なデータが得られていない種なども含められることが多い．種名やそのカテゴリーに加えて，各種の形態，分布・生息状況，生態，存続を脅かす要因（threat；脅威）などを記したものをレッドデータブックという．

レッドリストと比較すると，レッドデータブックにはより多くの情報が掲載される．したがって，レッドリストはより頻繁に改定され，あるいはレッドデータブックに先んじて出版されることがある．国際的なレッドリストは，国際自然保護連合（IUCN）によって作成されている．

一方，日本国内（国レベル）のレッドリストおよびレッドデータブックは，過去にはNGOや学会によって作成されたものもあるが，現在は一部の海産生物を除くと環境省によって作成，発表されている．環境省レッドリストにおいては，菌類はこれまで，蘚苔類，藻類，地衣類とともに，「日本の絶滅の恐れのある野生生物植物II」に含めて扱われてきた（環境省 2015；図 2.3）．ただ，菌類，地衣類，藻類を「植物」にまとめて扱うのは不適切であることから，「植物 II」という区分名は変更が予定されている．

## 2.3　レッドリストのカテゴリーと基準

### 2.3.1　IUCN の基準

#### A．菌類の個体

1994 年，IUCN は従来の定性的要件に代わって，数値に基づいた定量的要件によるレッドリストカテゴリーおよびその基準を設けた（1994 年版レッドリストカテゴリーおよびその基準（ver. 2.3）; http://www.iucnredlist.org/static/categories_criteria_2_3）．ここでは，（A）個体群の縮小度合，（B）分布域の大きさ（extent of occurrence），あるいは占有（生息地の）面積（area of occupancy），（C）減少しつつある希少種の成熟個体数，（D）極めて希少な種の繁殖可能個体数，（E）定量的評価による野生絶滅の可能性，が評価基準として用いられることとなった．

IUCN によるレッドリストカテゴリーやその基準は，元々動物や高等植物を想定して制定されたものである．これらを無理やり菌類に適用しようとすると，どうしても様々な問題が生じてしまう．

これらの評価基準においては，「個体数」やその変化は重要な要因であるが，動物や高等植物と比較すると，菌類には「個体」という概念が極めて脆弱である．個々の子実体（きのこ）を「個体」と呼ぶこともあるが，これは不適切である．きのこ類は多くの場合，遺伝的に同質かつ連続した菌糸体から複数の子実体を形成する．従って個々の子実体は，「個体」というよりはむしろ植物の「個々の花」に近い．「個体」という概念は元来菌類にはそぐわないものであるが，菌類については同一の遺伝子型を有する菌糸体の集合体（ジェネット），もしくは連続したジェネット（＝ラメット）に対して，「個体」という用語が用いられることが多い．ただし，これらは肉眼で簡単に確認できるものではなく，詳細な遺伝子型の判定によって初めて判別が可能になる．

図2.4　地上に多数発生したハタケキノコの子実体
数mの範囲内に多数の子実体が発生しているが，これらは1機能的個体に属すると判断される．

しかし，レッドリストの作成に際して，遺伝子型の判定を行いながら個体数の評価をすることは現実的ではない．従って，こうした基準の下で広範な菌類を評価するには，菌類に適用可能な「個体」の「読み替え」を試みる必要がある．

Dahlberg and Mueller (2011) は，IUCN基準を用いて菌類の保全状況を評価するに際しての対処法を詳しく論じている．その中で，菌類の「成熟個体」とは「生殖可能な（きのこ類について言えば子実体発生可能な）ラメットを指すのが適当」としながらも，きのこ類の存在の有無や多寡はその子実体に基づいてモニタリングされるのが一般的であることから，「機能的個体（functional individual)」という概念の利用を提案した．彼らの言う「機能的個体」とは，1）地上生種については，10mの範囲内，2）材上（樹上）生種については，1基質（倒木，切株，生立木など）上に発生した同一種に属する子実体を1機能的個体に属させる，というものである（図2.4)．

（実際には例外も多いが）1機能的個体に属する子実体を同一ジェネットに属する菌糸体から生じているものと仮定する．しかし実際には，これら菌糸体は複数のラメットに分断化していることが多い．ラメットへの分断化は，基質の明確な材上生種と比較して，地上生種でより顕著であろう．そこでDahlberg and Mueller (2011) は，地上生種については1機能的個体を10成熟個体

(＝ラメット）に，また材上生種については2成熟個体に該当させることを提案している．基質が非常に小型のもの（例えば冬虫夏草類など）については，1基質から発生したものを1個体と見なしうる．地域内の個体数については，(推定される地域内の生息地数)×(推定される生息地内の機能的個体数)×(1機能的個体に含まれる推定成熟個体数）という形で概算される．

もちろん，「機能的個体」を用いた個体数の推測は，実際のラメット数に基づいた個体数から大きく乖離する可能性がある．もしも，より信頼できる「個体」に基づいた個体数判断が可能な場合は，それを優先すべきであろう．なお，これらは子実体をもとにモニタリング可能なきのこ類についての概念であり，植物病原菌や他の微小菌類については別の対応が必要である．

続いて，IUCNレッドリストの評価基準を示し，これらを用いて菌類を評価する際に問題となる点や，可能な対処法などについて論じるとともに，判定基準の適用例を示す．なお，レッドリストカテゴリーの基準については，IUCN日本委員会及び環境省がそれぞれ独自の訳文を用いているが，ここでは主にIUCN日本委員会の訳文（http://www.iucn.jp/protection/pdf/redlist1994_gl.pdf）を用いて解説する．

なお，IUCNでは5つの評価基準が提示されているが，その一つもしくは複数の基準によりカテゴリー付けされる．複数の基準によって異なるカテゴリーが示された場合は，その最も上位のカテゴリーが採用される（例えば，基準Aで絶滅危惧Ia，基準Bで絶滅危惧Ibとされた種は，絶滅危惧Iaと判断される）．

### B．基準A：個体群の縮小

(A) *以下のいずれかの様態で，個体群が縮小している．(1) 以下のいずれかの基準に基づいて，過去10年間，若しくは3世代のうち，どちらか長い方の期間で，少なくとも#%の（個体群の）縮小が観察，推定，推論され，あるいは疑われる．*（斜字はIUCN日本委員会の訳文を引用；#はカテゴリーにより異なる；以下同様．「以下のいずれかの基準」および（2）は省略．）

この基準でまず問題となるのは，菌類の「3世代の期間」をどう捉えるかである．消失しやすい基質に子実体を形成する種については，1世代はかなり短い可能性がある．一方，サルノコシカケ類を始めとする木材腐朽菌の1世代はより長い可能性が高い．特に，生立木の心材腐朽菌は，しばしば数十年に渡

図 2.5　トドマツの生立木に発生した心材腐朽菌ツガサルノコシカケ
長年に渡って樹体内に生息すると考えられる．

って同一基質内で生息しており，感染後子実体を形成するまでにはかなりの年数がかかると考えられる（図 2.5）．菌根菌についても一般的に 1 世代は比較的長いと考えられている．Dahlberg and Mueller (2011) は，(a) 腐りやすい，あるいは小型の基質に発生する種は「3 世代の期間」を 10 年以下と判断；(b) 基質の樹種や腐朽耐性によるが，木材腐朽菌については「3 世代の期間」を 20〜50 年の範囲と判断；(c) 外生菌根菌については 50 年以上と判断；(d) 土壌生息菌，リター分解菌については 20〜50 年の範囲と判断することを提案している．

基準 A では個体数の経時的減少率に基づいて絶滅の危険性を評価する．この基準は非常に直接的であり，絶滅の危険性を直感的に理解しやすい．一方で，この基準を用いるためには，数十年前の当該種の個体数を推定するとともに現在の個体数を測定するか，あるいは数十年前と現在の個体数比を推測する必要がある．

この基準を用いて評価できる可能性がある菌類として，過去の流通量統計が残っている野生の食用きのこ類が考えられ，日本国内ではマツタケがこれに該当する．林野庁統計によると，2010 年代の国内産マツタケの流通量は，一部

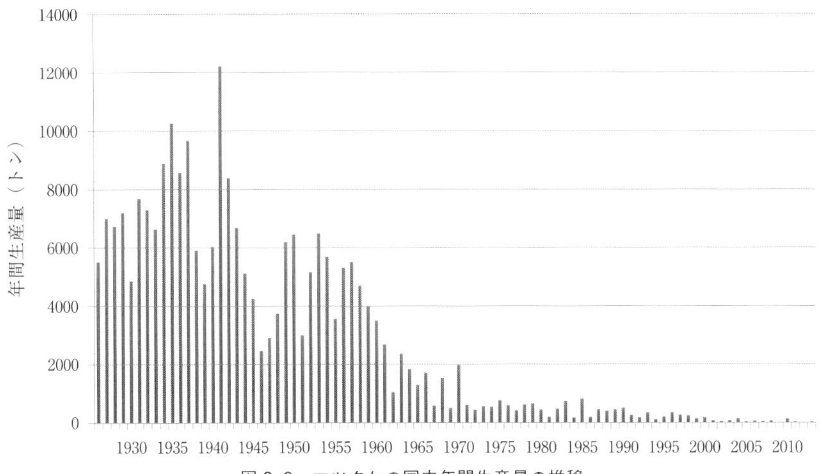


図 2.6　マツタケの国内年間生産量の推移
山中（2012）を改変.

の豊作年を除けば概ね数十トン程度であるのに対して，その約 50 年前に該当する 1960 年代の流通量は数千トンであった（参照：山中，2012；図 2.6）．このことから，過去 50 年間で国内のマツタケ個体数が数% 程度に減少したことが，間接的に示唆される．

また，特定の森林タイプに発生が限定される種のうち，その森林タイプの減少率が明らかなものについても，この基準が適用できることがある．スウェーデンではクロカワはヨーロッパアカマツの老齢林に発生するが，その面積の減少率から，クロカワはスウェーデンのレッドリストにおいて絶滅危惧 II 類と判断された（Dahlberg and Mueller, 2011）．

### C.　基準 B：分布域の大きさと生息地（占有）面積

（B）*分布域の大きさが# $km^2$ 未満，あるいは生息地の面積が# $km^2$ 未満と推定され，以下の 2 つのうちのいずれかに該当する．（1）強度の分断がある，若しくは知られている生息地が 1 ヶ所しかない場合．（2）以下のいずれかにおいて，連続的減少が観察，推論，予期された場合*（「以下のいずれか」の項目は省略）．*（3）以下のいずれかにおける極端な変動*（「以下のいずれか」の項目は省略）．

この基準は，限られた地域にしか分布しない種について，その分布域の減少・劣化や個体群減少などが見られる場合に適用される．「分布域の大きさ」とは，その種が分布すると確認もしくは推測される範囲の大きさである．生息地（占有）面積（以下，占有面積と表記）とは，分布域の大きさの一部であり，実際にその種の個体群存続に必要な最小面積である．多くのきのこ類については，その種の菌糸体および子実体が占める部分，および宿主となる樹木などの占有部の面積などを指すと考えられる．生活史の中で，複数の宿主や環境を必要とする種については，その全ての占める面積を加えることになる．

島嶼固有種や，確認あるいは推測される分布地数が少なく，その面積を算出できる種については，「分布域の大きさ」を基準としたカテゴリー判断が比較的容易な可能性がある．オオメシマコブ小笠原個体群は小笠原諸島の固有分類群で，オガサワラグワに宿主特異性を有する．したがって，その分布域の大きさは小笠原諸島におけるオガサワラグワ成熟木，および本菌が利用可能なオガサワラグワの残存伐根が分布する地域の面積と概ね一致すると考えられる．「占有面積」については，分布域面積および各生息地におけるその種が占有する割合から概算できると考えられるが，「分布域の大きさ」よりもさらに推測の度合いが高いと言わざるを得ない．ただ，分布域は比較的広いものの，分布域内での占有の割合が低い種については，占有面積による評価も検討に値する．

この基準の下では，例え分布域が極端に狭くても，何らかの個体数減少や生育地の減少，劣化などがなければ，絶滅危惧として評価できないことに注意が必要である．

### D．基準C：減少しつつある希少種

（C）*成熟個体数が少なくとも＃未満と推定され，かつ，下記に該当する．(1) 過去＃年間若しくは＃世代，どちらか長い方の期間に少なくとも＃％の連続的減少が推定される．(2) 以下のいずれかにおいて，成熟個体数や，個体群の構造において，連続的減少が観察，推定，推論される*（「以下のいずれか」の項目は省略）．

これは，「個体群の縮小（基準A）」よりも減少率は緩いが，元々の個体数が少ないことから絶滅が危惧される種を評価するための基準である．基準Aでは必ずしも現時点での個体数を推定する必要はないが，基準Cでは個体数の推定が必要となる．

先に述べた通り，生態系内に生息する菌類の正確な個体数把握は事実上不可能である．ただし，多年生のサルノコシカケ類や地衣類のうち目立ちやすい種などについては，成熟個体の一部である子実体，もしくは地衣体が通年確認できること，ある程度訓練を積んだものであれば肉眼的にその存在を確認することが可能なことから，比較的実態に近い形で個体数の推定ができる可能性がある．

*Bridgeoporus nobilissimus* は北米に分布するサルノコシカケの一種で，極めて大型で多年生の子実体を形成する．本種は合衆国西部に位置するオレゴン州，ワシントン州およびカリフォルニア州に分布しており，分布域が狭いとは言えないが，極めて稀な種である．モニタリング結果などから，その成熟個体数は140と推定されている．個体数が非常に少ないことに加えて，森林伐採により生息地となるモミ老齢林が減少していることから，IUCNにより絶滅危惧Iaと判断されている（IUCN, 2016）．

### E．基準D：希少性の極めて高い種

(D) *繁殖可能個体数（成熟個体数）が#未満と推定される．*

この基準は，個体数の減少や生息地の減少・劣化は認められなくても，現存する個体数が非常に少ないことから，絶滅が危惧される種を評価するための基準である．菌類の個体数推定は非常に困難を伴うが，一方で何らかの減少傾向を明示できない希少種も多い．希少性の極めて高い種については，この基準が適用される可能性がある．

### F．基準E：野生絶滅の可能性を示す定量的分析

(E) *野生絶滅の可能性を示す定量的分析が，#年若しくは#世代，どちらか長い方で，少なくとも#% である．*

個体群存続可能性分析（PVA）などにより，絶滅確率が推定される種について適用可能である．詳細な生活史パラメータをある程度の年数調査する必要があり，現時点で菌類について適用された例はない．

## 2.3.2　レッドリストカテゴリー

2017年現在，IUCNにおいて用いられているレッドリストカテゴリーは，2001年版レッドリストカテゴリーおよびその基準（ver. 3.1；http://www.iucnredlist.org/technical-documents/categories-and-criteria/2001-categories-criteria）

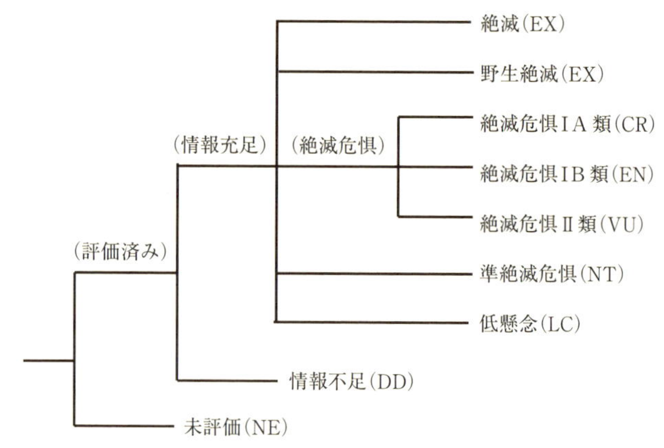


図 2.7 「2001年版レッドリストカテゴリーおよびその基準」におけるIUCNレッドリストカテゴリー
http://www.iucnredlist.org/technical-documents/categories-and-criteria/2001-categories-criteria の図1を翻訳．カテゴリー名は環境省訳を使用（評価済み，未評価，情報充足，低懸念を除く）．

で定義されたものである（図 2.7）．以下に，その概略を示す．

### A．絶滅

特定の種が疑いなく完全に喪失することを絶滅（extinct；EX）という．特定地域個体群が完全に喪失することを地域絶滅（regionally extinct；RE），また野生下の個体群が喪失することを野生絶滅（extinct in wild；EW）という．ただ先述の通り，菌類について「疑いなく」完全に喪失したことを示すのは多くの場合不可能に近い．2001年版では「絶滅」について，「既知の，もしくは分布の可能性がある生息地において，適切な時期（時間帯，季節，年）に，過去の分布域全域において徹底的な調査を行った結果，1個体も発見できなかった場合，その分類群が絶滅したと推察される」としている．

なお，日本の環境省レッドリストにおいて「絶滅」とされたものには，（日本国内における）「地域絶滅」と，本来の「絶滅」が含まれる可能性がある．

### B．絶滅危惧

（野生）絶滅の危険が高い種を絶滅危惧（種）という．ごく近い将来に野生絶滅の危険性が極めて高いものを絶滅危惧Ia（Critically Endangered；CR）（環境省訳；IUCN日本委員会は「絶滅寸前」を使用），絶滅危惧Iaではないが近い将来に絶滅の危険性が高いものを絶滅危惧Ib（Endangered；EN）（環境省訳；IUCN 日本委員会は「絶滅危機」を使用），絶滅危惧 Ib ではないが中期的な将来に絶滅の危険性が高いものを絶滅危惧 II 類（Vulnerable；VU）（環境省訳；IUCN 日本委員会は「危急」を使用）という（図 2.7）．

IUCN レッドリストでは，先述の定量的基準を用いてカテゴリー付けが行われている．一方，菌類などについては定量的基準の採用は困難との観点から，日本の環境省レッドリストではこれまで定性的基準（2.3.3 参照）を用いたカテゴリー付けが行われてきた．

### C. 低リスク

絶滅の可能性が評価された種のうち，絶滅危惧と判断されなかった分類群は，低リスクと判断される．低リスクのうち，評価の結果，絶滅危惧とは判断されないもののそれに近いか，あるいは近い将来に絶滅危惧に移行する可能性が高いものを準絶滅危惧（Near Threatened；NT），絶滅危惧や準絶滅危惧に値しないものを軽度懸念（Least Concern；LC）という（図 2.7）．NT についても，絶滅危惧に準じた基準によってカテゴリー付けされている．

### D. 情報不足と未評価

分布や個体群の状況に基づいて，絶滅リスク評価を行うだけの十分な情報がないものを，情報不足（Data Deficient；DD）（環境省訳；IUCN 日本委員会は「データ不足」を使用）という．これは，「個体数」や「分布域の大きさ」といった絶滅危惧などの評価に必要な情報が不足していることから，現時点では評価ができないものを指す．種としての実体が不明であるとか，学名が未確定な分類群など，分類学的情報が不足もしくは命名法的措置が不十分な分類群を DD とするわけではないので注意が必要である．

例え希少性が高くても，カテゴリー判断や存続を脅かす要因を明らかにするための情報が不十分な分類群は，DD と判断される．*Lepiota viridigleba* は，キツネノカラカサ属に属するが腹菌型の子実体を形成する特異な種である．この種は合衆国カリフォルニア州の 2 カ所の森林のみから知られる，極端に分布の狭い希少種である．しかし，その生息地環境に関する検討が十分行われていないことから，IUCN レッドリストにおいて DD に区分されている（IUCN, 2016）．

ある分類群を「絶滅危惧」もしくは「低リスク」とするか，あるいは「情報不足」とするかの判断は，必ずしも容易ではない．特に，近年採集もしくは確認の記録がない分類群については，情報が不足しているのか，あるいは絶滅に瀕しているのかの判断が難しい．ただ分布域が比較的限られ，かなりの年数記録のない分類群については，絶滅が危惧される状態にあると判断するのが適当であろう．

一方，上述の基準に基づいた評価がされていない分類群は，未評価（NE）に区分される（図2.7）．菌類の場合，（未記載種のほとんどを含めて）圧倒的多数種がこの区分に該当する．

### 2.3.3　環境省レッドリストにおける評価基準

日本国内産菌類のレッドリストは，環境省によって作成されている．上述の通り，IUCNレッドリストは個体数や生息地面積などの定量的要件によってカテゴリー評価が行われている．一方，環境省レッドリストでは数値基準による評価が困難なものが多いとの判断から，数値基準にもとづく定量的要件と，数値を基準としない定性的要件を併用する形でカテゴリー判定が行われてきた（環境省，2015）．菌類については，これまですべての種が定性的要件によってカテゴリー判断されてきた．

定性的要件による判定基準では，絶滅危惧Ia類と絶滅危惧Ib類は区別されていない．菌類を含めた植物II（蘚苔類，藻類，地衣類，菌類）では概ね定性的要件によって判断が行われてきたことから，これらについては絶滅危惧Ia類および絶滅危惧Ib類はまとめて「絶滅危惧I類（CR＋EN）」として扱われている．

定性的要件においては，「情報量が少ないもの」と「確実な情報があるもの」に分けて要件が挙げられている．「情報量が少ないもの」については，「過去50年間前後の間に，信頼できる生息の情報が得られていない」（絶滅），「それほど遠くない過去（30年～50年）の生息記録以後確認情報がなく，その後信頼すべき調査が行われていないため，絶滅したかどうかの判断が困難なもの」（絶滅危惧I類）のように，過去の生息情報の有無によって判断される．

また，「確実な情報があるもの」については，①「既知のすべての個体群で，危機的水準にまで減少している」（絶滅危惧I類），「大部分の個体群で個体数が大幅に減少している」（絶滅危惧II類）；②「既知のすべての生息地で，生息条件が著しく悪化している（絶滅危惧I類），「大部分の生息地で生息条件が明らかに悪化しつつある」（絶滅危惧II類）など，具体的数値は求めずに個体数の減少度や生息条件の悪化度などによって判断される．他にも，「再生産能力を上回る捕獲・採取圧にさらされた個体群の割合」や，「交雑のおそれのある別種の侵入を受けた分布域の割合」といった定性的判断基準が挙げられるが，菌類に対しては適用されていない．

こうした定性的要件は，菌類のように個体の概念が脆弱であり，分布域の推測も困難な生物群に対しても比較的適用しやすいというメリットがある．一方で，国内のみで通用する要件によって判断されたリストは，他地域のリストと比較，統合することが困難であるといった問題点がある．したがって国内産菌類についても，現在 IUCN 基準に基づくレッドリストの見直しが進められつつある．

## 2.4　菌類の存続を脅かす要因

### 2.4.1　菌類の存続を脅かす要因

絶滅が危惧される菌類には，特定の宿主（種類及び状態）や環境に依存，あるいは分布の狭い種が多い．また，絶滅危惧種は一般に稀少性が高いが，稀少性の高い種全てが絶滅に瀕している訳ではない．絶滅危惧として認められるには，稀少性に加えて個体数や生育地面積の減少など，その種の衰退が継続することを示す数値的裏付けが必要である．

高い宿主特異性を有するなど特定の樹木に強く依存する菌類は，その樹種の減少に応じて衰退するとみなすことができる．特定樹種の減少は様々な要因によって引き起こされる．住宅や商業施設の建設を目的とした森林開発，人工林化に伴う樹種転換，樹木の利用を目的とした森林伐採などの森林の利用は，天然林に分布する樹種，特に大径木の減少につながる．一方で，遷移途上の森林を構成する樹種については，人間が森林を利用しないことによって森林の遷移が進み，減少する可能性がある．他にも病気の蔓延や競合的外来樹種の侵入など，様々な要因によって特定樹種の衰退は起こりうる．従って，「宿主樹木の減少に伴う菌類の減少」に限っても，その存続を脅かす要因は複数存在することがある．

外生菌根菌にはマツ属と菌根を形成する種が多数あるが，その中にはマツ属に対する特異性の高い種も多い．アカマツは，国内の広い範囲において二次林構成樹種として重要である．しかし後述するように，「人間が森林を利用しないこと」によって減少しつつあるとともに（2.4.2B 参照），「松枯れ」の影響によっても減少した（2.4.5 参照）．クロマツもアカマツと同様に松枯れの影響を受けるが，同時にその主要な分布環境である「海岸林の開発」によっても減少しうる．従って，海岸林のクロマツと菌根を形成する菌には，「松枯れ」と「海岸林の開発」が存続を脅かす要因となるものがある．

さらに同一種であっても，地域によってその存続を脅かす要因が異なることもある．日本国内では，マツタケの存続を脅かす主要な要因は「森林利用の減少」や「松枯れ」とされる．一方，中国南西部ではマツ林の開発が，ヨーロッパ各地では窒素降下物による土壌の富栄養化が，また北欧ではマツ林の皆伐という森林のオーバーユースがマツタケの存続を脅かす要因と考えられている（http://iucn.ekoo.se/iucn/species_view/307044；2017 年 4 月参照）．

## 2.4.2　宿主・基質の減少

### A．老齢林依存種

地域や森林植生タイプが同等であれば，森林内に分布するサルノコシカケ類など木材腐朽菌の種数は，一般に若齢林よりも老齢林の方が多い（Yamashita *et al.*, 2012）．また大径木の間伐により，これらの種数は減少する（Bader *et al.*, 1995）．これは，一部の木材腐朽菌は大径木に発生が偏っており（図 2.8），老齢林内にはこうした種が分布することが一因として考えられる．また大径木の生立木心材腐朽菌には，宿主特異性の高い種も多い．

広域に，あるいは高密度で分布する樹種であっても，大径木の本数が十分に多いとは限らない．従って，たとえその樹種自体は希少でなくても，その樹種の大径木に依存する種は絶滅の危機に瀕していることもある．その一例として，北米産のサルノコシカケの一種 *Bridgeoporus nobilissimus* を挙げることができ

図 2.8　クロサルノコシカケの子実体
ナラ類やクリの心材腐朽菌で大径木に発生する．→口絵 2

る．この菌はモミ属の心材腐朽菌であるが，非常に大径のモミ（主に生木）を宿主としている．モミ属の樹木自体は北米西岸の広域に分布しているが，この菌の分布は限られた老齢林に局在しており，CR として IUCN レッドリストに掲載されている（IUCN, 2016）．

菌根菌にも老齢林依存種と考えられるものがある．ショウロ属の一種 *Rhizopogon alexsmithii* は北米西部の 10 数カ所の針葉樹老齢林から，またフウセンタケ属の一種 *Cortinarius osloensis* はノルウェー国内の 8 カ所のシナノキ老齢林から分布が確認されている．これらはいずれも IUCN レッドリストにおいて EN にカテゴリー付けられており，森林伐採などがその存続を脅かす要因としてあげられている（IUCN, 2016）．

老齢林に依存する絶滅危惧種の多くにとっては，森林伐採や（居住地，商用地などを目的とした）森林開発など森林のオーバーユースが，存続を脅かす要因になる．特に大径木を宿主とする木材腐朽菌については，森林開発や皆伐だけでなく，大径木のみを利用する比較的軽度の伐採も脅威になる危険性がある．

老齢林依存性の菌類に希少な種が多いのは事実であろう．一方で日本を含めた先進国では，保全の重要性が高い老齢林の伐採や開発が制限されていることが多い．従って「老齢林依存性の希少種」であっても，森林伐採や森林開発に

図 2.9　母島猪熊谷付近の森林
高木層のほとんどはアカギによって占められている.

よってその存続が脅かされているとは限らない.

国内の老齢林の中で最も深刻な衰退が進行しつつあるのは，アカギなどの侵入樹種によって，在来の森林構成樹種の多くが駆逐されつつある小笠原諸島の森林である（図 2.9）. また，奈良県の春日山をはじめとする原生林的暖温帯照葉樹林は，森林開発や植林などによってすでに著しく減少，分断化している. こうした森林では，ナラ・カシ類の集団枯死（カシ枯れ）の進行によるカシ類の衰退や，比較的小規模な開発，伐採の影響も無視できない. 環境省レッドリストに掲載されているコウヤクマンネンハリタケやキリノミタケなどは，こうした森林のカシ類倒木などに発生することが知られている.

南西諸島では，スダジイやオキナワウラジロガシを中心とする亜熱帯照葉樹林が広く見られる. これらの森林には，東南アジア低地熱帯林と共通する菌が多数分布しており，国内では南西諸島の老齢林にしか分布しない希少種も多い. このうち西表島では，森林の相当部分が生態系保護地域に指定され，樹木の伐採や森林開発が制限されていることから，伐採や森林開発が単独でこれらの存続を脅かす要因になる可能性は低い. 一方，沖縄本島や奄美大島の一部地域では大径木を中心とした伐採が行われており，伐採などが老齢林に依存する種の分布に影響を与えている可能性もある.

国内冷温帯を代表するブナ，ミズナラを中心とした落葉広葉樹林も，老齢林については広い範囲が保全対象となっている．ただ，林内の特殊な環境に依存する種や分布域の小さな種に対しては，地域的な伐採，開発，ナラ・カシ類の集団枯死（ナラ枯れ），シカの食害による環境劣化やダム建設などが，存続を脅かす要因になることも考えられる．

### B. 特定樹種依存種

腐生菌，共生菌，寄生菌を問わず，菌類には特定の樹種を宿主（または基質）にする種が多い．宿主樹種の減少に伴い，これら特定樹種を利用する菌も減少すると考えられる．ある樹種が非常に希少であるか，あるいは強い減少傾向が認められる場合，これらに特異的な菌類が絶滅する危険性は高くなる．また，ある菌の宿主が広分布種あるいは普通種であっても，その菌が特殊な環境に依存，あるいはその菌自体の分布域が狭い場合は，その環境の劣化や分布地における宿主の減少がその菌の減少につながる可能性がある（後述）．

マツ属は多くの菌根菌や木材腐朽菌にとって重要な宿主であり，またマツ属の針葉リターや腐植に発生するリター分解菌も多い．これらにはマツ属に特異的なもの，あるいは他のマツ科樹木などにも発生するが，暖温帯～亜熱帯地域においてはマツ属に発生が偏るものが多数含まれている．アカマツは国内暖温帯の主要な二次林構成樹種の一つであり，特に西日本においては里山の最も重要な樹種であった．しかし1950年代以降，地域住民による薪炭としての樹木の伐採や，肥料としての落葉採取などの収奪が行われなくなった結果，里山土壌の富栄養化が進むとともに，広葉樹林への自然遷移が進んだ．マツタケなどマツ類と共生関係を結び，貧栄養土壌を好む菌根菌については，このような森林のアンダーユースに伴う自然遷移が存続を脅かす要因の一つとなりうる．国内におけるマツ林依存性の菌根菌としては，マツタケ以外にもシシタケ，ヌメリアイタケなどがVUに，またマツタケモドキ，シロマツタケモドキ，ニンギョウタケモドキなどがNTに指定されている（環境省，2015）．これらの中にも，マツ林の富栄養化がその減少の一因になっているものがあると考えらえる．

特定樹種の伐採がその樹種を宿主とする菌の存続を脅かす要因になることもある．オガサワラグワは小笠原諸島の湿潤地域における極相林を形成する代表的樹種の一つである．かつては相当本数が諸島内の広域に分布していたが，材

図 2. 10　オガサワラグワの古い切株
オオメシマコブは主にこうした切株上に発生している.

の利用を目的に 19 世紀末より多数が伐採されて個体数が激減したことから，現在は環境省の絶滅危惧種 I 類に指定されている．オオメシマコブ（小笠原個体群）はオガサワラグワに特異的な木材腐朽菌で，オガサワラグワの古木や切株上に発生する．現在，オオメシマコブは伐採後放置された切株上などで稀に確認されるが，今後切株の分解が進むことにより，本種の利用可能な基質はさらに減少すると考えられる（図 2. 10）.

メシマコブはクワ類に特異的な木材腐朽菌の一種で，東アジア暖温帯域を中心に分布する．国内では，養蚕用クワの老木に腐朽被害を起こす菌として知られていたが，近年ではその発生は比較的稀である．栽培クワの激減がメシマコブ減少の主要な要因と考えられる.

熱帯地域に分布する木材腐朽菌は，一般に宿主特異性が低いと考えられていた．しかし実際には，熱帯にも宿主特異性を有する腐朽菌が存在することが明らかになってきた（Hattori *et al.*, 2012）．例えば，東南アジアの低地熱帯林に分布する腐朽菌には，フタバガキ科樹木に発生が限られる種がある．現在知られているフタバガキ科特異種はいずれも普通種であるが，今後希少性の高い特異種の存在が明らかになるかもしれない．フタバガキ科には有用な樹木が多数含まれ，環境に配慮した比較的軽微な天然林択伐施業においても，しばしば大径木が選択的に伐採される．材の利用を目的としたフタバガキ科樹木の伐採は，これらの存続を脅かす要因となりうる．またマングローブ形成樹種にも宿主特異的な木材腐朽菌が存在する．熱帯地域における海岸線の開発は，こうした菌類の存続を脅かす要因になる可能性がある．

なお，特定種の草本や昆虫に寄生する菌などについても，宿主の減少がその菌の存続を脅かす要因になる可能性がある．環境省レッドリストには20種あまりの昆虫等寄生菌（いわゆる冬虫夏草類）が絶滅危惧種として登載されており（環境省，2015），宿主となる昆虫等の減少が菌の減少要因となっているのか精査する必要がある．

### C．分布域の狭い種

全国的に見れば宿主となる植物の減少が特に顕著でなくても，菌自体の分布域が非常に狭い場合，これらの絶滅が危惧されることがある．ヒュウガハンチクキンはマダケの寄生菌であるが，これまで宮崎県高原町内の数カ所で確認されただけで，他地域のマダケ上からは見つかっていない．宿主となるマダケ自体は国内に広く分布しているものの，ヒュウガハンチクキンの分布域は極めて限定的であることから，数少ない生息地の竹林開発が，この種にとっては深刻な存続を脅かす要因となっている（環境省，2015）．

コウヤクマンネンハリタケはカシ類の木材腐朽菌で，国内では奈良県の春日山および宮崎県内の数カ所から記録があるが，近年は春日山からの報告が途絶えている．本種は，文献上はイチイガシやアラカシから記録されているが，宮崎県下で詳細に行われたモニタリング調査によると，確認された宿主はいずれもツクバネガシであった（黒木，私信）．現在，コウヤクマンネンハリタケの生息地においては，概ね森林伐採は行われていない．しかしツクバネガシは川沿いに分布することが多く，本種発生地の一部はすでにダム開発によって破壊されている（黒木，私信）．また，本種の分布地である奈良県，宮崎県では，近年カシ枯れが拡大しており，病害による宿主の減少も本種存続上の脅威となるかもしれない．

キリノミタケも宮崎県下を中心とする限られた照葉樹林から記録されている．本種は空中湿度の高い森林のカシ類倒木上に発生することが知られ，また発生地の一部がダム開発によって破壊されている（黒木ら，2002）．このことから，ダム開発や病害によるカシ類の枯死拡大は，本種にとっても存続を脅かす要因であると考えられる．

*Cortinarius pavelekii* は腹菌型（地下生）のフウセンタケ属の一種で，シトカトウヒと菌根を形成する．本種はオレゴン州太平洋岸沿いの10箇所から記録があるが，その半数からは近年の記録がなく，またその分布域の広さは500 km$^2$ 程度と推定されている（IUCN，2016）．本種は絶滅危惧ENに指定されており，分布域内でのトウヒ林開発や農地利用のためのトウヒ伐採，さらに津波や道路建設などの開発が，本種の存続を脅かす要因と考えられている．

## 2.4.3　依存環境の劣化・減少

一部の菌は特殊な環境に強く依存している．その環境が著しく劣化，もしくはその面積が著しく減少することによって，これらはその存続が脅かされる．

海岸林は耐塩性の高い樹木によって構成される特殊な森林である．国内ではトベラやシャリンバイ，また広く植栽されたクロマツなどがその主要な構成樹種である．クロマツ海岸林にはショウロ，シモコシ，ハマシメジなど，内陸部のマツ林では発生頻度の低い菌根菌が広く見られる．このうちシモコシはNTに指定されており（環境省，2015），マツ枯れ，津波や海岸林の開発などによる減少が危惧される．また森林生息性ではないが，アカダマスッポンタケ（CR+EN），コナガエノアカカゴタケ（VU），アカダマノオオタイマツ（VU）などはクロマツ林よりもさらに海沿いに位置する，海浜性植物の繁茂地に発生する．これらの種についても，自然海岸の開発によってその存続が脅かされると考えられる（環境省，2015）．海岸の開発や津波に加えて，環境変動（地球温暖化）による海岸線の移動も海岸付近に分布する菌の生息に影響を与える可能性がある（Rotheroe, 1996）．

渓畔林，河畔林も特殊な環境の森林と言えよう．渓畔林，河畔林は空中湿度が高いと考えられるが，先述の通りキリノミタケは空中湿度の高い森林に分布している．渓畔林，河畔林に見られる砂質土壌を好む菌もある．ヒジリタケ（環境省レッドリストCR+EN）は，国内では石垣島および西表島から記録されているが，河畔林の砂質土壌内に形成された菌核から子実体を生じることが多い（図2.11）．河畔林は宅地，農地などを目的とした森林開発だけではなく，

図 2.11　ヒジリタケの子実体
国内では西表島の河畔砂質土壌などに稀に発生する．→口絵 3

ダム建設や河川の護岸工事によって失われることもある．冬虫夏草類の一種ナガボノケンガタムシタケ（CR＋EN）は，すでに分布地の一つがダム建設によって失われている（環境省，2015）．

菌根菌の中には，腐植の少ない貧栄養土壌を好むものがある．上述の通り，マツタケなどマツ林依存性の菌根菌には，マツ林のアンダーユースに伴う富栄養化によって減少したと考えられる種が存在する．森林施肥も森林土壌の富栄養化を促す．日本国内では森林施肥はほとんど行われていないが，ヨーロッパでは施肥が一部の菌根菌に影響を与えると考えられている．チャハリタケ属の一種 *Hydnellum gracilipes* は砂質土壌のマツ林に生息するが，その存続を脅かす要因の一つとして森林施肥があげられている（IUCN, 2016）．

熱帯地域や低緯度地域では，概して菌類のレッドリスト作成や保全学的研究が遅れている．しかしこれら地域にも開発などによって面積減少，もしくは環境劣化の著しい森林タイプが存在する．これらの森林タイプに強く依存する菌類については，何らかの減少が危惧される．

熱帯地域では，農地や居住地を目的とした森林開発や，有用樹木の伐採によって老齢林が著しく減少，もしくは広範囲で劣化している地域も多い．大径木依存種など老齢林に発生が偏る種は，森林伐採がその存続の脅威となる可能性があるが，これは熱帯地域においても同様である．

マングローブ林は熱帯地域において減少が著しい森林タイプの一つである．海岸の開発，伐採などによって各地のマングローブ林は減少しており，マングローブ構成樹種 70 種のうち 11 種は絶滅が危惧されている（Polidoro *et al.*, 2010）．木材腐朽菌には特定のマングローブ構成樹種に特異的な種も知られており（Hattori, 2017），これらについては宿主の減少が個体群の縮小に直結すると考えられる．

低緯度地域の山地林には固有の菌が分布している（Hattori, 2017）．これらの森林は互いに分断化しており，また元々の面積は低地林と比較して極めて小さい．従って，これら地域に分布する種は，森林開発や伐採の影響をより受けやすいと言えよう．

最後に，森林環境以外で多くの絶滅危惧種が依存する環境を取り上げたい．湿原や草地は遷移途上にある植生であり，元来脆弱な環境である．ヤチヒロヒダタケは本来湿原に生息する菌である．しかし国内における近年の報告の多くは，青森県内の限られた休耕田などからのものである（工藤・長澤, 2003）．これらの国内分布域は非常に狭く，また極めて脆弱な環境で生息していることから，本種は環境省レッドリストにおいて CR＋EN に指定されている（環境省, 2015）．ヤチヒロヒダタケは国際的にも絶滅が危惧されており，IUCN レッドリストにおいても NT に指定され，その存続を脅かす要因としてピートモスの採取，排水路の建設，植林など様々な要因による生息地の破壊が挙げられている（IUCN, 2016）．

アカヤマタケ属には草地に発生が限られる種が多いが，天然の草地環境が減少したことから，半人為的環境に成立した草地を主要な生息地とする種類もある．*Hygrocybe citrinovirens* および *H. ingrata* は，ヨーロッパの比較的広い範囲に分布するが，小規模農業の衰退によってこうした環境が減少していることから，絶滅が危惧されている（IUCN, 2016）．

## 2.4.4　採集圧

きのこ類には食用もしくは薬用などとして，頻繁に子実体が採取される種も多い．ただきのこ類の子実体は胞子を形成，散布するための一器官であり，通常は全菌糸体の一部分に過ぎない．従って，多くの場合子実体を採取したとしても，菌体全体に与える影響はそれほど大きくはないと考えられる．Egli ら (2006) は実験的手法を用いて，子実体の採取によりその後の子実体発生量や発生種数に影響がないことを明らかにした．一方，採取の対象が菌糸体の相当部分に該当する場合，強度な採取により未成熟な子実体が高頻度で除去される場合，あるいは採取に際して生育環境の破壊を伴う場合などは，採集圧がその種の存続を脅かす要因になることもありうる．

*Pleurotus nebrodensis* は国内で広く栽培されるエリンギの近縁種で，セリ科の草本 *Cachrys ferulacea* に寄生する．本種はシシリー島北部の限られた地域にしか分布しておらず，その生育範囲は 100 km$^2$ 以下と推測されているが，一方で食用として重用され，未成熟なものを含め多量の子実体が採取されてきた．このことから，本種は IUCN レッドリストにおいて CR にカテゴリー付けられている (IUCN, 2016)．なお，本種は菌類として初めて IUCN レッドリストに掲載された種である．

シナトウチュウカソウは中国内陸部などの山岳地帯に分布する昆虫寄生菌で，菌核化した宿主（ガの幼虫）から子実体を形成する．本種は薬用として重用されることから，生息地においては強度な採取が行われている．採取に際しては胞子が成熟する前の未熟な子実体を含めて，菌糸体の多くを占める菌核化した宿主も除去されることから，採取の影響は小さくはなかろう．

トリュフ類には，高級食材として知られる種が含まれている．これらの子実体は地下部に形成されるため，ヨーロッパでは訓練された犬などを用いて探索採取を行うことが多い．人力のみで採取を行う場合，林床の広範囲で穴を掘り起こす可能性があるが，こうした場合は生息地撹乱につながる危険がある．

### 2.4.5　移入種・移入個体群の影響

移入種は在来種と競合したり，あるいは捕食，寄生したりすることによって，在来種の生存に深刻な影響を与えることがある．小笠原諸島では，アカギなどの移入樹種が在来樹種に対して深刻な影響を与えている．また，移入動物であるノヤギが多くの植物の，ノネコが鳥類の，グリーンアノールが昆虫類の，さらに陸生プラナリアの一種であるニューギニアヤリガタウズムシが陸生貝類の存続にとって深刻な脅威となっている（冨山，1998）．

図 2.12　松枯れによるマツ枯死木

Murat ら（2008）は，中国産トリュフがヨーロッパに移入定着し，ヨーロッパ在来の黒トリュフに影響を与えている可能性を示唆した．しかしながら，移入生物が在来の菌類に対して及ぼす直接的影響を調べた研究は，まだ限定的である．一方，移入生物の影響で宿主となる樹種が減少することによって，間接的に在来菌類の存続が脅かされる例はしばしば認められる．

北米からの移入種であるマツノザイセンチュウは，マツ材線虫病（マツ枯れ）の病原体である．本種は日本国内に侵入した後各地に広がり，現在では青森県以南の国内各地で深刻な被害が発生している（図 2.12）．マツ枯れの拡大は，マツタケをはじめとしたマツ類と共生する菌根菌の一部が減少する要因ともなっている（環境省，2015）．

現在小笠原諸島に広く見られるアカギは，元々造林樹種として人為的に小笠原諸島に導入されたものである．アカギは繁殖力が強く，また非常に競合的であることから，小笠原各地，特に母島の湿潤な地域において，在来樹種に深刻な影響を与えている．小笠原諸島の固有種であるオガサワラグワは過去の過剰な伐採によって急速に減少した．しかし現在の小笠原諸島では在来樹種の伐採は強く制限されていることから，現時点でのオガサワラグワに対する影響としては，アカギなどの移入樹種の繁茂による生息地の劣化や，移入種との交雑（次の段落参照）がより深刻である．上述の通り，オオメシマコブ（小笠原個体群）はオガサワラグワに特異的であり，小笠原諸島におけるアカギの繁茂は

図 2.13　森林内に発生したシイタケの子実体
「野生」のシイタケの中には，本来栽培されていたものが野生化したものが混ざっているかもしれない．

オオメシマコブにとっても深刻な脅威と考えられる．

近縁外来種との交雑が進むことにより，在来種の存続が脅かされることもある．オガサワラグワの存続を脅かす要因としては，移入種であるシマグワとの交雑も深刻である（谷ら，2008）．菌類については，現時点では種，亜種レベルでの遺伝子交雑が保全生物学的問題になっている顕著な例はない．しかし栽培きのこ類については，特定の栽培品種（系統）が自然環境下に流出することにより，地域個体群に影響を与える危険性がある．

Kerrigan ら（1998）は，カリフォルニア州沿岸部に分布するツクリタケ（マッシュルーム）の遺伝子解析を行った．その結果，ミトコンドリア・ハプロタイプから，調べた株の過半数はヨーロッパに起源を持っており，またカリフォルニア在来の株とヨーロッパ起源株との交雑が進んでいることが明らかになった．日本国内においても，各地の林内で特定の系統（クローン）が広く栽培されるシイタケなどについては，これら由来の胞子が森林内に侵入し，その地域在来のシイタケ個体群と交雑，あるいは圧迫している可能性もある（図 2.13）．

## 2.4.6　その他の要因

すでに 2.4.2 および 2.4.3 において解説した事項と重複する部分もあるが，他の「菌類の存続を脅かす要因」についても，簡単に整理しておきたい．

温暖化をはじめとした気候変動は，人類が地球環境に及ぼした影響の中でも最も深刻なものの一つである．温暖化によって海岸線の位置に変動が起こると，海岸林，マングローブ林，海岸砂浜など，海岸線付近を生息地とする菌類の生存に影響が出ることが予想される．また，山頂付近に存在する限られた山地林に生息する菌については，温暖化によって森林植生や気象条件が変化することにより，存続が脅かされる可能性がある．イッポンシメジ類の一種 *Leptonia carnea* は，カリフォルニア州の限られたセコイア林に分布する地上生菌である．夏季の霧発生減少や，冬季の降雨減少などによる乾燥の影響を受けて，この菌の生息地であるセコイア林が乾燥しつつあり，このことが本種存続の脅威の一つとされている（IUCN, 2016）．

大気汚染も，生物多様性に影響を与えうる重要な人為的インパクトの一つである．1980 年代には，ヨーロッパ各地で菌根菌の衰退が問題となり始めた（Arnolds, 1988）．これには大気汚染により窒素酸化物が増加し，土壌中の溶存窒素量が増大したことが関係すると推測されている（Arnolds, 1991）．いくつかの森林植生タイプにおいては，大気汚染が菌根菌の深刻な衰退要因であることが示唆されている（Arnolds, 1989）．

自然災害も，特定菌類種の存続を脅かす要因となることがある．海岸林などに生息する種のうち限られた地域にしか分布しない種は，局地的な津波によっても多くの生息地が破壊される可能性がある．2.4.2 で述べたとおり，北米の限られた範囲に分布する菌根菌 *Cortinarius pavelekii* の存続を脅かす要因の一つとして，津波があげられている（IUCN, 2016）．

2011 年の東北地方太平洋沖地震に際しては，東北地方太平洋沿岸の広い地域の海岸マツ林が浸水被害を受けた．被害地のマツ林では，土壌 A 層においてpH が上昇しており，菌根菌などに何らかの影響を与えている可能性がある（小野ら，2013）．これら地域における震災以降の菌根菌消長については，注視の必要があろう．

特定分類群の存続を脅かす要因として，森林火災が取り上げられることもある．北米西部に位置するロッキー山脈では，しばしば大規模な森林火災が発生し，広大な面積の森林が消失している．北米西部産の *Fevansia aurantiaca* や *Gastrolactarius camphoratus* の存続を脅かす要因の一つとして，森林火災が挙げられている（IUCN, 2016）．

## 2.5　各地のレッドリスト 

### 2.5.1　日本の菌類レッドリスト

全国レベルでの日本産菌類レッドリストは，環境省によって作成，発表されている．最初の日本産菌類レッドリストは，1997 年に第 2 次レッドリストの一環として発表されたもので，EX28 種，EW1 種，CR+EN51 種，および VU11 種が掲載された（http://www.env.go.jp/press/press.php?serial=982）．2000 年には，1997 年版レッドリストに修正を加えるとともに，形態，生態などに関する情報を加えたレッドデータブックが出版された（環境省，2000）．

2007 年には第 3 次レッドリストの一環として，新たな菌類レッドリストが公表された．1997 年版からは大幅に掲載種やそのランクが見直されるとともに，NT，DD のカテゴリーに分類された種が追加された．その後，2007 年版レッドリストに修正を加えるとともに，形態，生態などに関する情報を加え，2014 年版レッドデータブック（NT，DD についてはリストのみ）が出版された（環境省，2015）．2017 年現在，第 4 次レッドリスト公表にむけての準備が進められている．

環境省による菌類レッドリストの作成に際しては，環境省から委嘱された数名の専門委員を中心に作業が行われている．具体的な作業内容としては，1）選定に際しての要検討種（最新のレッドリスト掲載種，およびその他検討が必要な種）の抽出，2）数十名の協力者（主に，各地在住のパラタクソノミスト）に対する要検討種の分布調査依頼，3）協力者による調査結果や採取標本の集約，4）主要菌類標本庫における要検討種収蔵状況の集約，5）掲載種やレッドリストランクの決定などがある．

## 2.5.2　都道府県の菌類レッドリスト

2017年3月現在，全都道府県においてなんらかのレッドリストが作成されている．これらにおける掲載種は，日本のレッドデータ検索システム（http://www.jpnrdb.com/index.html）によって検索が可能である．同システムによると，2017年3月現在，下記の都道府県において菌類（地衣類のみの県を除く）を含めたレッドリストが公表されている：青森県，栃木県，千葉県，埼玉県，神奈川県，長野県，富山県，京都府，三重県，大阪府，兵庫県，鳥取県，島根県，広島県，愛媛県，福岡県，佐賀県，宮崎県，沖縄県．特に，千葉県，京都府，愛媛県，宮崎県などでは，掲載種の形態や生態的特徴，写真などを含めたレッドデータブックが作成されている．また，神奈川県のレッドリストでは，環境省レッドリストでは全く，あるいはほとんど扱われていない変形菌類や微小菌類も含められている（神奈川県レッドリスト　菌類；http://nh.kanagawa-museum.jp/research/archives/reddata2006/kin.html）．

なお都道府県版の菌類レッドリストは，地域の博物館や菌類研究会，もしくは地域在住の菌類研究者などを中心に，種の選定やカテゴリー付けが行われている．それぞれ，環境省レッドリストも参考にしていると考えられるが，地域間の連携はあまり行われていないようである．

## 2.5.3　IUCNの菌類レッドリスト

IUCNの菌類レッドリスト作成作業は，国際菌類レッドリスト・イニシアチブ（the Global Fungal Red List Initiative；以下イニシアチブと略称）によって推進されている．イニシアチブには1）ツボカビ，接合菌，べと病菌および粘菌（Chytrid, Zygomycete, Downy Mildew and Slime Mould），2）盤菌，トリュフ類およびその近縁菌（Cup-fungi, Truffles and allies），3）地衣類（Lichen），4）きのこ類，硬質菌類および腹菌類（Mushroom, Bracket and Puffball），および5）さび病菌と黒穂病菌（Rust and Smut）の5ワーキンググループが設けられ，それぞれ1～2名の座長を中心に作業が行われている．

作業の多くは，イニシアチブのホームページ（http://iucn.ekoo.se/en/iucn/welcome）上において行われている．作業手順は，1）検討種のノミネート，

2）評価の実行，3）評価の調整の3段階を経た後，評価結果がIUCNレッドリスト部門による審査に回され，リストへの掲載が決定される（図2.14）．ホームページ上においてサインアップを行うことにより，1）のノミネートや，すでにノミネートされた検討種へのコメントの記入が可能になる．イニシアチブではワーキンググループごとにワークショップを開催し，適切な記入者の育成に努めている．

2017年3月の段階で，IUCNレッドリストには33種（地衣類，DDを含む）の菌類が掲載，その後も順次追加作業が継続している．

### 2.5.4 海外の菌類レッドリスト

ヨーロッパ各国では，1980年代よりきのこ類を中心とした国レベルでの菌類レッドリストが作成されてきた（Ing, 1996）．例えば，Arnolds（1989）はオランダ産きのこ類944種の評価を行い，91種を絶滅種，182種を絶滅危惧種と判断した．ここでは，評価種は「絶滅」から「軽度危惧」までの5ランクにランク付けられるとともに，様々な生態情報が整理されている．ヨーロッパで「レッドリスト」もしくは「レッドデータリスト」として出版されたものには，詳細な分布や生態情報などが掲載されたものが多く，これらはレッドデータブックと見なすことができる．

一方，日本を除いたアジア諸国では，概して菌類レッドリストは低調である．Daiら（2010）は中国産サルノコシカケ類のレッドリストを発表しているが，レッドリストカテゴリーや各種の存続を脅かす要因などは掲載されておらず，単なる希少種リストの域を出ていない．

## おわりに

生物学者の多くは，自らが研究対象とする生物を偏愛している．好きなものを大切にして，特別扱いをしたくなるのは人情だ．その意味で生物学者が作るレッドリストは，ややもすれば人気者リストになってしまう危険性をはらんでいる．しかし言うまでもなく，レッドリストは義理や人情で作成するものではない．

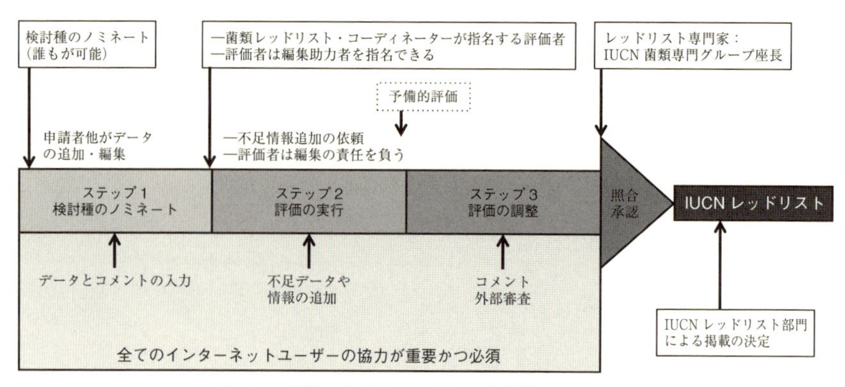


図 2.14　菌類の IUCN レッドリスト掲載までのフロー
http://iucn.ekoo.se/en/iucn/welcome より翻訳.

レッドリストは，生物学的な観点から種絶滅の危険度を科学的，客観的に評価し，その結果をリストとしてまとめたものである．科学的，客観的評価を下すには，数値（もしくはそれに代わる明確なスタンダード）による裏付けが必要である．しかし残念ながら，レッドリストカテゴリーの基準として用いられる数値の多くは，そのまま菌類に対して適用することが難しい．菌類の「個体」に代わる概念として提唱された「機能的個体」は，一般的な生物学的観点からは個体とは見なしがたい．しかし，より客観的評価を下すための，現実的な用語の読み替えの一つとは言ってよいだろう．

菌類レッドリストの存在意義について，しばしば疑義を抱かれることがある．しかし菌類は生態系の中で多様かつ重要な役割を担っており，多くの生物がその存続の可否を菌類に委ねている．たとえその個体数や分布域などの動態把握が困難であったとしても，菌類の絶滅について無関心であってよい訳ではない．

菌類レッドリスト作成に際しての様々な障害は，菌類の生態学的研究を進める上での課題でもある．菌類レッドリストの作成や他の保全的菌学研究を進めるには，菌類生態学者の叡智を結集することも必要であろう．

## 参考文献

服部 力（2001）菌類の多様性保全へ向けて—菌類インベントリーへの取り組み—．日本菌学会報，40，54–57.

服部 力（2002）森林微生物の多様性とその保全．森林を守る―森林防疫研究 50 年の成果と今後の展望―（全国森林病虫獣害防除協会 編），pp. 373–383，全国森林病虫獣害防除協会．

長尾英幸（2001）菌類の“絶滅”はどこまで進んでいるか．科学，7，256–263.

## 引用文献

Arnolds, E.（1988）The changing macromycete flora in the Netherlands. *Trans. Br. Mycol. Soc.*, **90**, 391–406.

Arnolds, E.（1989）A preliminary red data list of macrofungi in the Netherlands. *Persoonia*, **14**, 77–125.

Arnolds, E.（1991）Decline of ectomycorrhial fungi in Europe. *Agric. Ecosyst. Environ.*, **35**, 209–244.

Bader, P., Jansson, S., *et al.*（1995）Wood-inhabiting fungi and substratum decline in selectively logged boreal spruce forests. *Biol. Conserv.*, **72**, 355–362.

Boyce, C. K., Hotton, C. L. *et al.*（2007）Devonian landscape heterogeneity recorded by a giant fungus. *Geology*, **35**, 399–402.

Dahlberg, A. & Mueller, G. M.（2011）Applying IUCN red-listing criteria for assessing and reporting on the conservation status of fungal species. *Fungal Ecol.*, **4**, 147–162.

Dai, Y. C., Cui, B. K., *et al.*（2010）A red list of polypores in China. *Mycosystema*, **29**, 164–171.

Egli, S., Peter, M., *et al.*（2006）Mushroom picking does not impair future harvests-results of a long-term study in Switzerland. *Biol. Conserv.*, **129**, 271–276.

Hattori, T.（2017）Biogeography of polypores in Malesia, Southeast Asia. *Mycoscience*, **58**, 1–13.

Hattori, T., Yamashita, S. *et al.*（2012）Diversity and conservation of wood-inhabiting polypores and other aphyllophoraceous fungi in Malaysia. *Biodiversity and Conservation*, **21**, 2375–2396.

Hueber, F. M.（2001）Rotted wood-alga-fungus: The history and life of *Prototaxites* Dawson 1859. *Rev. Palaeobot. Palynol.*, **116**, 123–158.

保坂健太郎・南京沃（2015）小笠原諸島の絶滅危惧種であるシンジュタケ *Boninogaster phalloides* の分布と生態．日本菌学会第 59 回大会講演要旨集，p. 56.

Ing, B.（1996）Red data lists and decline in fruiting of macromycetes in relation to pollution and loss of habitat in Fungi and environmental change. *In: Fungi and environmental Change.*（eds. Frankland, J. C. *et al.*）pp. 61–69, Cambridge Univ. Press.

IUCN（2016）The IUCN red list of threatened species 2016–3. http://www.iucnredlist.org.

環境省（2000）改定・日本の絶滅のおそれのある野生生物―レッドデータブック―植物 II（維管束植物以外），pp. 429，財団法人自然環境研究センター．

環境省（2015）日本の絶滅のおそれのある野生生物　植物 II（蘚苔類・藻類・地衣類・菌類），pp. 580，ぎょうせい．

Kerrigan, R. W., Carvalho, D. B., *et al.*（1998）. The indigenous coastal Californian population of the mushroom *Agaricus bisporus*, a cultivated species, may be at risk of extinction. *Mol. Ecol.*, **7**, 35–45.

工藤伸一・長沢栄史（2003）青森県で再発見されたヤチヒロヒダタケ *Armillaria ectypa* について．菌蕈研究所研究報告，41，26–34.

黒木秀一・長尾英幸 他（2002）絶滅危惧菌類「キリノミタケ」の発生状況とその環境調査．宮崎県

総合博物館研究紀要，**23**，23–45.

Murat, C., Zampieri, E., *et al.* (2008) Is the Perigord black truffle threatened by an invasive species? We dreaded it and it has happened! *New Phytol.*, **178**, 699–702.

小野賢二・中村克典 他（2012）東北地方太平洋沖地震による大津波の襲来を受けた東北太平洋沿岸の海岸マツ林の土壌環境—津波浸漬７ ヶ月後の現地調査から—．森林総合研究所研究報告，**12**, 49–66.

Polidoro, B. A., Carpenter, K. E., *et al.* (2010) The loss of species: mangrove extinction risk and geographic areas of global concern. *PLoS ONE*, **5**, e10095.

Rotheroe, M. (1996) Implications of global warming and rising sea-levels for macrofungi in UK dune systems. *In: Fungi and environmental change.* (eds. Frankland, J. C. *et al.*) pp. 51–60. Cambridge Univ. Press.

谷 尚樹・吉丸博志 他（2008）小笠原諸島における絶滅危惧種オガサワラグワ *Morus boninensis* Koidz. の保全遺伝学と保全計画の立案．生物科学，**59**，157–163.

冨山清升（1998）小笠原諸島の移入動植物による固有生物相への影響．日本生態学会誌，**48**，63–72.

山中高史（2012）マツタケ人工栽培技術開発に向けた研究．森林総合研究所研究報告，**11**，85–95.

Yamashita, S., Hattori, T., *et al.* (2012) Changes in community structure of wood-inhabiting aphyllophoraceous fungi after clear-cutting in a cool temperate zone of Japan: Planted conifer forest versus broad-leaved secondary forest. *For. Ecol. Manag.*, **283**, 27–34.

# 森林利用と菌根菌

松田陽介

## はじめに

植物は一度根付いたら動くことができない．そこで森の中に生きる木本植物は，地上部で多くの光を受け取ることができるように，リグニンやセルロースなどの強固な物質を生み出し，幹を空高く伸ばす．幹からは枝を伸ばし，光合成器官である葉を展開させる．一方地下部では，地上部をしっかりと支えるために太い根を土壌中に張り巡らせ，さらにその先では，土壌から養水分を獲得するために細く枝分かれした根を形成する．養水分吸収を促進させるため，細かな根の先端周辺には根毛（root hair）という直径数 10 μm 程度のさらに微細な器官があり，土壌と接する面積を増やす工夫がある．しかし，土壌粒子が集まったミクロ団粒やそれらが集まったマクロ団粒から養水分を獲得するためには，細い根や根毛だけでなく土壌中の微生物の力も借りている．土壌中には多様な微生物（細菌類 100–9000 種/$cm^3$，真菌類 200–235 種/g）が生息している（Bardgett & van der Putten, 2014）．エネルギー源を他に依存する従属栄養性の真菌類（カビやキノコ）は，森林において分解者としての役割がよく知られており，物質循環に寄与している（大園・鏡味，2011）．彼らの働きなしには，山は落ち葉や倒木であふれてしまう．一方，植物の栄養吸収を助ける真菌類には，樹木に共生する仲間の内生菌（endophytic fungus）や菌根菌（mycorrhizal fungus）がある（金子・佐橋，1998；佐橋，2004；二井・肘井，2000）．

本章では，樹木の生育に関わる微生物の中でも，細い根に共生する菌類，菌根菌に焦点を当てる．最初に菌根菌の主要な住み場所となる樹木根の特徴を解説する．そして，菌根菌の種類と菌根の特徴を示してから，様々な種類の森林における菌根共生を紹介する．最後に，菌根菌を利用した木材生産や特用林産物に関して述べる．菌根共生の生理や遺伝，生物地理に関するより専門的な情報は，Smith & Read（2008）や Martin（2016），Tedersoo（2017）などに詳述されているので，そちらを参照されたい．なお，菌根菌のように植物と相利共生を営む微生物に根粒菌（nodule bacterium）がある．これらは原核生物に属する細菌類であり，非マメ科植物でハンノキ属（*Alnus*）などの根に根粒を形成する（Põlme *et al.*, 2014）．しかし，真核生物の真菌類に属する菌根菌とは別の生物群であり，ここでは扱わない．

## 3.1　樹木根

樹木において目に見える部分の枝，葉や幹を地上部というのに対して，地下部全体を一つの系とするものを根系（root system）という．根系は地上部を支えるための物理的な機能とともに，土壌の養水分を吸収する生理的な機能を有する．根系の物理的な機能を発揮させるため，地下の至るところに太い根を伸ばす．時として岩の隙間に入り込むため，樹木は礫の多い崖地や岩場などにも生育することができる．また土壌は，空気の占める部分（気相），土壌粒子が占める部分（固相），水分が占める部分（液相）の相対的な割合の変化に富み，異質性が高く，表層の有機物層（$A_0$ 層）から A, B, C 層までの層構造の差異により養水分の分布も一様ではない．そのため根系は垂直方向での養分環境の違いを察知し，養分の多いところで細い根を形成させる．樹木は太い根と細い根を織り交ぜた可塑性の高い根系を維持して，森林の不均質な土壌に対する物理的，生理的な機能を高めている．

### 3.1.1　根系の分布

草本と異なり大きな樹木の根系を掘り出し，その全貌をみる機会はそうそうない．苅住（2010）は日本の数多くの樹木根系を精力的に調べあげ，体系だった図版を編纂した．網羅的な調査によって苅住（1957）は，樹木根系を次

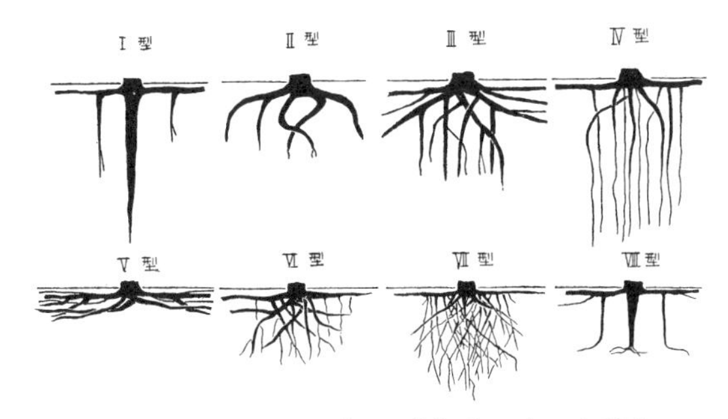


図3.1　樹木根系の形態型　苅住（1957）より引用

表3.1　樹木根系の区分と名称　苅住（1957）より引用

| 根系サイズと名称 | 小根 | | 太根 | | | 根株 |
|---|---|---|---|---|---|---|
| | 細根 | 小径根 | 中径根 | 大径根 | 特大根 | |
| 直径区分 | 2 mm 以下 | 2–5 mm | 5–20 mm | 20–50 mm | 50 mm 以上 | 分岐した根系に区分できない部分 |

の3種類に類型化した；①水平に分布する水平根，②土壌に垂直に分布する垂下根，③斜めに分布する斜出根である（図3.1）．さらに根の太さの違いにもとづき根系を5種類に大別した（表3.1）．根系の外形は土壌構造や環境要因の影響を受けるものの，内在的な樹種特性として大別することができる．例えば，アカマツ（*Pinus densiflora*）やクロマツ（*Pinus thunbergii*）は水平根とともに長い垂下根を発達させるタイプ（I型）であり，スギ（*Cryptomeria japonica*）は太い斜出根と短い垂下根を発達させるタイプ（III型），ブナ（*Fagus crenata*）は分岐の著しい斜出根を発達させるタイプ（VII型）である．

## 3.1.2　細根

根系の先端部分に位置する細い根を細根（fine root）という（図3.2）．細根は葉と同様，樹木の資源獲得器官であるにもかかわらず，その知見は地上部に比して極めて限られている（Laliberté, 2017）．根の細さは樹種により，また人の感覚によってまちまちである．苅住（1957）は直径2 mm以下として定義している（表3.1）．世界各地の地下部の物質動態や炭素蓄積などは，回転率（turnover）の速い2 mm以下の細根を推定指標として利用されてきた（表

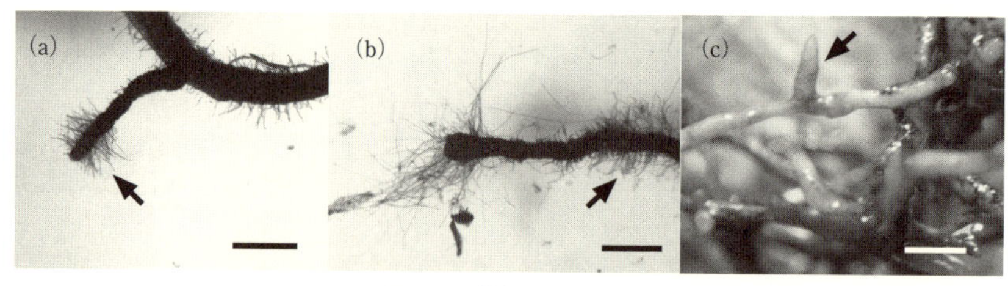


図 3. 2　樹木根系の細根

(a) 外生菌根菌の定着がないクロマツの細根．根毛が見える（←）．(b) クロマツに形成された外生菌根で菌糸が細根表面を覆うことから根毛は認められず，根外菌糸がみられる．基部には根毛（←）がみられる．(c) アーバスキュラー菌根菌が定着するスギ細根（←）．外観上，菌の感染があるのか判別できない．バーは 1 cm．(c) は谷川東子氏撮影．

表 3. 2　細根（直径 2 mm 以下）の直径区分，次数区分，機能区分による利点と欠点
McCromack *et al.*（2015）を改変．

| 区分方法 | 手順 | 処理時間 | 利点 | 欠点 |
|---|---|---|---|---|
| 直径 | 細根をまとめる | 速い | 場所や樹種に関する情報を要しない | 根の特性とバイオマスを多様な場所や樹種を通して理解し，比較するのが困難 |
| 機能 | 細根を吸収根と輸送根に分ける | 比較的速い | 次数区分より速く機能的に類似の根の比較が可能 | 分岐構造で機能区分を決定するための根の特性の事前評価は必要 |
| 次数 | 細根を次数別に分ける | 遅い | 場所や樹種を通して根の特性の比較が安定で正確 | 人手を要し，時間がかかる |

3. 2)．この傾向は最近も変わらないが，細根の働きである土壌中からの養水分の吸収機能を評価するため，直径 1 mm や 0.5 mm 以下を細根としたり，2 mm 以下の細根を吸収根（absorptive fine root）と輸送根（transport fine root）に分けたりして評価する試みもある（McCormack *et al.*, 2015）．吸収根は根系の最先端部分である根端（root tip）に位置し，実質的な養水分吸収を果たす部分である．そして輸送根は，主に吸収されたものを通道させるためのスベリン化した部分である．こうした細根の計量的な情報（長さ，面積）は，PC の処理能力の向上を背景に画像解析ソフト（例，有償の WinRHIZO や無償の ImageJ）を用いて行うことが以前より容易になった（Deguchi *et al.*,

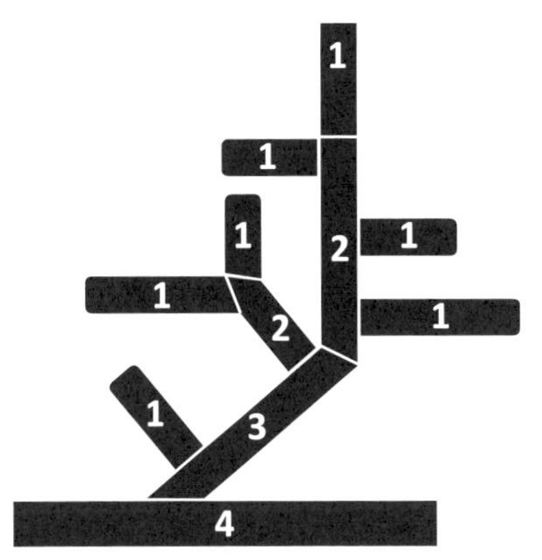


図 3.3　樹木根系の先端部分における細根の次数区分
根系の最先端部分を 1 次根とし，*n* 次根と *n* 次根が合流すると *n*+1 次根になる．Pregitzer *et al.*（2002）を参考．

2017)．加えて，細根の質的な情報（養水分吸収速度）を反映させるための次数区分の解析も行われる．この区分は，樹種特性を反映していることから，同種の環境応答や異種の細根特性を比較するのに適している．次数の具体的な区分方法は，ストレーラーの水系次数の援用で，最先端部分を 1 次根とし，1 次根同士が合わさった場合を 2 次根などと定義される（図 3.3）（Pregitzer *et al.*, 2002）．2 mm 以下であっても細根の機能や構造は異なることから，養分含量，回転率，土壌中における蓄積の程度は細根内でも様々であると予想される．したがって，地球温暖化などの環境変動に対する森林生態系の機能評価（物質動態や炭素蓄積など）においては，直径区分ではなく次数区分と機能区分を上手く併用していく必要があろう．

## 3.2　菌根の種類と関わる植物 

根系の成長や養水分機能に果たす細根の役割は，支持根部分に比して高い．細根の成長に伴い離脱する細胞や根冠部分の粘性物質が局所的に養分の高い状況を生み出し，それらが土壌微生物の栄養となる．そのため細根付近では，通常の土壌とは異なる特徴的な微生物組成を示す根圏（rhizosphere）環境が生み出される（Sakoda *et al.*, 2018）．根圏にみられる真菌類では菌根菌が卓越し，

表3.3　菌根の種類と特徴　Smith & Read (2008) を参考.

| | 菌根の種類 | | | | | | |
|---|---|---|---|---|---|---|---|
| | アーバスキュラー | 外生 | 内外生 | アーブトイド | モノトロポイド | エリコイド | ラン |
| 菌糸隔壁 あり | − | ＋ | ＋ | ＋ | ＋ | ＋ | ＋ |
| なし | ＋ | − | − | − | − | − | − |
| 細胞内への菌糸の定着 | ＋ | − | ＋ | ＋ | ＋ | ＋ | ＋ |
| 菌鞘 | − | ＋ | ＋, − | ＋, − | ＋ | − | − |
| ハルティヒ・ネット | − | ＋ | ＋ | ＋ | ＋ | − | − |
| 嚢状体 | ＋, − | − | − | − | − | − | − |
| 無葉緑性 | − (＋) | − | − | − | ＋ | − | ＋ |
| 菌の分類群 | グロムス菌 | 担子菌／子嚢菌／接合菌 | 担子菌／子嚢菌 | 担子菌 | 担子菌 | 子嚢菌 | 担子菌 |
| 植物分類群 | コケ, シダ, 被子・裸子植物 | 被子・裸子植物 | 被子・裸子植物 | ツツジ目 | シャクジョウソウ亜科 | ツツジ目, コケ | ラン目 |

細根周辺に分布するだけでなく, その器官内に感染, 定着して菌根共生 (mycorrhizal symbiosis) を構築する. 菌根 (mycorrhiza) は, ギリシャ語で「myco (菌)」と「rrhiza (根)」を合わせた造語であり, 陸生植物と菌根菌が形成する構造的に特徴のある共生体を指す (Smith & Read, 2008). 菌根共生は機能面を担保するものではないが, 菌根の化石がスコットランドのライニー地域で出土した非維管束植物 (*Aglaophyton major*) から見出されたことから, 植物が陸上に進出した4億年以上前からこの共生関係を成立させていたと推測されている (Remy *et al.*, 1994). また苔類でも菌根様構造が見つかっており (Bidartondo *et al.*, 2011), 菌根共生は植物の陸上進出に欠かせない原動力であったと考えられる. 現在では, 両者の感染, 定着応答による構造的な特徴にもとづき, 7種類に大別されている (表3.3).

菌根菌は, 分類学的にグロムス門 (Glomeromycota), 担子菌門 (Basidiomycota), 子嚢菌門 (Ascomycota) などに属している. 菌が細根に感染した後の菌根の構造により2種類に大別される. 菌根菌の菌糸が表皮細胞の外側を覆ってし

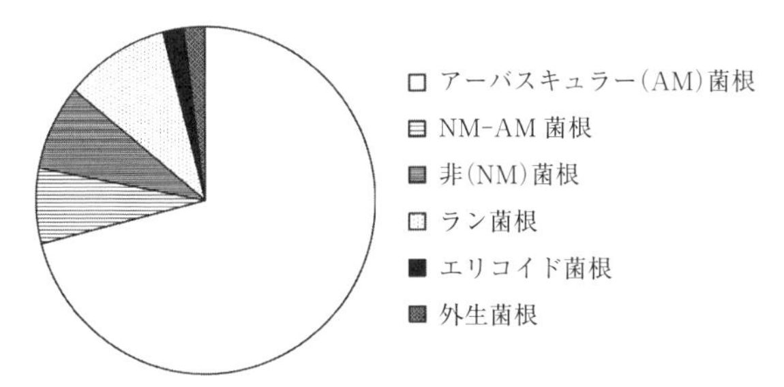


図 3.4　全維管束植物の中における菌根性，非菌根性植物の出現割合　Brundrett（2017）を改変．

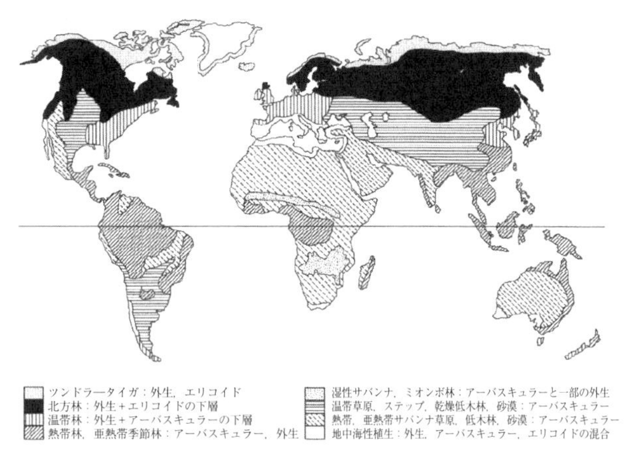


図 3.5　世界の主要なバイオームとそこで見られる菌根タイプ　Read *et al.*（2004）を改変．

まう場合（図 3.2b）と，表皮細胞から皮層細胞まで伸長するが表皮細胞の外側には繁殖しない場合である（図 3.2c）．外生菌根（ectomycorrhiza），内外生菌根，アーブトイド菌根，モノトロポイド菌根は前者に相当し，外観上の様相が通常の細根と異なるため，菌根であることはわかる．しかし，後者のアーバスキュラー菌根（arbuscular mycorrhiza），エリコイド菌根，ラン菌根は，見た目では菌の感染の痕跡は不明瞭である．

菌根はあらゆる生態系に見出される共生関係であり，陸生植物の 85% ほどが菌根を形成する（図 3.4）（Brundrett, 2017）．赤道付近の熱帯林から高緯度地域の寒帯林，そして海抜 0 m の海岸林から森林限界地帯にいたるほぼ全てのバイオームで生育する植物に見出される（図 3.5）（Read *et al.*, 2004）．菌根菌はいずれも従属栄養性であることから，南極や北極といった極地帯においても，炭素源を提供する適切な宿主植物が生育している場合には菌根が形成される（Newsham *et al.*, 2009）.

一方で，菌根菌との関係を持たない植物もいる．植物種の15% は菌根を形成しないか，条件的に菌根を形成しない（図3.4）．例えば，草本植物のアブラナ科（Brassicaceae），イグサ科（Juncaceae），タデ科（Polygonaceae）や木本植物のヤマモガシ科（Proteaceae）などである．なぜ菌根を形成しないのかはよくわかっていないが，寄生・着生植物や食虫植物という特殊な栄養獲得様式を持つ植物や，クラスター根（cluster root）という細長い根毛のある側根の集合体を形成させるように特殊化した吸収器官を有する植物でみられる．水生植物や潮間帯泥地でマングローブ林を構成するようなヒルギダマシ科（Avicenniaceae）やヒルギ科（Rhizophoraceae）では，水分や養分の環境条件によって菌根形成の有無や程度が左右される（Wang *et al.*, 2010）.

## 3.2.1　樹木に形成される菌根

天然林や人工林を構成する樹種に形成される主な菌根は，外生菌根かアーバスキュラー菌根である．山林だけでなく，社寺林，街路樹，庭園・公園木，果樹などの樹種や竹林を構成する竹類も，いずれかの菌根が形成される．

樹種ごとに形成される菌根の種類は基本的に変わらない．日本の里山や奥山に生育するブナ，コナラ（*Quercus serrata*）やアカマツ，クロマツなどの細根には外生菌根，人工林を構成するスギやヒノキ（*Chamaecyparis obtusa*）の細根にはアーバスキュラー菌根が形成される．また，低木層を構成する木本植物，例えば，クマコケモモ属（*Arctostaphylos*）ではアーブトイド菌根が，ツツジ属（*Rhododendron*）ではエリコイド菌根が形成される．ただし，同一の樹種が異なる種類の菌根を形成することもある．例えば，ユーカリ属（*Eucalyptus*）はアーバスキュラー菌根と外生菌根を，マツ属（*Pinus*）は外生菌根と内外生菌根を形成する．

同一の菌根菌が異なる菌根を形成することもある．森林では，林冠を構成する高木層に加えて，低木層そして林床植物と異なる植物種が空間的なすみわけをする．しかし地下部では，比較的養分の多い土壌の表層付近に植物根系が相互に絡み合った状態で分布する．この状況において菌根菌の中には，同所的に生育する木本樹種と林床の草本植物の両方に菌根を形成することもある．菌根菌の菌糸が同種，異種の植物種をつなぎ合わせる構造を菌根菌ネットワーク（common mycorrhizal network）という（van der Heijden *et al.*, 2015）．このネットワークは，薄暗い林床で生育する植物や葉緑素のない植物にとっては命綱であるだけでなく（Box 3.1），森林生態系における菌根共生の機能を理解するのに必要な概念である．

**Box 3.1　薄暗い林床で菌根菌を操る植物たち**

うっそうとした森では，上層木が枝葉を伸ばして活発に光合成を行う．そのため，森の光環境は林冠部分から林床に向かう垂直方向において劇的に減少し，林床では林冠の10% にも満たず，数%であることも珍しくない．林床の暗い環境で生き残る術として，林床植物は木洩れ日を効果的に利用するように葉の配置や形態，機能を変化させてきた．地上部の暗所への適応と同様に，地下部においては菌根共生を活用するように進化した植物がいる．そもそも植物は生産者であり，光合成によりエネルギー（炭素）源を生み出す独立栄養性である．しかし，全体が白色や赤みを帯びており，葉緑素が全くもしくはほとんどなくエネルギー源を他に頼る従属栄養性の生き方をする植物がいる．例えば，天然林でみかけるギンリョウソウ（*Monotropastrum humile*）には外生菌根菌のベニタケ科（Russulaceae）が関わっており（Matsuda *et al.*, 2011），スギなどの人工林でみかけるヒナノシャクジョウソウ（*Burmannia championii*）にはアーバスキュラー菌根菌の *Glomus* 属の一種が関わるようである（Suetsugu *et al.*, 2014）．光合成ができない無葉緑植物の炭素源は，炭素放射性同位体の接種実験より周辺樹木に由来することが示唆されている（Björkman, 1960）．したがって，無葉緑植物は炭素源を潤沢に生産する周囲の樹木に関わる菌根菌を自らの根に住まわせて，菌根菌の菌糸網を介して炭素源を得ているのである．このように根に共生する菌根菌に炭素源を依存する植物を菌従属栄養性植物（myco-heterotrophic plant）という．最近になって，独立栄養性でなく菌従属栄養性でもない中間的な炭素源の獲得をする植物，光合成と菌根菌由来の炭素を併用する植物，混合栄養性（mixotrophic plant）もしくは部分的菌従属栄養性植物（partially myco-heterotrophic plant）が見出された．この栄養獲得様式を持つ植物の外観は通常の植物同様に緑色であるため，炭素安定同位体比の解析によって炭素の由来が推定される．ツツジ科イチヤクソウ（*Pyrola japonica*）の場合，炭素源の半分近くが菌根菌に由来すると推定され，その依存性は暗くなるほど高い（Matsuda *et al.*, 2012）．光合成産物を与える側からもらう側へ転換したきっかけは不明であるが，薄暗い環境が駆動する菌根共生の特殊化により他の植物が定住しにくい場所への進化的な適応であったのかもしれない．同所的に生育する木本，草本植物が同一の菌根菌ネットワークに取り込まれているとすれば，菌根共生は森林生態系の生物多様性と多種共存の維持に一貫っている．

## 3.2.2　外生菌根

外生菌根を形成する樹種は，6000種と推定されている（表3.4）（Brundrett, 2009）．温帯から寒帯にかけてマツ科（Pinaceae），ブナ科（Fagaceae），カバノキ科（Betulaceae）など，熱帯地域ではフタバガキ科（Dipterocarpaceae）などがある．また主にオーストラリアに分布するフトモモ科（Myrtaceae）ユーカリ属や南半球のナンキョクブナ科（Nothofagaceae）にもみられる．ハンノキ属のように，外生菌根だけでなく，アーバスキュラー菌根，さらには根粒

表3.4　外生菌根を形成する宿主樹木の例　Brundrett（2009）を改変．

| 科 | 属* |
|---|---|
| グネツム科（Gnetaceae） | *Gnetum* |
| マツ科（Pinaceae） | *Abies, Cathaya, Cedrus, Keteleeria, Larix, Picea, Pinus, Pseudolarix, Pseudotsuga, Tsuga* |
| オシロイバナ科（Nyctaginaceae） | *Guapira, Neea, Pisonia* |
| タデ科（Polygonaceae） | *Coccoloba* |
| フトモモ科（Myrtaceae） | *Allosyncarpia, Agonis, Angophora, Baeckea, Eucalyptus, Leptospermum, Melaleuca, Tristania, Tristaniopsis* |
| マメ科（Fabaceae） | *Acacia, Calliandra* |
| カバノキ科（Betulaceae） | *Alnus, Betula, Carpinus, Corylus, Ostrya, Ostryopsis* |
| モクモオウ科（Casuarinaceae） | *Allocasuarina, Casuarina* |
| ブナ科（Fagaceae） | *Castanea, Castanopsis, Fagus, Lithocarpus, Quercus* |
| クルミ科（Juglandaceae） | *Carya, Engelhardtia* |
| ナンキョクブナ科（Nothofagaceae） | *Nothofagus* |
| ヤナギ科（Salicaceae） | *Populus, Salix* |
| クロウメモドキ科（Rhamnaceae） | *Cryptandra, Pomederris, Spyridium, Trymalium* |
| フタバガキ科（Dipterocarpaceae） | *Anisoptera, Dipterocarpus, Hopea, Marquesia, Monotes, Shorea, Vateria, Vateriopsis, Vatica* |
| シナノキ科（Tiliaceae） | *Tilia* |

*列記した属群の中には，外生菌根を形成しない種も含むことがある．

菌との共生体である根粒を形成する樹種もある．木材生産に使われる樹木では，北米のベイマツ（*Pseudotsuga mensiesii*），欧州のドイツトウヒ（*Picea abies*）やヨーロッパアカマツ（*Pinus sylvestris*），オーストラリアのユーカリ属各種，わが国では，アカマツやカラマツ（*Larix kaempferi*）などがこの菌根を形成する．

外生菌根を形成する菌，外生菌根菌（ectomycorrhizal fungus）は担子菌門，子嚢菌門，接合菌門に属しており20,000～25,000種と推定されている（Rinaldi *et al.*, 2007; Tedersoo *et al.*, 2010）．これらの分類群の中には，胞子形成器官で大型の子実体を地上部（キノコ）や地下部（トリュフ）に形成させる種が知られている．そこで，子実体の発生やそこから分離された培養菌株を宿主樹木に接種してから，外生菌根が形成されるかどうかでこの菌群の属性が推定されてきた（Trappe, 1962; Molina *et al.*, 1992；松田・伊藤，2005）．外生菌根の形態分類によっても分類群の推定がなされてきた．Agerer（1987–2012）は，外生菌根性の子実体から土壌中に伸びる菌糸体をたどり外生菌根とのつながりを特定する，という地道な方法で菌種を同定して外生菌根の図版を編纂した．また種同定は難しいが，顕微鏡による外生菌根の菌糸組織構造の特徴にもとづき科群，属群レベルでの識別も可能にした．その一部はDEEMY（DEtermination of EctoMYcorrhizae）というウェブ上のデータベースで公開されている（http://www.deemy.de/）．2000年代以降では，主に外生菌根からDNAを抽出して，その中から菌類の分類情報を有する核リボソームの介在領域（internal transcribed spacer）のDNA情報を読み取ることで菌種の推定が行われるようになった（Box 3. 2）．

外生菌根菌が宿主細根に感染して外生菌根を形成すると，その表面を幾重もの菌糸層で覆う菌鞘（fungal mantle）を形成するため根毛がない（図3. 6a）．同時に，細根の表皮細胞やその下部の皮層細胞間隙に菌糸を伸長させて，掌状構造のハルティッヒ・ネット（Hartig net）を形成させる（図3. 6b）．また程度の差はあるが，土壌中にも根外菌糸（extramatrical hypha）を伸長させる（図3. 6c）．これらの要素が外生菌根を定義づける．さらに根外菌糸が束なって，高度に分化した菌糸束（rhizomorph）を形成したり，菌糸体が硬く結合して球状になった菌核（sclerotium）を形成したりすることもある．外生菌根の外観は，菌鞘，根外菌糸と菌糸束の組み合わせにより決定されるので，外生

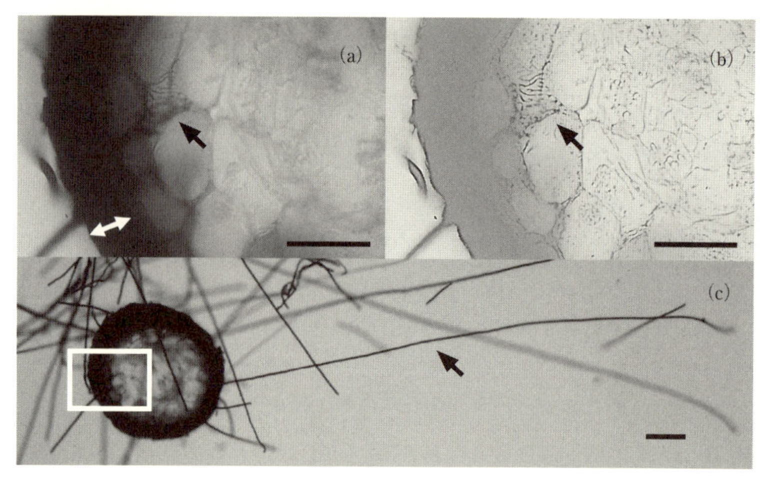


図 3.6　クロマツに形成された外生菌根の横断面

（a）横断面の拡大写真．両矢印（⇔）は菌鞘を，矢印（→）は掌状構造のハルティヒネットを示す．（b）（a）の線画を示す．（c）菌根から伸びる根外菌糸体（→），図中の四角は（a）と（b）の部分を示す．バーは（a, b）は 50 μm，（c）は 100 μm を示す．

菌根菌の感染のない細根とは大きく異なる．また，外生菌根の分枝構造は樹種特性をある程度反映する．マツ属やトガサワラ属（*Pseudotsuga*）などは二叉状（dichotomous）やサンゴ状（coralloid），結節状（tuberculate），トウヒ属（*Picea*）やモミ属（*Abies*），広葉樹などは単軸羽状（monopodial pinnate）や単軸ピラミッド状（monopodial pyramidal）の分岐をする．また，菌鞘表面は，関わる外生菌根菌の菌糸体の発達程度により，平滑（smooth），いぼ状（warty），綿毛状（cottony），とげ状（spiny）などに区別される（Agerer, 1987–2012）．

外生菌根菌は，根外菌糸を周辺土壌に広げて土壌中の養水分を吸収する．獲得した養水分は，宿主樹木との養分交換の場であるハルティヒ・ネットにおいて宿主側に渡す一方で，菌は転流された光合成産物を得る．菌糸の直径は数 μm と細根に形成される根毛（20 μm 程度）と比べて細いため，土壌中の利用効率が高い．加えて，菌糸束を形成する場合は，外生菌根の周辺土壌だけでなく，遠い距離からの物質の輸送に特化した構造，働きを持つ（図 3.7）（Bowen, 1973）．そのため，菌根共生の維持は樹木の養水分獲得の空間利用効率を向上させる．さらに菌糸先端では各種の酵素を滲出させており，樹木が利用するこ

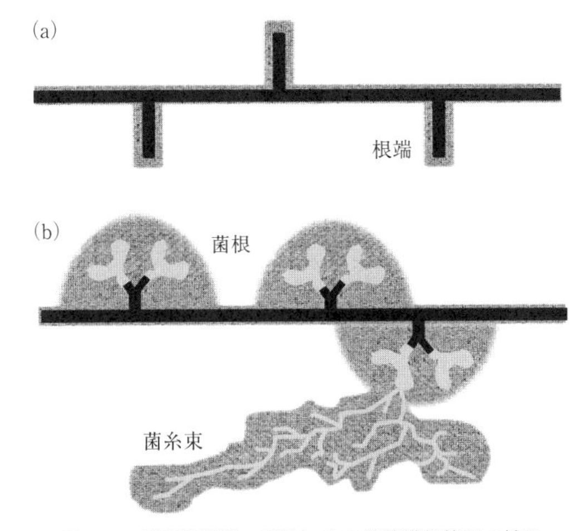


図 3.7　外生菌根菌の感染による栄養獲得範囲の拡張
(a) 外生菌根菌の感染のない場合は，根端の根毛周辺から養水分を獲得する，(b) 外生菌根菌の感染のある場合は，外生菌根とその周辺に伸長する根外菌糸により同心円状に養水分獲得範囲が広がり．菌糸体の集まった菌糸束を形成する場合はさらに広い範囲からの獲得を可能とする．Bowen (1973) を参考．

とができないアミノ酸やタンパク質に由来する窒素源や土壌に吸着したリン源を獲得することができる．異なる種類の窒素源を添加した培地上で，ユーカリ属2種（*Eucalyptus glandis, E. maculata*）に外生菌根菌を接種した場合，窒素源が無機態（$NO_3^-$，$NH_4^+$）の場合には，実生の乾重量は菌根菌を接種しない方が高くなった（Turnbull *et al.*, 1995）．しかし，有機態の各種アミノ酸やタンパク質（bovine serum albumin, BSA）の場合には，コツブタケ属菌の一種（*Pisolithus* sp.）やツチダンゴ属菌の一種（*Elaphomyces* sp.）を接種した実生の方が高くなった．菌根共生において，根外菌糸が土壌中の空間的，養分的な資源利用の拡張を行い，宿主樹木の資源利用効率を高めていることがわかる．

### Box 3.2　微生物を見分ける（DNA バーコーディング）

未知の生物の分類群を調べるときにはリンネの分類体系に従い，形態情報を手がかりに推定していく．しかし，微生物の場合は「微細な」生物であるため，細菌類はもちろん，真菌類で地上部に大型の子実体（キノコ）を形成させる仲間であっても，有用な形態情報の手がかりを得るのは困難である．さらに，微生物の多くが自然界に広く存在しているものの分離・培養ができないために（Hug *et al.*, 2016），詳細な形態形質を検討することができない．そこで今世紀以降，微生物を認知し，識別する方法として，菌体やそれらを含む基質からDNAを取り出して，ポリメラーゼ連鎖反応（PCR）により特定の短い塩基配列をプライマー（鋳型）対で増幅し，塩基配列を解読する方法が採られるようになった．これをDNAバーコーディングという．塩基配列の決定方法（サンガー法や次世代シークエンス法）によらず，細菌類では主に16S rDNAが，真菌類では主に5.8Sを含む介在領域（internal transcribed spacer, ITS）が対象とされる．その領域特性としては，塩基配列の変異が種内で小さく，種間で大きいことが望ましい．外生菌根菌を含む真菌類の研究では，ITS領域が菌種を識別する領域として広く経験的に用いられてきたが（Gardes & Bruns, 1993），公式にバーコード領域と認められたのは2012年になってからのことである（Schoch *et al.*, 2012）．ただし，分類群によっては対象とする領域が異なる．アーバスキュラー菌根菌では，スモールサブユニット（18s rDNA）やラージサブユニット（28s rDNA）がターゲットになる（Öpik *et al.*, 2014）．得られた塩基配列にもとづく分類属性の推定は，BLAST（Basic Local Alignment Search Tool）検索により行われる．しかし膨大なゲノム情報に比べて解読される配列情報はわずかであるため，種同定とは一線を画す形で解析上の分類群単位，分子操作的分類群（Molecular Operational Taxonomic Unit, MOTU；もしくは単にOTU）として扱われる．分類群や塩基配列の決定法によるが，ITS領域の場合97%以上の相同性が種レベルの一つの目安になる．近年，菌根や土壌に由来する分類的に未知のDNA情報が急速に蓄積され，MOTUにもとづいてこれまで知覚することのできなかった菌根菌の種多様性や宿主樹木との連関構造が見えるようになってきた（Toju *et al.*, 2013; Miyamoto *et al.*, 2015）．今後，未知の野外試料の同定を進めるためには，博物館などに保管されている標本試料のDNA情報の充実も重要である（Brock *et al.*, 2009）．

### 3.2.3　アーバスキュラー菌根

陸生植物の7割以上がこの菌根を形成する（図3.4）．日本（Maeda, 1954）や英国（Harley & Harley, 1987）では，菌根形成に関する網羅的な目録調査が行われてきた．木本植物では，裸子植物のイチョウ科（Ginkgoaceae），スギ科（Taxodiaceae），ヒノキ科（Cupressaceae）など，被子植物では，サクラ属（*Cerasus*），ウメ（*Prunus mume*），果樹のリンゴ（*Malus pumila*）やナシ（*Pyrus pyrifolia*）などを含むバラ科（Rosaceae），街路樹や景観木としても利

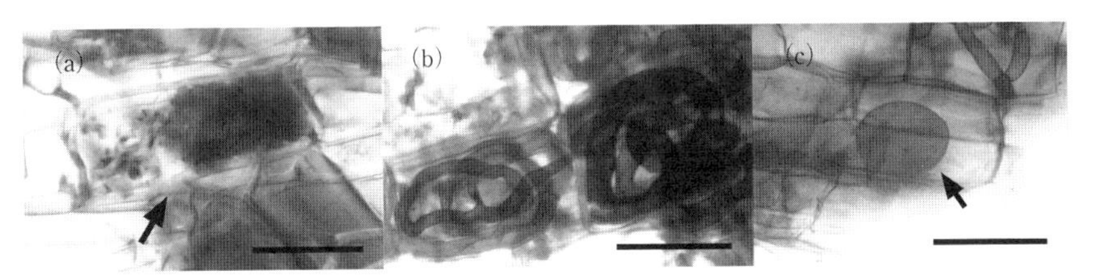


図 3.8　スギ細根の細胞内に形成されたアーバスキュラー菌根
養分交換をするとされる（a）樹枝状体を形成するアラム型菌根（→）と（b）コイル状のパリス型菌根，（c）貯蔵機能の嚢状体（→）．バーは 50 μm を示す．

用されるカエデ属（*Acer*）を含むムクロジ科（Sapindaceae），クスノキ科（Lauraceae），ケヤキ属（*Zelkova*）を含むニレ科（Ulmaceae）などがこの菌根を形成する．

アーバスキュラー菌根は外観上の明瞭な変化を示さないが，根を染色すると細胞内や細胞間に伸長する根内菌糸（intraradical hypha），養分交換を行う樹枝状体（arbuscule）もしくは菌糸コイル（hyphal coil）が見出される（図 3.8a，b）．さらに，土壌中に伸び広がる根外菌糸やその上で形成される胞子により特徴付けられる．また全ての分類群ではないが，宿主細胞内に脂質様物質の充填された嚢状体（vesicle）を形成することもあるため（図 3.8c），以前は樹枝状体と嚢状体の頭文字をとって VA（vesicular-arbuscular）菌根とも呼ばれていた．アーバスキュラー菌根を特徴付ける養分交換に関わる構造には大きく 2 種類の形態がある．アラム（Arum）型とパリス（Paris）型である．この両者は最初に記載されたサトイモ科（Araceae）の *Arum maculatum* とユリ科（Liliaceae）の *Paris quadrifolia* の属にちなんで命名された（Gallaud 1905; Smith & Smith, 1997）．アラム型は宿主の細胞間隙を伸長する菌糸がその細胞内に侵入し，微細に分岐して樹枝状構造を形成する型である（図 3.8a）．パリス型は宿主細胞内を貫く菌糸が宿主細胞内でコイル状の菌糸体もしくはそこから樹枝状構造を形成する型である（図 3.8b）．形態的な差異は昔から指摘されていたが，研究材料として用いられる植物の多くがアラム型を形成することから，樹枝状体構造がアーバスキュラー菌根の特徴として挙げられてきた．ただし，木本植物ではパリス型の菌根を形成する場合もある（表 3.5）（Yamato & Iwasaki, 2002；喜多・松田，2017）．同一植物でも異なる菌種の感染により異

表3.5　アラム型，パリス型のアーバスキュラー菌根を形成する木本植物の例
Dickson *et al.*（2007）の一部を抜粋.

| | 科　名 |
|---|---|
| 裸子植物（Gymnosperms） | ソテツ科（Cycadaceae）[A]，イチョウ科（Ginkgoaceae）[A, P]，ナンヨウスギ科（Araucariaceae）[P]，マキ科（Podocarpaceae）[P]，スギ科（Taxodiaceae）[P]，ヒノキ科（Cupressaceae）[A, P]，イチイ科（Taxaceae）[P] |
| 単子葉植物（Monocots） | タコノキ科（Pandanaceae）[A]，サルトリイバラ科（Smilacaceae）[P]，ヤシ科（Arecaceae）[A, P] |
| 双子葉植物（Dicots） | モクレン類（Magnoliids），ニクズク科（Myristicaceae）[A]，モクレン科（Magnoliaceae）[P]，バンレイシ科（Annonaceae）[P]，クスノキ科（Lauraceae）[A, P] |
| キク類（Asterids） | ミズキ科（Cornaceae）[A, P]，ツバキ科（Theaceae）[P]，ヤブコウジ科（Myrsinaceae）[P]，ハイノキ科（Symplocaceae）[A]，リョウブ科（Clethraceae）[P]，アカネ科（Rubiaceae）[A, P]，キョウチクトウ科（Apocynaceae）[A, P]，モクセイ科（Oleaceae）[A]，モチノキ科（Aquifoliaceae）[P]，ウコギ科（Araliaceae）[P] |
| バラ類（Rosids） | マンサク科（Hamamelidaceae）[P] スグリ科（Grossulariaceae）[P]，ブドウ科（Vitaceae）[A]，シクンシ科（Combretaceae）[A]，ニシキギ科（Celastraceae）[P]，ヒルギ科（Rhizophoraceae）[P]，ヤナギ科（Salicaceae），ホルトノキ科（Elaeocarpaceae）[A]，ヒメハギ科（Polygalaceae）[A, P]，マメ科（Fabaceae）[A, P]，バラ科（Rosaceae）[A, P]，クロウメモドキ科（Rhamnaceae）[A]，グミ科（Elaeagnaceae）[P]，ニレ科（Ulmaceae）[A, P]，クワ科（Moraceae）[P]，クルミ科（Juglandaceae）[A]，センダン科（Meliaceae）[A, P]，ウルシ科（Anacardiaceae）[A, P]，ムクロジ科（Sapindaceae）[A] |

Aはアラム型，Pはパリス型を形成する種が報告されたことを示す．ここに挙げた科内の全てがアラム型もしくはパリス型を形成するわけではない．

なる形態を呈することもあり，形態型の違いが機能的な差異にどれほどの影響を及ぼすのかは今後検討する必要がある．

アーバスキュラー菌根菌は，単独で培養させることができない絶対共生性（obligate symbiosis）である．そのため，菌種の同定をするためには，知りたい土壌からの胞子の抽出や樹木根を接種源としてクローバーなど増殖用の宿主植物を用いたポット栽培で一度菌を培養した上で，胞子を回収することになる．胞子の形態特性から200種程度が分類されており（Peterson *et al.*, 2004），各種の胞子や細部にわたる胞子壁の形態特性はINVAM（International culture collection of (vesicular) arbuscular mycorrhizal fungi; http://invam.wvu.edu/）のウェブ上に掲載されている．しかし，胞子の形態特性を見極めるのは難しく，

表3.6　アーバスキュラー菌根を形成するグロムス門の分類
Redecker *et al.*（2013）を参考.

| 目 | 科 |
|---|---|
| Archaeosporales | Ambisporaceae, Archaeosporaceae, Geosiphonaceae |
| Diversisporales | Acaulosporaceae, Diversisporaceae, Gigasporaceae, Pacisporaceae, Sacculosporaceae |
| Glomerales | Claroideoglomeraceae, Glomeraceae |
| Paraglomerales | Paraglomeraceae |

分類同定にはDNA情報も活用されている. 従来, アーバスキュラー菌根菌は接合菌門に分類されていたが, 核小サブユニットのDNA情報を解析して新規の門（phylum), グロムス門に分類された（Schüβler *et al.*, 2001). 現在では, 形態情報とDNA情報にもとづき, 4目11科に分類されている（表3.6）(Redecker *et al.*, 2013). そして, 様々な生態系に生育する植物に共生する菌を特定するため, DNA情報にもとづく“virtual taxonomy（VT)”という概念を用いたデータベース（MaarjAM; http://maarjam.botany.ut.ee/）の構築も進められている（Öpik *et al.*, 2014).

アーバスキュラー菌根菌の種数は関わる陸生植物の種数に比して少ない. このことはこの菌の宿主特異性が低いことを意味し, 共生関係の構築によって宿主植物の養分獲得の向上や成長促進が期待されるかもしれない. しかし実際には, 菌根形成による宿主植物の成長への効果は植物種ごとで異なる. その効果は, 菌根依存性（mycorrhizal dependency）として菌根菌を接種した宿主植物に対する接種していないものの成長（重量や養分含量など）の程度にもとづき表現される（Plenchette *et al.*, 1983; van der Heijden, 2013). 例えば, ある地域に生育する64種の植物にアーバスキュラー菌根菌（*Glomus etunicatum*）を接種すると, 菌根依存性は −46% から 48% の差があった（図3.9）(Klironomos, 2003). 同所的に生育する植物であっても, 菌根共生の効果は多様なのである.

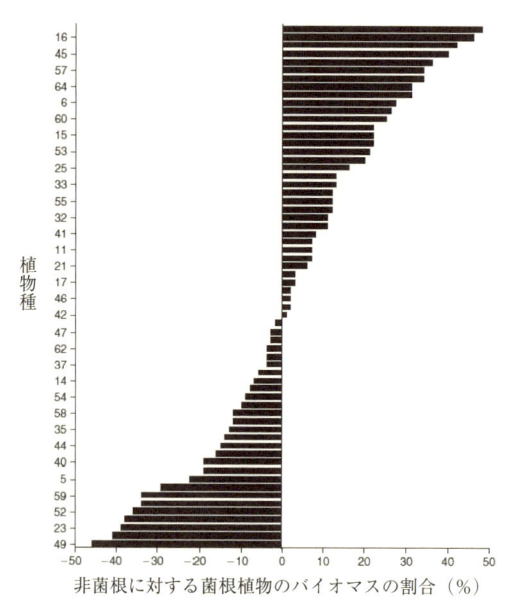


図 3.9　アーバスキュラー菌根菌（*Glomus etunicatum*）の感染が土着植物 64 種の生育に及ぼす影響

Y 軸の数字は異なる植物種を示し，それぞれのバーは非菌根に対する菌根の場合のバイオマスの割合を示す．Klironomos (2003) を改変．

## 3.3　様々な森林における菌根共生

世界各地の様々な気候帯に広がる森林を構成する樹木は，主に外生菌根菌やアーバスキュラー菌根菌と共生関係を築いている．環境変動による大きな生息環境の改変が少なく安定的に維持された動的平衡の森林では，腐生菌のナラタケ属の一種（*Armillaria bulbosa*）のように，1 個体がクローンとして長期間（1,500 年以上）にわたって 15 ha 以上の広大な森林で維持し続ける（Smith *et al.*, 1992）．しかし，菌根の寿命は細根の存続期間に依存し，樹種や生育場所によりばらつきはあるが，半年から数年程度である．そのため，細根の回転率に合わせて菌根菌は感染，定着を繰り返して，個体群，群集を維持する．このことは，地球温暖化や土壌汚染などの気候・環境変動を通した生物多様性や森林生態系に及ぼす影響において，菌根や関わる菌根菌は鋭敏かつ漸進的に応答

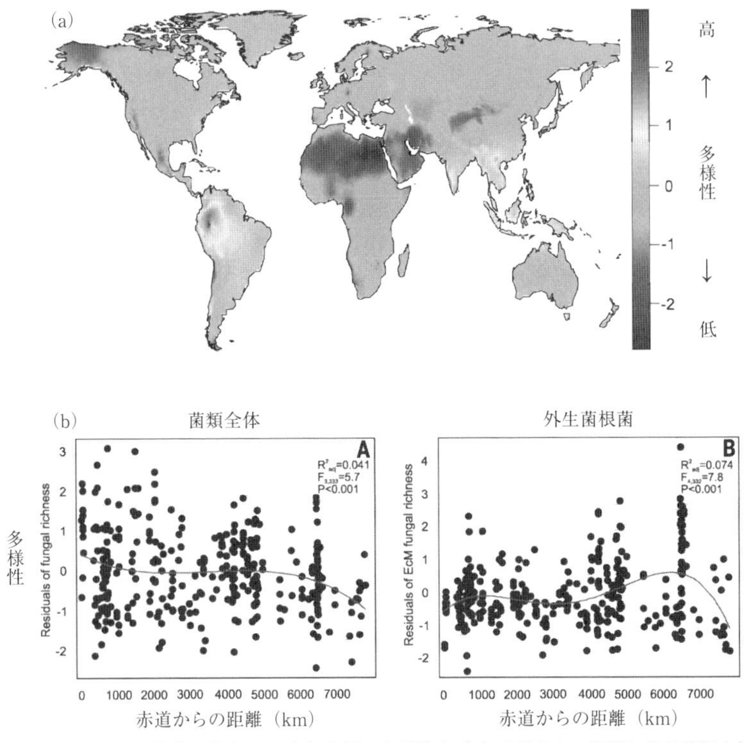


図 3.10　世界の土壌中に生息する（a）菌類の多様性と（b）赤道からの距離に伴う菌類全体と外生菌根菌の多様性

菌類全体では赤道近くの熱帯での多様性が高く，外生菌根菌では赤道から 5000〜6000 km 離れた地点で高くなった．Tedersoo *et al.*（2014）を改変．→口絵 5

する可能性がある．したがって，土壌中の菌根菌群集の構造特性に関する情報は生態系機能の理解のために重要である．

群集構造を理解する際には，調査する面積や期間，解析する菌根数が重要である（Nara, 2008）．外生菌根菌の場合，隣り合う根端同士であっても異なる菌根菌種による定着がある．1 辺が 5 cm の土壌ブロックでは数種以上の菌根菌が同所的に分布する（Yamada & Katsuya, 2001）．林分単位では，数十種以上が分布し（Horton & Bruns, 2001），関わる菌種数は単一林より混交林樹種の方が多様になる（Dickie, 2007）．ベイマツのように北米全域にわたり生育する場合には，2,000 種もの菌根菌が関わると推定されている（Trappe, 1977）．

様々な空間スケールにおいて菌根菌の多種共存が認められるが，林分としては少数の菌種による寡占とその他の多くの種による分布として特徴付けられる（Horton & Bruns, 2001）．全球規模の外生菌根菌の種多様性は，熱帯地域よりも温帯地域で高いことが示唆された（図3.10）（Tedersoo *et al.*, 2014）．しかし菌類全体では，他の生物群同様に熱帯で種多様性が高かった．このことは外生菌根菌の多様性維持機構が他の生物群のものとは異なる可能性を示している．マツ科やブナ科などの温帯地域中心の宿主樹木の分布が，種多様性に影響しているのかもしれない．アーバスキュラー菌根菌では，大陸間，気候帯間，植生間で検出された分類群の組成に明瞭な差はなかったことから，本菌群は一様に汎世界的に分布するものと考えられている（Davison *et al.*, 2015）．

菌根菌群集の情報は樹木根系の空間的な広がり（深いものでは数十m）に比べて，土壌表層の数10 cmほどの限られた深さに由来する（Pickles & Pither, 2014）．土壌表層は，物理的，化学的，生物的な因子により$A_0$層（L, F, H層）からC層まで性質の異なる層位に分化している．そのため，垂直方向における菌根菌群集のニッチ分化は水平方向のものより顕著である（Bahram *et al.*, 2015）．樹木根系の深度に伴う養分，水分，酸性度，酸素分圧，温度などの変化が菌根菌群集に及ぼす影響を理解することで，菌根菌の多種共存と機能の仕組みにヒントを与え，樹木に対する共生機能の理解につながる（Bruns, 1995）．

### 3.3.1　天然林，原生林の樹木に関わる菌根菌

日本の森林面積2,508万haのうち約6割（1,343万ha）が天然林であり，そのなかで原生林は4割に満たない．天然林の中でも人の手が加えられていない原生林は，稀少であったり，そこまでのアクセスが悪かったりと調査が少ない．動的平衡にある天然林を対象に菌根菌の群集構造を解き明かすことは，森林動態に果たす菌根共生の機能を理解するために重要である．Ishida *et al.* (2007) は針広混交林の二次林と原生林における外生菌根菌群集を調べて，それぞれ121，137種，合計205種の菌根菌を見出した．しかし1根系からしか見つからなかった稀な菌種が50%近くを占めており，こうした検出頻度を加味した菌根菌の種数は，各林で200種以上，合計362種と推定された．この種多様性は世界的に極めて高く，多様な樹種が混交するとともに，菌根菌の宿

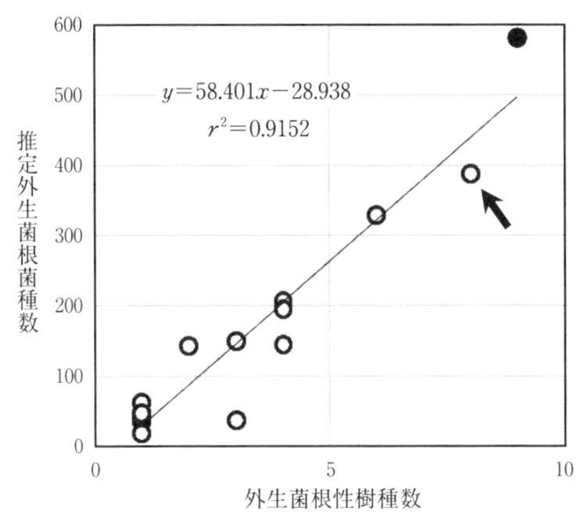


図 3.11　外生菌根性樹種に関わる外生菌根菌の推定種数
●は春日山での調査（未発表），それ以外のデータは Dicike（2007）を用いて再解析をした．矢印は Ishida *et al.*（2007）のデータを示す．

主樹木への特異性がこの多様性を生み出している（図 3.11）．

原生林の中でも，信仰の対象となるような社寺林は，厳かで神聖な場所であることから，上層木とともに林床の草木も手つかずで保存状態のよい環境が維持されている．奈良県の春日山原始林は，春日大社の神域として 841 年に伐採，狩猟が禁止されてから人の手が入っていない．その後，1956 年には特別天然記念物に，1988 年には世界遺産に登録され，学術的，文化的価値の高い照葉樹林が成立している．その中のツブラジイ（*Castanopsis cuspidata*），ウラジロガシ（*Quercus salicina*），モミ（*Abies firma*）などが優占する 1 ha のプロットにおいて，外生菌根菌の群集調査が行われた．合計 50 ヶ所の土壌表層から外生菌根を採取し，DNA 解析を行ったところ，検出された 168 種のうちの 55% の種が 1 ヵ所のみで検出され，外生菌根菌の推定種数は 582 種となった．この種数とプロット内に生育する外生菌根性樹木の種数（3 科 9 種）との関係を，過去の研究事例に組み入れてみると，樹種が多くなるにつれて菌種数も増加する傾向にあった（図 3.11）．調査する回数や面積などでこの傾向は変化するが，原生林に生息する外生菌根菌の多様性は高いようであり，1 ha という限られた範囲においても多様な外生菌根菌が森林の維持に関わっているのである．

天然林では，同種，異種で構成された様々な樹齢の個体が同所的に生育する．

個々の樹木は外生菌根菌の菌糸網による菌根菌ネットワークで連結されている．外生菌根から伸びる根外菌糸は，遺伝的に同一な個体に遭遇すると菌糸融合（hyphal fusion, anastomosis）する．そのため，ある樹木に共生している菌根菌が根外菌糸を伸ばして，隣接する同種や別種の宿主の細根にも外生菌根を形成するのである．そして，融合して構築された菌糸網は養水分を行き来させる経路となり，物理的に離れた樹木個体の維持に寄与する．ベイマツ林分（30 m$^2$）に生育する樹齢の異なる 67 個体には，ショウロ属 2 種（*Rhizopogon vesiculosus, R. vinicolor*）が共生しており，両菌種から遺伝的に同一な集団，ジェネット（genet）が複数の樹木個体から検出された（Beiler *et al.*, 2010）．ジェネット数は樹齢が高くなるほど多くなり，プロットの近くで生育する成熟木では同一ジェネットが検出された樹木を繋ぎ合わせていくと，プロット内の 47 個体の樹木に行きついた．そのため菌根菌ネットワークは，宿主樹木と菌根菌の間の多対多の複雑系を集約し，成熟木はこの連結の基点となっている．

菌根菌ネットワークが，生態系内における炭素や窒素などの栄養再配分に寄与するかは議論の余地がある．先駆的な研究では，Simard *et al.*（1997）は野外環境で放射性炭素同位体と安定炭素同位体の二重標識法を用いて，同所的に生育する外生菌根性の実生間には炭素輸送が起こるが，アーバスキュラー菌根性の実生との間には認められないことを示した．実生だけでなく，成木でも個体間における炭素輸送が示唆されている（Klein *et al.*, 2016）．樹高 30〜40 m ほどのドイツトウヒやヨーロッパブナ（*Fagus sylvatica*）などの針広混交林では，純一次生産量の 4% に相当する炭素輸送が樹木根系間で検出された．一方で，実験的に 2 本のクロマツ実生に外生菌根菌のコツブタケ（*Pisolithus tinctorius*）を接種して，一方の個体に放射性炭素を $CO_2$ として与えた場合，光合成産物はもう一方の個体の地下部までは転流されるが，地上部にまで輸送されなかった．さらにこの炭素の輸送は，同種であっても異なる菌株間では認められなかった（Wu *et al.*, 2012）．これらのことは，菌根菌の菌糸体が，単に物理的に樹木間を繋ぐだけではなく，物質輸送も含めた有機的な地下部の菌糸網を形成している可能性を示している．ただし，菌根機能の発揮には，菌根菌の種多様性とともに，菌種内の菌株間の遺伝的多様性も維持することが重要である．

### 3.3.2 人工林の樹木に関わる菌根菌

日本の森林の約4割（1,029万ha）が人工林である．その中でも，スギやヒノキの林が7割を占める．これらはグロムス門に属するアーバスキュラー菌根菌と共生関係にある．一方，これら人工林に隣接するマツ科やブナ科の天然林を構成する樹種は担子菌門や子嚢菌門に属する外生菌根菌と共生関係にある．そのため，隣接した森林でも人工林か天然林かで土壌中の菌根菌相は，全く異なる（図3.12）．世界に目を向けると，主要な林業樹種は，外生菌根性のマツ科やユーカリ属の場合が多く，日本のようにアーバスキュラー菌根性の樹種を人工林として維持・管理する国は少ない．昨今の林業従事者不足や外材との価格競争，さらには今日的な森林の多面的機能への期待を背景に，現存の人工林を樹種の多様な天然林への誘導も必要となる．どのような森林が適しているのかは南北に長い国土を反映して，場所ごとに異なる．その中で，冷温帯や温帯地域，暖温帯では堅果を形成するブナ科の仲間がその一群として想定される．

著者らはアーバスキュラー菌根性樹種の人工林に外生菌根菌が分布するかを明らかにするため，三重県のヒノキ林内に生育していたブナ科実生における外生菌根の形成状況を調べた（松田ら，2009）．県内全域のヒノキ林8ヵ所，13

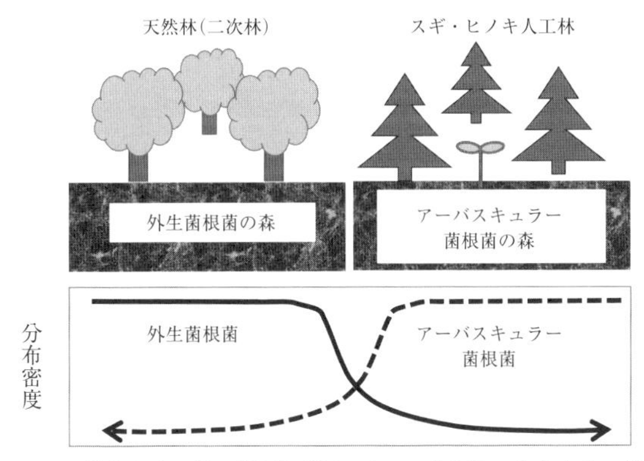


図3.12 天然林と人工林の境界部付近における菌根菌の分布密度の概念図
隣接する外生菌根性の天然林から種子散布によってアーバスキュラー菌根性の人工林に定着しても，その実生の生育に関わる外生菌根菌はほとんどいない．

図3.13　土壌中に生息する菌根菌を検出する釣菌法
野外の土壌を試験管や瓶につめ，その後，無菌的に発芽させた種子を撒いて一定期間後育苗すると細根に菌根が形成される．

地点からコナラ属実生を中心に採取した．外生菌根を形成していた実生は7ヵ所，10地点で確認され，25個体中12個体であった．これら12個体の根端の0.7%から97.4%が外生菌根化しており，平均32.9%であった．通常，外生菌根性の樹木であれば，必ずといってよいほど外生菌根菌による定着が認められる．今回調べた実生の半分以上に菌の定着がなかったことは，ヒノキ林に外生菌根菌は潜在するが，その密度は極めて低いことを示唆する．どの程度人工林に踏み入ると外生菌根菌の密度が減ってしまうかも調べた（Matsuda *et al.*, 2013）．コナラ成木からヒノキ人工林内にかけて異なる距離にコナラ実生苗を野外植栽（野外植栽法）するか，各距離で採取した土壌を用いて室内育成（釣菌法，図3.13）した．いずれの方法でも，人工林に向かうにつれて実生に形成される外生菌根の割合や菌根菌の多様性が下がる傾向にあった（図3.14）．野外植栽法で36 m地点に設置した実生では，コナラ成木の周辺に植栽したものと比べると明瞭に外生菌根菌の種類や密度が低下した．外生菌根性のモミの林分とスギ，ヒノキの人工林の境界部においても，外生菌根菌の多様性が人工林に向かうにつれて急激に減少した（Matsuda & Hijii, 1998；松田，1999）．

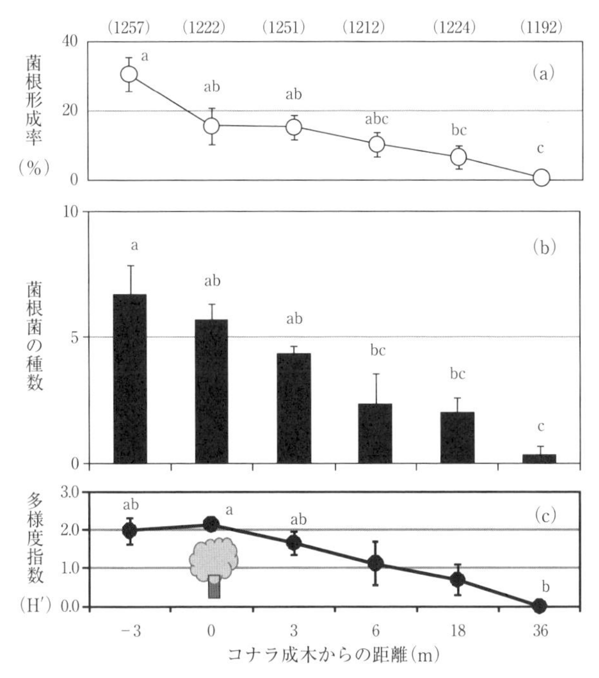


図 3.14　コナラ成木から異なる距離に植栽したコナラ実生苗に形成された外生菌根の多様性
(a) 外生菌根の形成率を示し，グラフ上側の括弧は計測した根端数を，(b) 各実生苗に関わる外生菌根菌の種数を，(c) 各距離で検出された外生菌根菌種の Shannon-Wiener による多様度指数を示す．いずれの測定項目も異なるアルファベットの距離間に有意差があることを示す (ANOVA, Tukey's HSD test, P 〈 0.05)

したがって，天然林と人工林が接するような境界付近では，両林分に関わる菌根菌の種類や多様性が大きく異なるのである．ただし，今回，野外植栽したコナラ実生苗の地上部成長は地点間で有意差はなかった．一方で，スギ林由来の土壌を用いて実験的に外生菌根菌を接種するとブナ科 3 樹種の生育は促進された（Kayama & Yamanaka, 2014)．さらに火山跡地のような一次遷移系列で土着の菌根菌の感染源がほとんど見込めない地域において，宿主樹木の成長や養分獲得は菌根共生により明瞭に促進された（Nara, 2006；小長谷, 2009)．したがって，樹種転換を含む人為的撹乱や自然撹乱に由来する二次遷移系列において，適地適木の観点だけでなく，菌根共生に配慮した森林の維持・管理，生態系機能の維持にも着目する必要がある．

## 3.4　菌根菌の利用

森林生態系では様々な菌根菌が樹木と共生している．私たちは，菌根機能の一端を木材生産や特用林産物（キノコ）などに導入しようとしてきた．菌根菌が菌根から根外菌糸を発達させて土壌を安定化させ，菌糸による土壌からの有機態，無機態の養分や水分の吸収効率を向上させることは，人工林施業において伐採跡地への速やかな実生苗の定着，生育を促進させることに寄与する．熱帯地域などで森林を焼き払い，農地として利用してから放棄された耕作地の再生においては，菌根菌は貧栄養の環境を改善させる生物資材として寄与する．また外生菌根菌では，季節的に大型の子実体を地面や土壌の中に形成し，高級食材と副収入をもたらす．この点においてわが国では，マツタケ（*Tricholoma matsutake*）を中心に研究がなされてきた（小川，1991）．

### 3.4.1　木材生産

日本の主要な造林樹種，スギやヒノキはアーバスキュラー菌根を形成するが，これらの樹種の生育に及ぼす菌根菌の影響はほとんどわかっていない．街路樹や景観木で用いられる広葉樹に対するアーバスキュラー菌根菌の接種は実生苗の生長やバイオマスの促進をする（表3.7）（Kormanik *et al.*, 1982）．世界的には，木材やパルプ生産に用いられるマツ科やユーカリ属などの樹種を対象に外生菌根菌の接種の効果が多く調べられている．森林施業において，樹木伐採とその後の搬出作業により，林地とりわけ地表の撹乱が生じる．こうした撹乱は細根と外生菌根菌の主要な生息場所の破壊を意味する．外生菌根菌群集は樹木の生育に伴い構成する分類群とその豊富さが変化するため（Deacon & Fleming, 1992），伐期に到達した成熟林分と伐採後の植林初期では菌群集は異なる（Visser, 1995）．また伐採後には周辺の子実体から風散布で飛来する胞子（例，チヤイボタケ（*Thelephora terrestris*）による感染を受けるため，苗木に特定の菌根菌をあらかじめ接種して菌根化させておくことは重要である．これまで最も幅広く用いられてきた外生菌根菌はコツブタケである（Chaudhary *et al.*, 2016）．それ以外には，イボタケ属（*Thelephora*），ワカフサタケ属（*Hebeloma*），

表3.7 広葉樹8種にアーバスキュラー菌根菌（*Glomus fasciculatus*）を接種した場合と接種しなった場合の成長応答 Kormanik *et al.*（1982）を改変

| | 樹高（cm） | 直径（mm） | 乾重量（g） |
|---|---|---|---|
| アメリカザクラ（*Prunus serotina*） | | | |
| 接種 | 70.0 | 6.9 | 29.3 |
| 非接種 | 12.8 | 1.5 | 0.4 |
| トネリコバノカエデ（*Acer negundo*） | | | |
| 接種 | 45.1 | 10.1 | 23.7 |
| 非接種 | 12.8 | 3.2 | 0.7 |
| ビロードトネリコ（*Fraxinus pennsylvanica*） | | | |
| 接種 | 37.4 | 8.6 | 23.0 |
| 非接種 | 6.7 | 2.0 | 0.4 |
| アメリカハナノキ（*Acer rubrum*） | | | |
| 接種 | 35.8 | 6.6 | 10.4 |
| 非接種 | 8.3 | 2.4 | 0.4 |
| サトウカエデ（*Acer saccharum*） | | | |
| 接種 | 9.3 | 3.3 | 3.0 |
| 非接種 | 7.1 | 2.5 | 0.8 |
| モミジバフウ（*Liquidambar styraciflua*） | | | |
| 接種 | 29.6 | 7.0 | 12.1 |
| 非接種 | 4.4 | 2.0 | 0.4 |
| アメリカスズカケノキ（*Platanus occidentalis*） | | | |
| 接種 | 66.6 | 12.9 | 71.3 |
| 非接種 | 19.9 | 4.2 | 3.6 |
| クログルミ（*Juglans nigra*） | | | |
| 接種 | 24.8 | 7.9 | 85.6 |
| 非接種 | 21.0 | 5.7 | 17.0 |

キツネタケ属（*Laccaria*），ニセショウロ属（*Scleroderma*），ヌメリイグチ属（*Suillus*），ショウロ属（*Rhizopogon*）など40属程度に分類される限られた菌株が用いられてきた（Mukerji, 1996；Chaudhary *et al.*, 2016）．接種源には土壌，菌根化した苗木，菌根，菌根菌の胞子や培養菌糸などがある（Trappe, 1977）．一般に，菌根菌の接種効果は感染源の少ない場所において見込めるよ

図 3.15　キャビティーコンテナで9ヶ月間育成したクロマツ実生
外生菌根の形成なし（左），あり（右）．バーは5 cm

うであるが，菌種によらず接種することにより宿主樹木の生育は促進される傾向にある（図 3.15）（Karst *et al.*, 2008）．ただし，これまで利用されてきた菌根菌は，利用上，分離・培養の容易な菌種に焦点が当てられ，推定種数の 1% にも満たない（Rinaldi *et al.*, 2007；Tedersoo *et al.*, 2010）．そのため，各地の森林に分布する菌根菌の中には，潜在的に有用な菌種，菌株が眠っているかもしれない．

## 3.4.2　特用林産物

わが国の林業産出額（平成 26 年度）に占める栽培キノコ類の産出額は 46%（2,091 億円）で，木材生産の額に匹敵する．毎日一度はシイタケ（*Lentinula edodes*）やエリンギ（*Pleurotus eryngii*）などを使った食材がテーブルに並ぶことからも，キノコが日本人に馴染みの食材であることがわかる．こうしたキノコの多くは腐生菌類で人工栽培が容易なため，年中スーパーで購入することができる．一方，外生菌根菌は一般に分離・培養が困難であるため，マツタケが市場に出回るのは天然物が収穫できる秋のほんの一時期である．海岸などに発生するショウロ（*Rhizopogon roseolus*）は，一部の料亭や地元の住民に食される程度である（図 3.16a）．日本で記録されている約 2,000 種のキノコ類の

図 3.16　(a) ショウロの子実体と (b) トリュフ探しに使われる豚
(a) 海岸のクロマツ林で樹齢の若い林分で春と秋になると子実体の一部を地面からのぞかせる半地下生の菌類, (b) トリュフが成熟すると性フェロモン様の物質を揮発させるため, 以前はメス豚がトリュフ探索に用いられていたが, 最近では犬を調教して使われるようになってきた.

うち, 1/3 程度が外生菌根性と推定されており, そのうち 300 種以上が食用性として利用されている (山田, 2002). 近年では, 地下に形成されるトリュフの仲間に関する情報も充実しており, 今後, 食用性キノコ類のメニューの幅は広がるかもしれない (Kinoshita *et al.*, 2011 ; 佐々木ら, 2016). 世界的には黒トリュフ (*Tuber melanosporum*), 白トリュフ (*T. magnatum*), ヤマドリタケ (*Boletus edulis*), アンズタケ (*Cantharellus cibarius*) などが食用性の菌根菌として有名である. アンズタケ (Danel & Camacho, 1997) やホンシメジ (*Lyophyllum shimeji*, Ohta, 1994) では子実体の発生に成功しているが, 多くの菌根菌種では成功に至っていない. そのため, 従来からの林分管理法 (落葉除去や土壌酸性度の改善) にならって, それぞれのキノコに適正な林分状態の維持に努めている. トリュフ類では, キノコが土壌中に形成されるため目に見えないが, 成熟するに伴い性ホルモン様の香気を発するため, ブタや犬に探索させるやり方もある (図 3.16b). いずれにしても, 菌根性のキノコは現在でも野外からの採取, つまり天然林や人工林で営まれている菌根共生に依存している. したがって, 持続的なキノコ採取のためには森林の維持, 管理, 保全が重要である. しかし, 長期的な気候変動や劇症型の樹木病害 (例, マツ材線虫病, ブナ科樹木の萎凋病) などによる宿主樹木の生育や森林全体の健全性に及ぼす影響への対応は難しい. 実際, 56 年間にわたる菌根性キノコの発生調査によれば, 気温上昇に伴い広葉樹林におけるキノコの発生が長期化したり

（Gange *et al.*, 2007），マツ枯れ被害の増加とともにマツタケの生産量が減少している（二井，2003）．そのため，非生物的，生物的な環境因子に左右されない，菌根性キノコの人工栽培技術が必要となる．現在，トリュフやマツタケをはじめ高価な食用性菌根菌各種のゲノム解析（Martin *et al.*, 2010），個体群解析（Lian *et al.*, 2006），菌根形態（Yamada *et al.*, 2010）などの研究が進められている．近い将来，菌根性キノコが食卓に並ぶ日常が来るかもしれない．

## おわりに

本章では森林生態系における菌根共生の種類や利用に関して概観してきた．菌根共生に関する研究史を紐解くと，ドイツのプロシア王国から命を受けたAlbert Bernhard Frank（1839–1900）が始めたトリュフ増産の研究に端を発する（Frank, 2005）．彼はトリュフの培養に成功しなかったが，宿主となるブナ科の根端部分の丹念な観察と精緻な描画を通して「菌根」という用語を生み出した．その発表から１世紀以上を経て，私たちは植物と菌類が織り成す菌根共生は決して特別なものではなく，様々な生態系の安定的な維持に不可欠で普遍的な存在であることを理解し始めた．この生物間相互作用は，細胞レベルから個根，個体，林分，群集のどの段階においても，森林を構成する木本，草本植物の生育と維持に影響を及ぼしている．森林生態系における持続的な木材生産と利用，生物多様性の維持，促進のためには，菌根共生を通して森を見つめる必要がある．

### 引用文献

Agerer, R. (1987–2012) *Colour Atlas of Ectomycorrhiza* (15th delivery). Einhorn-Verlag.

Bahram, M., Peay, K. G. *et al.* (2015) Local-scale biogeography and spatiotemporal variability in communities of mycorrhizal fungi. *New Phytol.*, **205**, 1454–1463.

Bardgett, R. D. & van der Putten, W. H. (2014) Belowground biodiversity and ecosystem functioning. *Nature*, **515**, 505–511.

Beiler, K. J., Durall, D. M. *et al.* (2010) Architecture of the wood-wide web: *Rhizopogon* spp. genets link multiple Douglas-fir cohorts. *New Phytol.*, **185**, 543–553.

Bidartondo, M. I., Read, D. J. *et al.* (2011) The dawn of symbiosis between plants and fungi. *Biol. Lett.*, **7**, 574–577.

Björkman, E. (1960) *Monotropa hypopitys* L. and epiparasite on tree roots. *Physiol. Plant.*, **13**, 308–327.

Bowen, G. D. (1973) Mineral nutrition of ectomycorrhizae. In: *Ectomycorrhizae: their ecology and physiology.* (eds. G. C. Marks & T. T. Kozlowski) pp. 151–205, Academic Press.

Brock, P. M., Döring, H. *et al.* (2009) How to know unknown fungi: the role of a herbarium. *New Phytol.*, **181**, 719–724.

Brundrett, M. C. (2017) Global diversity and importance of mycorrhizal and nonmycorrhizal plants. In: *Biogeography of Mycorrhizal Symbiosis.* (ed. Tedersoo, L.) pp. 533–556, Springer Berlin Heidelberg.

Brundrett, M. C. (2009) Mycorrhizal associations and other means of nutrition of vascular plants: understanding the global diversity of host plants by resolving conflicting information and developing reliable means of diagnosis. *Plant Soil,* **320**, 37–77.

Bruns, T. D. (1995) Thoughts on the processes that maintain local species diversity of ectomycorrhizal fungi. *Plant Soil,* **170**, 63–73.

Chaudhary, V. B., Rúa, M. A. *et al.* (2016) MycoDB, a global database of plant response to mycorrhizal fungi. *Scientific Data,* **3**, 160028.

Danell, E. & Camacho, F. (1997) Successful cultivation of the golden chanterelle. *Nature,* **383**, 303.

Davison, J., Moora, M. *et al.* (2015) Global assessment of arbuscular mycorrhizal fungus diversity reveals very low endemism. *Science,* **127**, 970–973.

Deacon, J. W. & Fleming, L. V. (1992) Interactions of ectomycorrhizal fungi. In: *Mycorrhizal functioning: an integrative plant fungal process.* (ed. Allen, M.F.) pp. 249–300, Chapman & Hall.

Deguchi, S., Matsuda, Y. *et al.* (2017) Proposal of a new estimation method of colonization rate of arbuscular mycorrhizal fungi in the roots of *Chengiopanax sciadophylloides. Mycobiology,* **45**, 15–19.

Dickie, I. A. (2007) Host preference, niches and fungal diversity. *New Phytol.*, **174**, 230–233.

Dickson, S., Smith, F.A. *et al.* (2007) Structural differences in arbuscular mycorrhizal symbioses: More than 100 years after Gallaud, where next? *Mycorrhiza,* **17**, 375–393.

Frank, B. (2005) On the nutritional dependence of certain trees on root symbiosis with belowground fungi (an English translation of A. B. Frank's classic paper of 1885). *Mycorrhiza,* **15**, 267–275.

二井一禎 (2003) マツ枯れは森の感染症—森林微生物相互関係論ノート, pp. 222, 文一総合出版.

二井一禎・肘井直樹 (2000) 森林微生物生態学, pp. 322, 朝倉書店.

Gallaud, I. (1905) Études sur les mycorrhizes endotrophes. *Rev. Gén. Bot.*, **17**, 5–48; 66–83; 123–135; 223–239; 313–325; 425–433; 479–500.

Gange, A. C., Gange, E. G. *et al.* (2007) Rapid and recent changes in fungal fruiting patterns. *Science,* **316**, 71.

Gardes, M. & Bruns, T. D. (1993) ITS primers with enhanced specificity for basidiomycetes-application to the identification of mycorrhizae and rusts. *Mol. Ecol.*, **2**, 113–118.

Harley, J. L. & Harley, E. L. (1987) A check-list of mycorrhiza in the British flora. *New Phytol.*, **105**, 1–102.

van der Heijden, M. G. A. (2013) Arbuscular mycorrhizal fungi as a determinant of plant diversity: in search of underlying mechanisms and general principles. In: *Mycorrhizal Ecology.* (eds. van der

Heijden, M. G. A. & Sanders, I. R.) pp. 243–265, Springer-Verlag.
van der Heijden, M. G. A., Martin, F. M. *et al.* (2015) Mycorrhizal ecology and evolution: the past, the present, and the future. *New Phytol.*, **205**, 1406–1423.
Horton, T. R. & Bruns, T. D. (2001) The molecular revolution in ectomycorrhizal ecology: Peeking into the black-box. *Mol. Ecol.*, **10**, 1855–1871.
Hug, L. A., Baker, B. J. *et al.* (2016) A new view of the tree of life. *Nature Microbiology*, **1**, 16048.
Ishida, T. A., Nara, K. *et al.* (2007) Host effects on ectomycorrhizal fungal communities: insight from eight host species in mixed conifer-broadleaf forests. *New Phytol.*, **174**, 430–440.
金子　繁・佐橋憲生（1998）ブナ林をはぐくむ菌類，pp. 229，文一総合出版．
苅住　昇（1957）樹木の根の形態と分布，林業試験場研究報告，**94**，1–205．
苅住　昇（2010）最新樹木根系図説，pp. 2060，誠文堂新光社．
Karst, J., Marczak, L. *et al.* (2008) The mutualism-parasitism continuum in ectomycorrhizas: a quantitative assessment using meta-analysis. *Ecology*, **89**, 1032–1042.
Kayama, M. & Yamanaka, T. (2014) Growth characteristics of ectomycorrhizal seedlings of *Quercus glauca*, *Quercus salicina*, and *Castanopsis cuspidata* planted on acidic soil. *Trees-Structure and Function*, **28**, 569–583.
Kinoshita, A., Sasaki, H. *et al.* (2011) Phylogeny and diversity of Japanese truffles (*Tuber* spp.) inferred from sequences of four nuclear loci. *Mycologia*, **103**, 779–794.
喜多晃平・松田陽介（2017）三重県の人工林に生育するヒノキ細根におけるアーバスキュラー菌根菌の感染．中部森林研究，**64**，61–62．
Klein, T., Siegwolf, R. T. W. *et al.* (2016) Belowground carbon trade among tall trees in a temperate forest. *Science*, **352**, 342–344.
Klironomos, J. N. (2003) Variation in plant response to native and exotic arbuscular mycorrhizal fungi. *Ecology*, **84**, 2292–2301.
Kormanik, P. P., Schultz, R. C. *et al.* (1982) The influence of vesicular-arbuscular mycorrhizae on the growth and development of eight hardwood tree species. *Forest Sci.*, **28**, 531–539
Laliberté, E. (2017) Below-ground frontiers in trait-based plant ecology. *New Phytol.*, **213**, 1597–1603.
Lian, C., Narimatsu, M. *et al.* (2006) *Tricholoma matsutake* in a natural *Pinus densiflora* forest: correspondence between above- and below-ground genets, association with multiple host trees and alteration of existing ectomycorrhizal communities. *New Phytol.*, **171**, 825–836.
Maeda, M. (1954) The meaning of mycorrhiza in regard to systematic botany. Kumamoto journal of science. Series B, *Biology and geology*, **3**, 57–84.
Martin, F. (2016) *Molecular Mycorrhizal Symbiosis*, pp. 576, John Wiley & Sons.
Martin, F., Kohler, A. *et al.* (2010) Périgord black truffle genome uncovers evolutionary origins and mechanisms of symbiosis. *Nature*, **464**, 1033–1038.
松田陽介（1999）モミ根系における外生菌根菌の群集生態学的研究．名古屋大学森林科学研究，**18**，83–141．
Matsuda, Y. & Hijii, N. (1998) Spatiotemporal distribution of fruitbodies of ectomycorrhizal fungi in an *Abies firma* forest. *Mycorrhiza*, **8**, 131–138.

松田陽介・伊藤進一郎（2005）森林における外生菌根のはたらき．森林科学，45，32-39.

Matsuda, Y., Okochi, S. *et al.* (2011) Mycorrhizal fungi associated with *Monotropastrum humile* (Ericaceae) in central Japan. *Mycorrhiza,* **21**, 569-576.

松田陽介・島田博匡 他（2009）ヒノキ人工林内に生育するブナ科実生に外生菌根は形成されているか？ 中部森林研究，57，299-300.

Matsuda, Y., Shimizu, S. *et al.* (2012) Seasonal and environmental changes of mycorrhizal associations and heterotrophy levels in mixotrophic *Pyrola japonica* (Ericaceae) growing under different light environments. *Am. J. Bot.*, **99**, 1177-1188.

Matsuda, Y., Takano, Y. *et al.* (2013) Distribution of ectomycorrhizal fungi in a *Chamaecyparis obtusa* stand at different distances from a mature *Quercus serrata* tree. *Mycoscience,* **54**, 260-264.

McCormack, M. L., Dickie, I. A. *et al.* (2015) Redefining fine roots improves understanding of below-ground contributions to terrestrial biosphere processes. *New Phytol.*, **207**, 505-518.

Miyamoto, Y., Sakai, A. *et al.* (2015) Strong effect of climate on ectomycorrhizal fungal composition: evidence from range overlap between two mountains. *The ISME Journal,* **9**, 1870-1879.

Molina, R., Massicotte, H. *et al.* (1992) Specificity phenomena in mycorrhizal symbioses: community-ecological consequences and practical implications. In: *Mycorrhizal Functioning: an integrative plant fungal process.* (ed. Allen, M. F.) pp. 357-423, Chapman & Hall.

Mukerji, K. G. (1996) *Concepts in Mycorrhizal Research.* pp. 374, Springer.

Nara, K. (2008) Community developmental patterns and ecological functions of ectomycorrhizal fungi: Implications from primary succession. In: *Mycorrhiza, 3rd ed.* (ed. Varma, A.) pp. 581-599, Springer.

Nara, K. (2006) Pioneer dwarf willow may facilitate tree succession by providing late colonizers with compatible ectomycorrhizal fungi in a primary successional volcanic desert. *New Phytol.*, **171**, 187-198.

Newsham, K. K., Upson, R. *et al.* (2009) Mycorrhizas and dark septate root endophytes in polar regions. *Fungal Ecol.*, **2**, 10-20.

小長谷啓介（2009）2000年有珠山噴出物堆積地における植生再生初期動態と菌根共生に関する研究．北海道大学演習林研究報告，1，1-31.

小川 真（1991）マツタケの生物学 補訂版，pp. 333，築地書館.

Ohta, A. (1994) Production of fruit-bodies of a mycorrhizal fungus, *Lyophyllum shimeji,* in pure culture. *Mycoscience,* **35**, 147-151.

大園享司・鏡味麻衣子（2011）微生物の生態学，pp. 280，共立出版.

Öpik, M., Davison, J. *et al.* (2014) DNA-based detection and identification of Glomeromycota: the virtual taxonomy of environmental sequences. *Botany,* **92**, 135-147.

Peterson, R., Massicotte, H. *et al.* (2004) *Mycorrhizas: anatomy and cell biology.* pp. 173, NRC Research Press.

Pickles, B. J. & Pither, J. (2014) Still scratching the surface: how much of the "black box" of soil ectomycorrhizal communities remains in the dark? *New Phytol.*, **201**, 1101-1105.

Plenchette, C., Fortin, J. A. *et al.* (1983) Growth responses of several plant species to mycorrhizae in a soil of low fertility. I. Mycorrhizal dependency under field conditions. *Plant Soil,* **70**, 199–209.

Põlme, S., Bahram, M. *et al.* (2014) Global biogeography of *Alnus*-associated *Frankia* actinobacteria. *New Phytol.,* **204**, 979–988.

Pregitzer, K. S., Deforest, J. L. *et al.* (2002) Fine root architecture of nine North American trees. *Ecol. Monogr.,* **72**, 293–309.

Read, D. J., Leake, J. R. *et al.* (2004) Mycorrhizal fungi as drivers of ecosystem processes in heathland and boreal forest biomes. *Can. J. Bot.,* **82**, 1243–1263.

Redecker, D., Schüßler, A. *et al.* (2013) An evidence-based consensus for the classification of arbuscular mycorrhizal fungi (Glomeromycota). *Mycorrhiza,* **23**, 515–531.

Remy, W., Taylor, T. N. *et al.* (1994) Four hundred-million-year-old vesicular arbuscular mycorrhizae. *Proc. Nat. Acad. Sci. U.S.A.,* **91**, 11841–11843.

Rinaldi, A. C., Comandini, O. *et al.* (2007) Ectomycorrhizal fungal diversity: separating the wheat from the chaff. *Fungal Divers.,* **33**, 1–45.

Sakoda, S., Aisu, K. *et al.* (2018) Comparison of actinomycete community composition on the surface and inside of Japanese black pine (*Pinus thunbergii*) tree roots colonized by the ectomycorrhizal fungus *Cenococcum geophilum. Microb. Ecol.,* 印刷中.

佐橋憲生（2004）菌類の森（日本の森林・多様性の生物学シリーズ），pp. 198，東海大学出版会.

佐々木廣海・木下晃彦 他（2016）地下生菌識別図鑑：日本のトリュフ．地下で進化したキノコの仲間たち，pp. 143，誠文堂新光社.

Schoch, C. L., Seifert, K. A. *et al.* (2012) Nuclear ribosomal internal transcribed spacer (ITS) region as a universal DNA barcode marker for Fungi. *Proc. Nat. Acad. Sci. U.S.A.,* **109**, 1–6.

Schüβler, A., Schwarzott, D. *et al.* (2001) A new fungal phylum, the Glomeromycota: phylogeny and evolution. *Mycol. Res.,* **105**, 1413–1421.

Simard, S. W., Perry, D. A. *et al.* (1997) Net transfer of carbon between ectomycorrhizal tree species in the field. *Nature,* **388**, 579–582.

Smith, F. A. & Smith, S. E. (1997) Structural diversity in (vesicular) -arbuscular mycorrhizal symbiosis. *New Phytol.,* **137**, 373–388.

Smith, M. L., Bruhn, J. N. *et al.* (1992) The fungus *Armillaria bulbosa* is among the largest and oldest living organisms. *Nature,* **356**, 428–431.

Smith, S. E. & Read, D. J. (2008) *Mycorrhizal Symbiosis. 3rd ed.,* pp. 787, Academic Press.

Suetsugu, K., Kawakita, A. *et al.* (2014) Evidence for specificity to *Glomus* group Ab in two Asian mycoheterotrophic *Burmannia* species. *Plant Spec. Biol.,* **29**, 57–64.

Tedersoo, L. (2017) *Biogeography of Mycorrhizal Symbiosis.* pp. 566, Springer International Publishing.

Tedersoo, L., Bahram, M. *et al.* (2014) Global diversity and geography of soil fungi. *Science,* **346**, 1256688.

Tedersoo, L., May, T. W. *et al.* (2010) Ectomycorrhizal lifestyle in fungi: Global diversity, distribution, and evolution of phylogenetic lineages. *Mycorrhiza,* **20**, 217–263.

Toju, H., Yamamoto, S. *et al.* (2013) Sharing of diverse mycorrhizal and root-endophytic fungi among plant species in an oak-dominated cool-temperate forest. *PLoS ONE,* **8**, 1–13.

Trappe, J. M. (1962) Fungus associates of ectotrophic mycorrhizae. *The Botanical Review,* **28**, 538–606.

Trappe, J. M. (1977) Selection of fungi for ectomycorrhizal inoculation in nurseries. *Annu. Rev. Phytopathol.,* **15**, 203–22.

Turnbull, M. H., Goodall, R. *et al.* (1995) The impact of mycorrhizal colonization upon nitrogen source utilization and metabolism in seedlings of *Eucalyptus grandis* Hill ex Maiden and *Eucalyptus maculata* Hook. *Plant, Cell Environ.,* **18**, 1386–1394.

Visser, S. (1995) Ectomycorrhizal fungal succession in jack pine stands following wildfire. *New Phytol.,* **129**, 389–401.

Wang, Y., Qiu, Q. *et al.* (2010) Arbuscular mycorrhizal fungi in two mangroves in South China. *Plant Soil,* **331**, 181–191.

Wu, B., Maruyama, H. *et al.* (2012) Structural and functional interactions between extraradical mycelia of ectomycorrhizal *Pisolithus* isolates. *New Phytol.,* **194**, 1070–1078.

山田明義（2002）日本産菌根性きのこ類の食資源としての利用性．信州大学農学部紀要，**38**，1–17.

Yamada, A. & Katsuya, K. (2001) The disparity between the number of ectomycorrhizal fungi and those producing fruit bodies in a *Pinus densiflora* stand. *Mycol. Res.,* **105**, 957–965.

Yamada, A., Kobayashi, H. *et al.* (2010) In vitro ectomycorrhizal specificity between the Asian red pine *Pinus densiflora* and *Tricholoma matsutake* and allied species from worldwide Pinaceae and Fagaceae forests. *Mycorrhiza,* **20**, 333–339.

Yamato, M. & Iwasaki, M. (2002) Morphological types of arbuscular mycorrhizal fungi in roots of understory plants in Japanese deciduous broadleaved forests. *Mycorrhiza,* **12**, 291–296.

# 第4章 森林と樹木病害の関係

佐橋憲生・升屋勇人

## はじめに

植物病害の概念は，植物病理の教科書では発病のトライアングル（disease triangle）と呼ばれる3者関係で説明されている（図4.1）．それは病原（体），宿主，環境の3つの因子で構成され，病害の成立には全ての因子が十分に機能していることが前提となる．しかし，最近ではその概念もより複雑化し，時間軸を加えた発病のピラミッド（disease pyramid）や連続したトライアングル

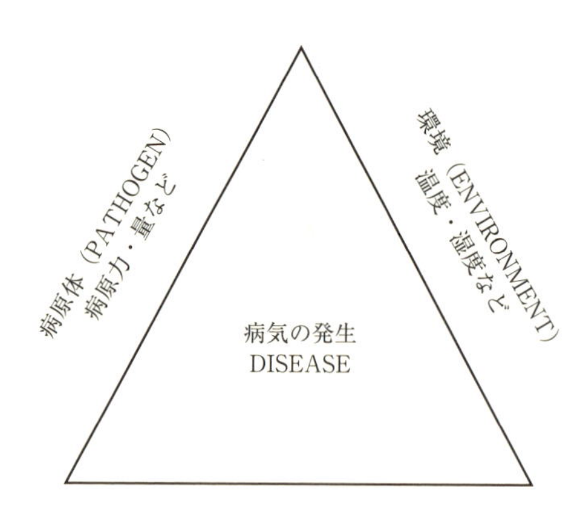


図4.1　発病のトライアングル
病原体（主因），宿主（素因），環境（誘因）の3要因が発病に好適な条件に傾いたとき，病気が発生する．

といった概念で，植物病害が成立する因子を説明している（Agrios, 2005）．さらには病害には，生物的な病原（体）によるものだけでなく気象害や生理傷害なども考慮する必要があることから，広い意味で植物病害を捉え，植物病害のドーナツ（plant disease dougnut）という概念で，植物病害とは何か，植物病原体とは何かを説明しようとする試みもある（Baudoin, 2007）．樹木病害も例にもれず同様の概念が適用できるが，複雑化してわかりにくくなるため，ここでは単純に古典的トライアングルで樹木病害を考える．まず，このトライアングルで森林と樹木病害を捉えた場合，森林は宿主を包括した環境と考えることができる．よって森林の利用形態の変化やそれに伴う森林そのものの変質は，宿主や周辺環境に直接的な影響を与えることで，樹木病害の成立に大きな影響を及ぼすことが容易に予想できる．

樹木病原菌は，腐生菌とは異なり，生きた樹木を栄養基質として利用できるため，種子や実生，成木など，宿主の様々な生育段階において，形態学的あるいは生理学的に何らかの異常を引き起こす．そこには樹木病原菌が宿主を利用するための様々な戦略があり，寄生性も細かくみると，宿主細胞を殺さずに生きた細胞からのみ栄養を得る場合（biotrophic）と，宿主細胞を殺して栄養を得る場合（hemibiotrophic）がある．後者の場合，人工培養は比較的容易だが，前者の人工培養は難しい．また寄生する部位も根，茎や樹幹，心材，辺材，内樹皮，外樹皮，枝，葉，花，芽など様々な組織があり，いくつかの組織を加害する寄生菌もあるが，それぞれで寄生菌の種類は異なっている．また宿主との組み合わせによっては寄生菌が内生菌として樹木に内生することもある（Box 4. 1 参照）．非常に多様な樹木病害が様々な樹木を加害していることから，世界的に見ればその膨大な多様性には目を見張るものがある．

近視眼的に見れば，樹木病原菌と宿主樹木の相互作用は，異なる生物の細胞間の相互作用でしかないが，宿主の生存や寿命に影響を及ぼすため，それが森林生態系に大きな影響を与える場合もある．しかし，宿主樹木や病原菌の種類は多様であり，樹種や生育段階，環境に呼応して様々なレベルで複雑かつ相互に作用していることから，最終的に森林に対してどのように影響しているのかに関しては，ほとんどわかっていない．よって本章で述べる事柄の多くは，まだ十分に検討された結果というわけではなく，様々な検証が必要な知見も含まれていることをご了承いただきたい．

### Box 4. 1　樹木の内生菌

ほとんどの植物において，様々な菌類が植物組織に外見上何の異常も引き起こさずに内生している．このような菌類を内生菌という．大きく３つ，根に内生する根部内生菌（root endophyte），イネ科草本の葉に内生するグラスエンドファイト（grass endophyte），それ以外の部位に内生する水平伝搬性内生菌が含まれる．根部内生菌は菌根菌と同様に研究が進んでおり，主にチャワンタケなどを含むHelotiales が多い．グラスエンドファイトはバッカクキン科の糸状菌であり，イネ科牧草の生育や毒素生産，被食防衛等に関連するため，非常によく研究されている．一方，水平伝搬性内生菌は様々な分類群からなり，多くの植物病原菌や落葉などの分解菌もこのグループに属している．多様性研究は比較的進んでいるが，機能面ではまだ十分には明らかにはされていない．

樹木内生菌として検出されている菌類は，生態群としては樹木病原菌，腐生菌，昆虫寄生菌などがあり，多くが樹木病原菌のグループで占められている．樹木病原菌のグループであるにも関わらず宿主に無病徴に内生するメカニズムは，基本的には均衡的競合（balanced antagonism）で説明されている（Schulz *et al.*, 1999，図）．本章の冒頭にある病気のトライアングルの中でも述べられているように，病害は病原体だけではなく，宿主やそれらを取り巻く環境要因の３者の関係

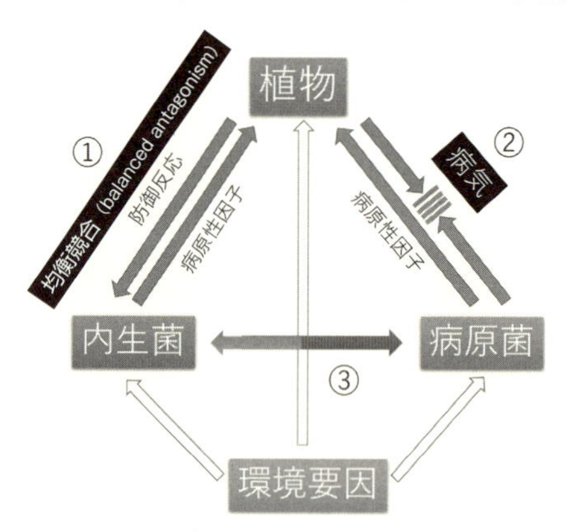


図　均衡競合（Balanced antagonism）の模式図

①植物の防御反応のうち，寄生菌の侵入を化学的に抑止するための防御物質の種類や量が，寄生菌の侵入能力や発病に関わる様々な因子と均衡状態にあるときに内生菌となる．②植物の防御反応が病原菌により抑えられることで，病気が成立する．③内生菌と病原菌は様々な環境要因によって双方向にシフトする．例えば光環境の変化によって宿主の防御反応が弱められ，内生菌が病原菌になる場合がある．Schulz *et al.*（1999）を改変．

により成立する．その中で，内生菌の場合は，病原力が宿主の抵抗性と均衡状態にあるときに内生菌として存在し，その均衡が崩れると発病する．Xylariales など一部の内生菌は，均衡が崩れても病気を引き起こすことはなく，落葉後に分解者として活躍する．均衡が崩れる要因としては，宿主の抵抗性を低下させるような環境要因（気候変動，分布変化，光，水環境など），病原菌の生態や病原力に影響を与える環境要因（気候変動やそれにともなう分布変化），病原体と宿主の組み合わせの変化（侵入病害，外来樹種の導入など）があり，いずれも森林と菌類の問題と密接に関係してくる．よって内生菌は場合によっては病原菌にもなり得るし，その逆もあり得る．ただし，本書のいくつかの章では樹木内生菌は独立した生態群としてではなく，一部は樹木病原菌の枠組みで（第４章，第５章），一部は分解者としての位置づけ（第７章）で扱っている．

## 4.1　樹木病害が森林に及ぼす影響

病気とは人間が作った概念である．健全と対峙する概念で，一般には，植物（樹木）が病原微生物の感染など，様々な原因で正常な生理活動ができなくなり，その形態や機能に異常が生じた状態ということができる．従って病気に罹った樹木には，肉眼的に確認できる症状（病徴や標徴）だけでなく，様々な生理学的異常が生じる．しかし，病気に罹ったからといって必ずしも樹木の生育が劣ったり，枯死したりする訳ではない．

たとえば，木材腐朽菌と総称される菌類の感染によって，幹などの材部が腐朽するが，この感染によって樹木が枯死することは少ない．腐朽菌は心材などほとんど機能を失った部分だけを腐朽させているからである．しかしながら，人間が材を利用する場合，材の強度の低下や変色など様々な材質劣化が起こるため，大きな問題となる．ひどい場合は材として使用できなくなり，林家にとっては大きな経済的損失が生じる．さらに，材が腐朽することにより樹木の物理的強度を低下させるため，台風などの強風により幹が折れたり，根元から倒れたりしやすくなる．自然界では当たり前の様に起こっている樹木の腐朽であるが，樹木にとっては致命的ではないとしても，経済的あるいは安全性の視点に立てば問題視されることも多い．

また，森林の中では様々な樹木に枝枯れや葉枯れなどの症状（病徴）を引き起こす病害が発生している．これらの病害は，森林の樹木を注意深く観察してみると，様々な場所で見つけることができる．病気は樹木の生育を阻害する一因となるが，樹木自体の直接の枯死要因となることは必ずしも多くない（もちろん例外もあり，樹木の枯死に直接結びつく重要な病気も存在する）．そのため，特殊な場合を除き，ある樹種が特定の病気によって，森林から駆逐されてしまうような状況に至ることは希である．特定の病気が大発生しないように何らかの制御機構が働いているからである．さらに，病気の原因となる病原菌も森林生態系の構成者として重要であり，（病気の発生を含めて）森林が健全に維持されるために，直接あるいは間接に重要な役割を果たしていることは間違いない．

このように樹木病害の発生は，自然界では避けることができない事象であるが，人工林，天然林に関わらず，人間が森林を利用しようとする際，樹木病害が樹木個体や森林に与える様々な影響を考慮せざるを得ない．また，樹木・森林そのものに対する直接・間接的な影響だけではなく，利用という視点に立った際に，新たに生じる問題も考える必要がある．以下に樹木病害が森林に与える様々な影響について説明したい．

### 4.1.1　樹木病害が森林に与える負の影響

森林の中には様々な病原微生物が生息し，様々な病気が発生している．注意深く観察してみると，葉に変色や斑点などが形成されていたり，枝先が枯れたりしていることに気がつく．これらの多くは病原菌によって引き起こされる伝染性の病気（感染症）であると考えて良い．一般には，病気に罹ると樹木の生長が阻害されたり，樹形が異常になるなどして，重篤な場合は個体の枯死に至る場合がある．そのような意味において，病気は樹木個体に負の影響を与えていると言える．しかしながら，病気の発生が直ちに多くの樹木を枯死させ，森林の構成樹種の劇的な変化や森林自体の急激な劣化を引き起こす訳ではない．森林生態系においては，ある病気が大発生することは希であるし，枝や葉などに様々な病気が発生しても，樹木が大規模に枯死することは少なく，通常は森林に大きな変化は起こらない．むしろ様々な樹木に多種多様な病害が発生して

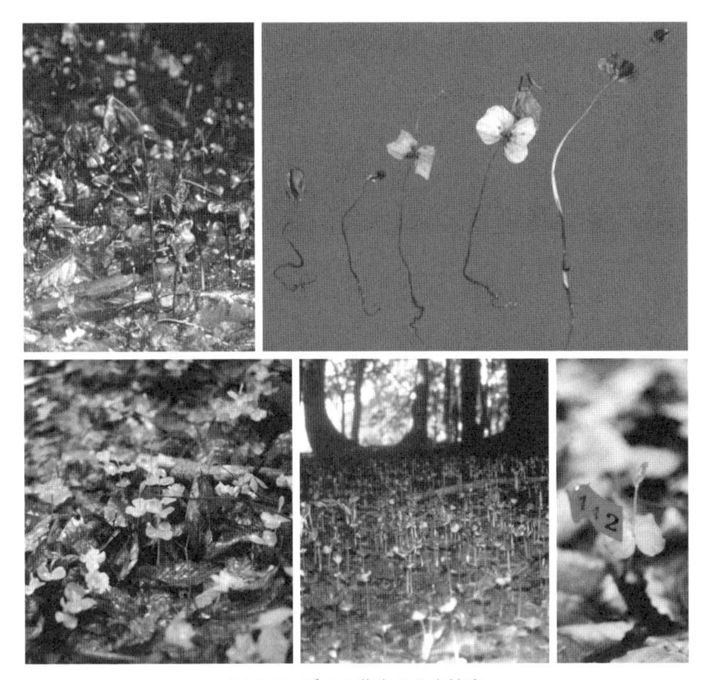

図 4.2　ブナの芽生えと立枯病
上：野外で発生した立枯病（左）と罹病した芽生え（右）．下：林床一面に発生したブナの芽生え（左，中）とそのクローズアップ（右）

いるのが通常の姿である．その一方で，病気の発生が森林に大きな影響を与える場合がある．

たとえば，病気が森林の更新初期過程に大きな影響を及ぼし，天然更新を阻害する場合がある．樹木の種子や実生は，病原菌に対する防御機構が十分に機能していないため，様々な病原菌に侵されやすい．そのため病原力がさほど強くない病原菌の感染によって枯死してしまう場合も多い．ブナの種子生産には豊凶があり，豊作年の翌春には数え切れないほど多数の実生苗が発生する．しかしながら，そのほとんどのものは夏を越すことはなく，梅雨の前後に枯死してしまう．炭疽病菌（*Colletotrichum dematium*）の感染による苗立枯病が主要な原因である（図 4.2）．この病気に罹ると，実生苗の胚軸が水侵状に腐敗し，短期間のうちに枯死し消失してしまう（Sahashi *et al.*, 1994, 1995）．このため本病はブナ林の動態に大きな影響を与えていると考えられている．

図 4.3　エゾマツの倒木更新（森林総研 山口武広氏提供）
上：腐朽部位で折れたエゾマツ．下：倒木上に更新したエゾマツの稚樹．

北海道の天然林を代表する樹種であるエゾマツやトドマツの更新も，暗色雪腐病菌（*Racodium therryanum*）の感染による影響を強く受けている（程，1989）．本病は積雪下で，種子に感染し腐敗を引き起こす．このため，これらの樹種の更新は，伐根や倒木上，鉱物質土壌の露出地，コケが優占する林床など，特殊な場所に限られている（図 4.3）．このような場所は病原菌の密度が極めて低く，トドマツやエドマツが菌害を回避できる絶好の場所（セーフサイト）になっているからである．倒木更新としてよく知られている現象は，実はこれらの樹木が病原菌の攻撃を回避した結果であると考えて良い．植栽林（人工林）においては，北海道の多雪地帯の積雪下の環境条件が，暗色雪腐病菌による種子腐敗の発生に好適であるため，積雪期間が 3～4 ヶ月以上続く場所では，天然更新は不可能であると言われている．上で述べた2つの例は，比較的よく知られた例であるが，その他にも *Fusarium, Pythium, Phytophthora* 属菌など，様々な土壌伝染性病原菌が種子腐敗や実生苗，稚樹の立枯病を引き起こし，多くの樹木の更新に少なからず影響を与えていると考えられている．実生苗や稚樹の枯死原因は，光環境や土壌条件などの環境要因と関連して研究される場合が多いが，病原菌も間違いなく重要な役割を果たしており，今後病原菌の関与についてさらに詳細な研究が必要である．

レンゲツツジには花芽に感染する芽枯病という病気がある（Kaneko *et al.*, 1988）．本来なら鮮やかな黄色の花が満開であるはずの春先，本病に感染した花芽は茶褐色に変色・枯死し，花を咲かすことはない（図4.4）．場合によってはレンゲツツジ群落のほとんどの個体が本病に罹病し，90% もの花芽が被害を受ける場合がある．花を咲かすことはないので，受粉が正常に行われず，種子の生産を阻害する．希には枝や葉も被害を受けることはあるが，個体の生存にはほとんど影響を与えることはない．しかし，繁殖器官である花芽を枯らし，種子生産を阻害することにより，間違いなくレンゲツツジの世代交代や分

図4.4　レンゲツツジ芽枯病
左：花芽に形成された芽枯病菌の分生子柄束（矢印）．右：本病の感染により，花を咲かすことなく枯れてしまった花芽．

布域の拡大に大きな影響を与えている．

スギの黒点病や黒点枝枯病は，雄花（序）に感染する（Kubono, 1994；窪野 1996）．これらの病害は通常大きな被害を引き起こすことは少ないが，繁殖器官に感染するため，スギの繁殖生態に少なからず影響を与えている可能性がある．スギ黒点枝枯病菌（*Stromatinia cryptomeriae*）は罹病した古い落葉・落枝上に形成された子嚢盤から飛散した子嚢胞子が，花粉飛散中の雄花序に感染する．雄花は花粉を含むため栄養も豊富であり，花粉の飛散時期には組織も死んでいるので，病原菌にとっては格好の栄養基質となる．また，サクラ幼果菌核病（*Monilinia kusanoi*）などは雌しべの柱頭から侵入し，果実のミイラ化を引き起こす（図 4.5）．おそらくは，花芽や花器など繁殖に関わる器官に特化して感染する病原菌はさらに見つかる可能性が高い．樹木の生育や枯死に直接関わっている訳ではなく，肉眼で容易に識別できる症状を示すことがないため，見つけることが難しく研究が進展していないが，このような場面にも病原菌が関与していることは注目すべきである．

ある病気の発生によって特定の樹木が大規模に枯死する場合もある．世界的規模では，ニレ類立枯病（dutch elm disease），クリ胴枯病（chest nut blight），ゴヨウ（五葉）マツ発疹さび病（white pine blister rust）が有名で，それぞれの宿主であるニレ類，アメリカグリやヨーロッパグリ，ストローブマツなどに

図 4.5　幼果菌核病による果実のミイラ化

左，中：幼果菌核病の感染によってミイラ化した果実．右：ミイラ化した果実から出現した子嚢盤．

図 4.6　ゴヨウマツ発疹さび病
上：罹病枝上に形成されたさび胞子堆（左），罹病枝と中間宿主（右）．下：五葉マツ発疹さび病の生活環．

壊滅的な打撃を与えている．これらの病害は過去に大流行を引き起こしている．ニレ類立枯病は 20 世紀に二度の大流行が確認されている．最初の流行では，ヨーロッパ各地で 10～40% ものニレがこの病気の被害に遭い枯死した．2 度目の流行ではより病原力の強い菌（*Ophiostoma novo-ulmi*）が関与していたため，わずか 10 年程度の間に英国のみで，当時のニレの推定本数 3000 万本のうち 2000 万本が枯死したという．またクリ胴枯病は，合衆国のアメリカグリの天然分布域のほとんどのものを枯らしてしまったほか，現在でも大きな被害を引き起こし続けている．北米におけるストローブマツの造林地では，発疹さ

図 4.7　マツ材線虫病（マツ枯れ）とナラ類萎凋病（ナラ枯れ）
上：マツ材線虫病被害（左），線虫接種で世界で初めて枯れたマツ（右）．下：ナラ類萎凋病被害（左），被害木に認められる大量のフラス（右）．→口絵 4

び病の中間宿主であるスグリ類の防除なしでは，造林が成立しない事態となっている（図 4.6）．

日本にも同様に樹木の大規模な枯死を引き起こし，森林レベルで大きな影響を及ぼす病害が存在する．マツ材線虫病やナラ枯れ（ナラ類，シイ・カシ類の萎凋病）の被害である（図 4.7）．前者は侵入病害で，侵入後 100 年以上経過した現在では，北海道を除く日本全国に蔓延し，各地で甚大な被害を引き起こしている．本病の病原はマツノザイセンチュウ（*Bursaphelenchus xylophilus*）であり，マツノマダラカミキリ（*Monochamus alternatus*）が本線虫を媒介することで感染する．本病原線虫の原産地である北アメリカでは，在来のマツ類は本病に抵抗性であり，大きな被害を引き起こすことはないが，日本在来のアカマツ，クロマツは本病に特に感受性が高く，本線虫に感染すると，サイズの大きなマツでも 1 ヶ月程度で枯死してしまう．被害が深刻な場合には森林内に生育しているほとんどのマツを枯らしてしまうので，森林の樹種構成や機能に大きな影響を及ぼし，森林自体を劣化させてしまう．すなわち，多数のマツが枯れた林では，景観が著しく損なわれるとともに，森林の持つ多面的機能が十分に発揮できなかったり，生態系サービスが失われたりする．さらには，材として利用するために植栽された人工林やマツタケ生産のためのマツ林では，大きな経済的損失を引き起こす．また，マツが大量に枯れた後の植生遷移がどのように進行するのかも十分に解明されているとは言えず，長期にわたり大きな影響を及ぼす可能性が高い．

ナラ枯れも同様に，森林内の多数の樹木を枯死させる．本病の病原は菌類の一種である *Raffaelea quercivora*（通称ナラ菌）で，本菌を体表面や雌成虫の菌嚢（マイカンギア）に保有する甲虫，カシノナガキクイムシ（*Platypus quercivorus*）が健全な樹木にマスアタックし，樹体内に穿孔する際に，病原菌を持ち込むことで発病する．ナラ類のほかシイ・カシ類なども本病に罹るが，特にコナラ・ミズナラは本病に対する感受性が高く，枯死しやすい．一昔前まで燃料などとして利用するため人によって管理されていたが，現在では放置されている薪炭林などで発生しやすく，大きな被害を引き起こしている．コナラやミズナラが次々と枯れていくため，景観を大きく損なうとともに，被害発生後の森林の樹種構成にも大きな影響を与えるものと考えられている．本病は備長炭の材料となるウバメガシにも被害を引き起こすほか，八丈島などでは黄八丈の染料となるスダジイにも被害が確認されている．これらの樹種では個体が枯れることは希であるが，多数の枝枯れが発生するため，資源量が減少するとともに利用価値が低下し，経済的な損失が懸念されている．

樹木病害は上述したように，天然林，人工林に直接あるいは間接的に負の影響を与えるが，人間が利用するために植栽された人工林では，一般的に病気が発生しやすい．多くは単一の樹種（あるいは品種）が植栽されており，病原菌に対する罹りやすさ（抵抗性・感受性）が同程度であるため，特定の病気が発生すると蔓延しやすいことに加え，管理のために行われる除間伐や枝打ち，伐倒木の搬出などの作業によって発生する傷などが，病原菌の侵入門戸になったり，被害を助長する方向に働いたりするからである．これらの作業に伴う温度や湿度などの環境の変化が病原菌にとって好適な条件となる場合もある．また，ほぼ同齢の単一樹種からなる人工林では，天然林と比べ林内の環境条件も均一になりやすく，特定の病原菌の活動に好適な条件になりやすいことも，より病害が発生しやすい理由の一因であると考えられている．

### 4.1.2　樹木病害が森林に与える正の影響

樹木病害は樹木個体や森林に負の影響を与え，人工林などでは経済的損失を引き起こすことは間違いがないが，場合によっては森林に良い影響を与える場合がある．

既に述べた様に，森林内の多くの樹木は木材腐朽菌に感染しており，幹などの材部が腐朽していることが多い．実際，天然林のサイズの大きな木を伐採すると，多くの場合，心材が腐朽して幹内部が空洞化している．また，腐朽菌の仲間であるならたけ病菌（*Armillaria mellea, Armillaria* spp.）やマツノネクチタケ（*Heterobasidion annosum*），絹皮病菌（*Cylindrobasidium argenteum*），南根腐病菌（*Phellinus noxius*）などは材を腐朽させるだけでなく，樹木を枯死させる能力も併せ持っている．これら腐朽菌に感染した樹木は材の物理的強度が低下し，幹が折れたり根元から倒れたりしやすい．すなわち，木材腐朽菌は森林内で林冠ギャップを形成するギャップメーカーとしての役割を担っている（図 4.8）．大きな樹木が倒れることにより，林冠にギャップが開くと，周囲の光，温度，水分条件なども劇的に変化するため，多様な環境が創出される．たとえば林床の光環境が周囲に比べて格段に良くなるため，多くの実生苗や稚樹の好適な生育場所となる．

さらに枯死した樹木に形成された樹洞や倒木そのものは昆虫など様々な生物に多様な餌資源や生息場所を提供することになる．腐朽菌が侵入した樹木には，腐朽材を利用する様々な節足動物も侵入する．キツツキ類は腐朽の入った樹木に穴をあけて営巣する．

このように腐朽病害を起点とした枯死や倒木は，それらを資源や生息場所として利用する生物が安定して生息できる環境を創出し，森林生態系を健全に維持する役割を担っていると考えられる．

上述した様に，病気の発生には，病原（体），宿主，環境の 3 要因が密接に関連している．従って病原菌が宿主樹木に感染したとしても直ちに発病する訳

図 4.8　樹木病原菌（腐朽菌）による林冠ギャップの形成
上：南根腐病による倒木被害（折れた部分が腐朽している）．下：本病の被害によって形成された林冠ギャップ．

ではなく，宿主の生理的状況や周辺の環境も大きく関係する．また，同種の樹木でも病原菌に対する抵抗性（感受性）の程度が集団内の個体間で遺伝的に異なっている場合も多い．従って，不適切な生育条件下で何らかの生理的ストレスを受けた個体，あるいは病原菌に対して相対的に感受性の高い個体は発病しやすくなる．たとえば，物理的に損傷を受けた葉や枝，水や養分の過不足等で健全な生育が阻害されたりしている個体は病気の発生の確率が高くなる．また，樹冠下の陽当たりの悪い場所にある被圧された枝や葉（これら被圧された枝葉は樹木にとっては，不要である），サイズが小さく病原菌に対する抵抗性が十分に機能していない幼稚樹には，様々な病気が発生しやすい．逆説的に考えると，病原菌は様々な要因でストレスを受けた器官や個体，病原菌に対して遺伝的に弱い個体を選択的に除去していると捉えることができる．機能が低下したり役に立たなくなった葉や枝などを処理したり，病原菌に対してより抵抗性の個体を選抜しているのである．すなわち，病原力のさほど強くない葉枯・枝枯性の病原菌によって引き起こされる被圧された葉や下枝の枯死は，病原菌が樹木にとって不要な部分を排除している（病原菌による不必要な部分の生体分解機能）と捉えることができる．また，前述したブナなどの更新初期に見られる実生苗の早急かつ大量の枯死も，視点を変えてみると，病原菌が実生の密度を調整したり，より健全な個体を選抜した結果であると言えるかもしれない．

## 4.2　樹木病害と多様性

### 4.2.1　多様性創出のドライバーとしての樹木病害

生物多様性を生み出すドライバーとして，様々な要因（例えば気候，火災，捕食，資源競合，長期の共生関係，寄生者の存在など）があるが，その中でも樹木病害の存在は生物多様性のドライバーとして重要な役割を果たしていると考えられている（Winder & Shamoun, 2006）．特に単純な解釈では，樹木病原菌の存在により倒木や枯死木が生じることで，他生物が利用可能な資源が増加するため，森林の多様性において重要な役割を果たすとされる．枯死木依存性の生物の種類は全世界で最も保守的な数値としても 100 万種と見積もられている（Chapman, 2009）．これは北欧の森林における全生物に対する枯死木依存種の割合が 10% だったことから算出されたものであるが，地域によっては，30% を超える生物種が枯死木依存である場合もある（Hanski & Hammond, 1995）．よって樹木病原菌による枯死木の創出が森林の生物多様性に寄与していることは間違いない．

ただし，全ての樹木寄生菌があらゆる森林でそのような機能を持っていうというわけではない．この機能を発揮するには限定された 2 つの条件，1）枯死木の利用可能性，2）森林の再生可能性，が必要であろう．まず，1）については，生じた枯死木に，他生物が利用可能なレベルの資源が十分に残されている必要がある．樹木病原菌により枯死した木のほとんどがその菌に占有されてしまっていると，他の生物が利用しにくい．また，様々な段階の十分な量の資源が安定して供給されることも多様性維持に重要である．最も理想的な資源は，天然林におけるサイズの大きい衰弱木や，根株腐朽により生じた倒木で，まだ十分に健全な部位が残っている木であろう．サイズが大きいことで，先端部の細い枝先から樹幹部まで，その太さに応じて微生物から動物まで様々な生物が利用できる．こうした資源を提供できるのは，天然林に生息し，短期間で大規模な枯死を引き起こすことなく，長期間にわたり安定して適度な量の枯死木を発生させる根株腐朽菌などの樹木病原菌である．代表的な種類としてはナラタケ属菌やマツノネクチタケ，*Phellinus* 属菌などがあげられる．これらは人工林では，条件によっては大きな被害を引き起こし，木材生産を阻害する重要な因子であるが，自然林では多様性創出に大きな役割を果たしているとみることができる．

2）については，樹木病害の中でも特に破壊的な種類，例えば樹木疫病菌（*Phytophthora* spp.）やクリ胴枯病菌（*Cryphonectoria parasitica*），ニレ類立枯病菌（*Ophiostoma ulmi* および *O. novo-ulmi*）などは，不可逆的な樹木個体群の衰退を引き起こすため，多様性創出のドライバーにはなり得ない．これらは次世代が残らないぐらいに短期間に多くの樹木を枯死させるため，一時的に膨大な資源が供給され，その時期だけ生物多様性が高まるが，それ以降はかなりの減衰が予想される．クリ胴枯病はアメリカグリ個体群をほぼ壊滅にまで追いやったことで，景観レベルで森林構造が変化した．これにより，そこに生息していた多くのクリ依存種が消滅したと考えられている．様々な樹木に疫病を引き起こす *Phytophthora cinnamomi* は多犯性の植物病原菌であり，世界各地で問題となっている．特にオーストラリアの国立公園内では多くの固有植物が枯死している．これにより生物多様性どころか，森林生態系そのものが深刻な損害を受けている．また近年，アメリカ合衆国カリフォルニア州の沿岸部において，常緑のコナラ属樹木（*Quercus* spp.）やマテバシイの一種（*Lithocarpus densiflorus*）などが急激に枯れる被害が発生し，ナラ類の急激な枯死「Sudden Oak Death」と呼ばれるようになった．一方，ほぼ同時期にヨーロッパではドイツやオランダなどの観賞用植物の苗畑などを中心にツツジ属（*Rhododendron* spp.）や，ガマズミ属（*Viburnum* spp.）の葉や枝が枯れる被害が多発した．その後の調査で，これら両被害は同じ病原菌に起因することが明らかになり，

*Phytophthora ramorum* として新種記載されている．本病は英国イングランド地方のニホンカラマツ（*Larix kaempferi*）のプランテーションでも大きな被害を引き起こし注目されたほか，針葉樹にも病原性を有することが明らかになった（Brasier & Webber, 2010）．本菌は極めて多犯性であり，大量の胞子を形成するなど感染力も強いため，前述した *P. cinnamomi* と同様に甚大な被害を引き起こし，生態系に大きな影響を及ぼす危険性もある．この例も，大量の資源を供給するが，それは一時的であるため，やはり生物多様性創出のドライバーとなることは難しい．

樹木病原菌による枯死木の創出は，枯死木を直接利用しない生物やその捕食者にとっても重要な意味を持っている．すでに述べているように，樹木病原菌による枯死木の創出は，森林におけるギャップ創出につながり，そこで生育可能な植物が侵入，定着する場となる．それは結果的にその場所の多様性の創出と維持に貢献する．

## 4.2.2　菌害回避と Junzen-Connell 効果

このように枯死木や倒木の発生による資源の供給は，それに依存する様々な生物の多様性に大きな影響を与えるとともに，それに伴うギャップの形成は様々な樹木の生育場所を提供する．しかし病気（病原菌）が直接に樹木種の"間引き"を通して種多様性の創出に関係していると考えられる状況もある．森林内においては樹種によって生育場所が異なっている場合が多く，樹種ごとに生育により適した立地が存在する．生育に適した立地は土壌環境など，様々かつ複雑な要因によって決まっていると考えられているが，菌類などによる病気が大きな影響を及ぼす場合も知られている（4.1.1 項の記述を参照）．すなわち，樹木病原菌そのものが森林内の樹木種の多様性を創出するドライバーとして重要な役割を担っている．

倉田益二郎は，既に 1949 年に「菌害回避更新論」を発表し，森林が更新する際の菌害の役割について考察している（倉田，1949）．彼はある樹種が特定の場所にしか生育できないのは，他の場所では菌害を回避できないからであると考えた．すなわち，ある樹種の天然林が成立し得るか否かは，主にはその稚苗が菌害を回避できるかどうかで決まるのではないかと主張し，菌害を回避することの重要性を指摘している．前述したエゾマツやトドマツの倒木更新はこの例に当てはまると考えて良いだろう．また，他の樹種についても，倒木上で実生が維持されている事例も多い．このように，病原菌は実生苗などを枯死させるが，そのことが樹木の生育場所を規定しており，より多様な樹種が共存できる一因となっている可能性がある．

主に熱帯林を対象とした研究から，同様に病原菌が樹木の種多様性の創出に大きな役割を果たしているとする仮説も提唱されている．熱帯林は多様な樹種が低密度で存在する非常に種多様性の高い森林である．重力散布であれ風散布であれ，種子は親木の周りに落下する確率が高く，親木から離れるに従って落下量は少なくなる．もし実生苗の死亡がランダムに起こるとすれば，同種の樹種が集団で生育する分布パターンを示す．しかしながら，上述したように熱帯林では多様な樹種が低密度でまばらに生育し，そうはなっていない．このような種多様性の高い森林の形成メカニズムに病原菌が重要な役割を果たしているかも知れない．

多くの樹木（植物）にはその樹種と特異的な関係を結ぶ（ある樹種に特異的に病気を引き起こす）病原菌が存在する．ある樹種の周辺には，落下種子や実生苗などの資源も豊富であるため，その種に特異的な病原菌（あるいは捕食者）が高密度で存在する．そのため親木近くに落下した種子や親木周辺に存在する実生苗は，特異的な病原菌の被害を受ける確率が高くなる．従って，実生苗（あるいは種子）が生き残る確率は親木の周りで低く，親木から離れるに従って高くなる（距離に依存した死亡率の減少）．そのため，親木の周りでは，同樹種の実生苗が生存することが難しく，他樹種が侵入しやすい状況が生まれる．結果として種多様性の高い森林が創出され維持される（ジャンツェン・コネルの仮説（JC 仮説））．近年，これらのメカニズムはサクラの一種（*Prunus serotine*）の同齢実生集団の研究などから，熱帯のみならず温帯地域でも働くことが明らかになりつつあり（Packer & Clay, 2000），日本でも冷温帯林（落葉広葉樹林）を中心に精力的に研究が進められている（例えば Seiwa *et al.*, 2008）．さらに近年，系統的 JC 効果も提唱されている（Liu *et al.*, 2011）．Liu らが行った野外調査の結果，同所的に生育している樹木は期待値よりも系統的に遠いものに偏っていた．そこで実験的に実生の生存を調査した結果，系統的な距離が遠いほど，生存率が上がったという．さらに殺菌剤処理区ではこうした現象が見られなくなったという．これらの研究では，病原菌の種類や多様性，病原力に関する評価が欠けており，再現性の点では，より厳密な試験設計が必要と思われるが，病原菌の生態系における機能を考える上で重要な視点である．

### 4.2.3　樹木病害が生物多様性に与える負の影響

一方，樹木病原菌が他の生物の生育を阻害することで，多様性に負の効果をもたらす研究例も知られている．カエデをはじめとする落葉広葉樹のいくつかの種類の葉に *Rhytisma* 属菌が寄生している場合，水中の落葉の分解速度が低下するという（Grimmett *et al.*, 2012）．これは寄生菌が産生する抗菌活性物質が関与していると予想され，感染葉の分解率は未感染葉に比べて50％減少する．合わせて落葉分解菌の胞子形成が抑制され，結果的に寄生菌の存在は落葉分解菌の多様性を抑制している．トリュフの仲間である外生菌根菌 *Tuber melanosporum* が感染した樹木の周辺には，下層植生が衰退し，まるで焼け跡のように見える場所（brûlé と呼ばれる）がしばしば出現する．この原因は菌根菌である *T. melanosporum* が周辺の雑草などに感染し，根の皮層組織にダメージを与えた結果であることが，免疫学的手法を用いた研究によって明らかにされた（Plattner & Hal, 1995）．本来は樹木の生育を助ける外生菌根菌である本菌が，周辺の雑草などには病原性を示し，枯らしてしまうためである．つまり本菌は本来の菌根菌としての宿主以外の植物には病原菌として振る舞い，結果として本来の宿主周辺の多様性を減少させる．

以上のようにスケールによっては，樹木病原菌は多様性においてネガティブな因子にもなり得るが，森林生態系全体を見たときには生物多様性創出のための重要なドライバーの一つとして，森林生態系の恒常性維持に重要な役割を果たしている．

## 4.3　森林利用が樹木病害に及ぼす影響

人間が森林を利用するにあたって，多かれ少なかれ森林の改変を余儀なくされる．石油などの燃料や化学肥料が一般的ではなかった時代，燃料や肥料，用材として利用するために，森や林から薪を集めたり，樹木を伐採したりすることは普通に行われてきた．さらに現在では，天然林を大規模に伐採（皆伐）し，人間が利用しやすいスギやヒノキ，カラマツなどの樹種を大量に植栽した人工林が造成され，材の生産のために利用されている．人工林を造成し，持続的に維持・利用するためには，植林に始まり下草刈り，除間伐，枝打ち，伐採などの多くの作業が伴う．また，切り出した材を搬出するための作業道（林道）なども作る必要がある．すなわち人間が利用するために行う森林の改変は，樹種の種類のみならず，周辺の様々な環境の急速かつ劇的な変化を引き起こす．

このような急激な環境の変化は当然のことながら，樹木病原菌の活動様式やそれらが引き起こす病害の発生頻度や被害程度に大きな影響を与えることは容易に推測できよう．例えば多くの人工林は同齢の単一樹種（挿木苗などの植栽では単一クローン）から成り立っている場合が多い．従って，資源利用の視点から見ると，その樹種に依存している（その樹種を宿主とすることができる）樹木病原（寄生）菌にとっては有利に，それ以外の病原菌にとっては不利に働く場合が多い．単一樹種あるいは単一クローンであるため，ある病害が発生すると甚大な被害を引き起こしやすい．林内の環境条件が単純で病原菌の活動に好適になりやすいことに加え，遺伝的にほぼ同一で，かつ同齢集団であるため，病原菌に対する感受性（抵抗性）もほぼ同程度であるためである．また，除間伐や枝打ちなどの管理作業の際に発生する傷等が病原菌の侵入門戸になるほか，一時的に樹木にストレスを与え，発病を助長する．またこれらの作業は，温度や湿度など森林内の微環境にも影響を及ぼすため，病原菌の活動にとって好適な条件になる場合がある．従って，特定の病気が発生しやすくなったり，被害が甚大になったりする可能性も高い（図 4.9）．以下に森林利用と樹木病害の関係について詳細に解説したい．

## 4.3.1　森林利用で顕在化する樹木病害

### A.　伐採・植林

大規模な森林伐採に伴う樹木病害の発生リスクは低くない．実際に多くの北米の事例ではナラタケやマツノネクチタケは，伐採直後の新鮮な伐根がこれらの繁殖源として重要な位置づけにあるという．このため，これらの木材腐朽菌

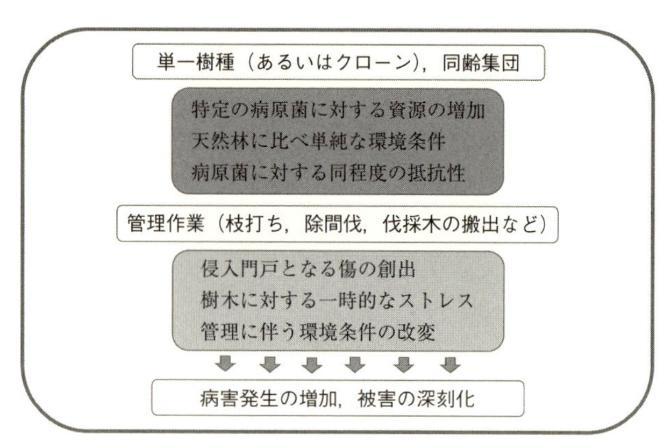


図 4.9　樹木病原菌の生息場所としての人工林

による根株腐朽は，伐根を中心にクラスターとなって（集団状に）発生する．特に皆伐後（あるいは間伐した後）に再生した二次林や皆伐後に造成された人工林では，多くの場合，伐根が放置されたままになっているため，根株腐朽の発生が非常に高いリスクとなる．マツノネクチタケでは伐採した樹木の直径と周辺樹木の発病リスクには正の相関がみられるという（Bendz-Hellgren & Stenlid, 1998）．すなわち太い木の伐採では，その周辺に生育する樹木の発病のリスクが高く，逆に細い木の伐採では発病のリスクが低い．南根腐病菌（*Phellinus noxius*）は天然林にも生息しているが，仮に発病しても周囲に広がり大きな被害を起こすことは少ない．しかし，天然林が皆伐された跡に作られた有用樹種のプランテーションでは本病による被害が徐々に増加する．伐採後に本病に感染した樹木の伐根が所々に残っており，植栽された樹木の根がこれらの伐根と接触するためである．一度伐根から植栽木に感染すると次々に周辺の植栽木に根の接触を介して病気が広がり，やがて多くのものが枯死することになる．

針葉樹林では伐採は，特に病害の定着と拡大のリスクを伴う．伐採の効率化のため林業機械の導入により，林分内に重機が持ち込まれることによる，生立木への機械的損傷もまた腐朽菌の侵入リスクを高める．

植林というイベントは森林生態系においては大きな変革である．特に新たな造林地を造成した場合は，これまでに生息していなかった樹木が導入されることにより，そこに生息していた病原菌について明らかな挙動の変化が認められる．このような状況で特に被害が顕在化するのは，造成前の森林では被害が目立たない白紋羽病菌（*Rosellinia necatrix*）や紫紋羽病菌（*Helicobasidium mompa*），南根腐病菌（*Phellinus noxius*）といった，宿主範囲の広い土壌伝染性の病原菌が引き起こす病害である．一般に紫紋羽病は森林の開墾後，年数の浅い植栽地で発生しやすいとされる．また前述したように，南根腐病は天然林を伐採したあとに造成されたプランテーションや，人為の影響の強い場所に植栽された樹木で発生しやすい（Sahashi *et al.*, 2012）．スギ，ヒノキといった木材生産のための人工林では，これまでのところ，このような病害の大きな被害は報告されていない．しかし紋羽病は日本においてリンゴやナシなどの果樹園やウルシ，クワなどの植栽地で，また海外においては南根腐病がパラゴムノキ，マホガニー，アボカドなどのプランテーションで，甚大な被害を引き起こし大きな問題となっている．通常，これらの病害は，自然林では顕在化することは希であり，その発生は限定的で，被害が周囲に拡大し大きな問題となることは少ない．人為の影響の強い人工林で，なぜこのような病害による被害が増加するかについては，様々な仮説が提唱されている．人工林は同種の樹種から構成されており，病原菌が利用できる資源が増加する，周辺は全て同樹種（かつ感受性もほぼ同一）であるので伝搬が容易である，人工林の造成に伴う撹乱や人工林そのものが特定の病原菌にとってより好ましい環境を提供するなどの考え方もあるが，具体的データが少なく決定的なものとはなっていない．

造林に伴う苗木の植林は常に病害のリスクを伴う．過去の拡大一斉造林で，スギをはじめとする様々な樹種が植栽され，それに伴い非常に多くの樹木苗の病害についての知見が蓄積している．稚樹に特有の病害も多く報告されているが，特に *Fusarium*，*Pythium* 属菌等，農作物の病害と共通の病原菌が多い．また，樹種にもよるが，種子や実生苗は基本的には病害には弱く，大量の種子を生産していても次世代が生き残るのはごくわずかである（4.1.1 参照）．苗畑で育成した苗木を「山出し」して植林するまでの過程で生じる傷や乾燥など様々な生理的ストレスが，様々な病気の感染やその発生を助長する可能性も指摘されている．

このように，森林利用の目的で造林を行う際に最初の作業となる森林（樹木）の伐採，それに引き続く植林は樹種や周辺環境の極端な改変を伴うため，新たな病害の発生を誘発したり，被害を顕在化させたりする．

### B. 除間伐，枝打ち

森林を健全に管理するための枝打ちや徐間伐も，樹体に様々なストレスを誘発し，樹木病害の被害を増加させるとともに，被害の重症化を引き起こす．Hood *et al.*（2002）によればラジアータマツ（*Pinus radiata*）林の間伐や枝打ち，またはその組み合わせはならたけ病菌の感染率を増加させるという．同じくラジアータマツでは強度の枝打ち（樹幹部の 40〜50%）は *Diplodia pinea* の感染率を増加させ，感染木の中には樹木全体が萎凋し枯死するものもあるが，軽微な枝打ち（樹幹部の 25%）では感染率も低く枯死には至る個体は認められない．また，枝打ち痕の直径が大きいほど感染率も高いという（Chou & MacKenzie, 1988）．ヒノキ漏脂病の発生部位は枝打ち痕に多いという報告もあり，枝打ちによる傷が本病の侵入門戸や症状を助長する要因になっている可能性もある．このように，枝打ちの際に枝の基部などがきれいに切り取られずに残っていると，胴枯性の病原菌に感染する確率が高くなるほか，多くの腐朽病害では，枝打ちや除間伐，搬出作業などの管理に伴い生じた傷が病原菌の侵入門戸になっている．不適切な時期あるいは不適切な手法による枝打ちは，枝打ち後の傷などが，様々な病原菌の侵入門戸になるのに加え，光合成や水分の蒸発散などに強く影響を及ぼし，樹木に一時的なストレスを与えるため，樹木の本来の防御機構を低下させると考えられる．このようなストレスによる抵抗性の一時的な低下は，葉や枝など地上部の病害のみならず，ならたけ病などの根系を介して伝染する土壌伝染性病害にも間接的に影響を及ぼしている．

## 4.3.2　樹木病害を防ぐための森林利用

先に述べたように，人間が森林を持続的に利用するためには，特に人工林では，森林を大きく改変し，かつ持続的に森林に手を入れ続ける必要がある．このような人為が病害の発生頻度や被害程度に大きく影響するため，人工林などの管理を行う際には，十分な注意が必要である．間伐や枝打ち作業などは，人工林の成長を促すために，必須ではある．一般に，枝打ちは病害の発生や被害を助長する場合いも多いが，逆に枝打ちが病気の被害の軽減や予防に繋がる場合いもある．例えばゴヨウマツの一種，モンチコラマツ（*Pinus monticola*）では，枝打ちを行うことで，発疹さび病が感染している枝も除去されるため，本病の感染から保護され，商品となるサイズに成長するまでの枯死率が結果的に低下したとの報告もある（Hunt, 1991）．また，カナダのマツ類に大きな被害を及ぼしているスクレロデリス枝枯病の被害軽減や蔓延防止には，樹幹の下から1/3の下枝を除去することが望ましいとされている．このように枝打ちは病気の発生にとって，条件によって良い方向にも悪い方向にも働くが，作業を行う際には，余分な傷などを付けないように十分に注意するとともに，傷が付いてしまった場合は，病原菌の侵入門戸にならないように，殺菌剤を塗布するなどのケアが必要である．

木材価格の低迷などにより，間伐木は利用されないまま林地に放置されている（切り捨て間伐）．このようにして林内に放置された間伐木は，ある種の病原菌の繁殖場所になる場合も多く，それが2次伝染源として機能する可能性が高い．経済的に成り立つ間伐木の有効利用法の開発やそれに付加価値を付ける方策の開発が望まれるが，現時点では病気の発生源になりそうな間伐木は速やかに除去するなどの処理が必要である．また，間伐木だけでなく，樹木病害によって生じた枯死木であっても，状態によっては十分に利用可能である．逆に枯死木を積極的に利用することで森林被害を軽減しようという試みも一部で行われている．例えば北米ではキクイムシによる枯死木を，枯死当年木，翌年木，3年後というように3つのグレードに分け，枯死当年木は通常の利用が十分可能であるため，積極的な利用を図っている．キクイムシ枯死木では青変菌により材が青く変色することから，化粧性が低下するため日本では特に利用されていない．しかしカナダでは青変材をブランド化し様々な家具や建物に利用している．こうした試みが結果的に被害軽減につながっているかどうかについての検証はないが，適切な利用が樹木病害の被害軽減につながるような取り組みが今後さらに必要であろう．

既に述べた様に，今日の人工林は同一の樹種が比較的大面積で植栽されている場合が多いため，一度病気が発生すると短期間で広い範囲に蔓延しやすい．作業や管理などを考えると効率的ではないが，数種の樹種からなる人工林などの造成も将来的には考えても良いかもしれない．また，同じ樹種を植栽するにしても，できるだけ系統の異なる品種を混ぜて植栽することは，病害予防や被害の軽減に有効であると考えられる．さらに広域的には針葉樹と広葉樹の造林地（あるいは天然林）を適切にパッチ状に配置することも有効かも知れない．様々な樹種あるいは品種を用いることにより，ある病害に対する抵抗性の程度の異なる個体が担保されることになるほか，針葉樹と広葉樹，あるいは天然性林をパッチ状に配置することで，広域的には周辺の環境が複雑になり，特定の病害が大発生する可能性が少なくなる．実際に，Hantsch *et al.*（2013）は，宿主樹木の多様性が葉の病原菌種数や罹病度にどのような影響を与えるかを，人工的に植林した樹種多様性の異なる林分において調査した．その結果，そこには宿主樹木間や病原菌種間の競合の影響もある可能性があり，より複雑な相互作用が成立している可能性が示されたが，宿主樹木の多様性は病原菌種数の多様性と正の相関があり，罹病度とは負の相関が見られた．このような多様な林分構造に誘導するような造林方法を採り入れることで，病害により耐性でかつレジリエンスを備えた森林を造成できるかもしれない．

### 4.3.3　景観と樹木病害

森林利用を目的とした育林技術は古くから研究されており，近年では多様性保全を考慮した森林利用も進みつつある．多様性を維持しつつ持続的な森林利用を考える一方で，樹木病害の適正な管理については，先に述べたように十分に考慮されているとは言い難い現状にある．森林利用において樹木病害の適正な管理を考える際には，これまでの森林病害研究で行われているような点的なアプローチではなく，被害発生・拡大要因を景観レベルで面的，経時的に解析することが重要である．被害を面的，経時的に解析し，被害発生・拡大要因を特定する試みは古くからあったが，それらを景観病理学（landscape pathology）として体系化する試みは，空間統計学が発達し，GIS や GPS，衛星データ，リモートセンシングがより身近になってきた近年になってからのことである．2004 年に Holdenrieder らの総説（Holdenrieder *et al.*, 2004）で提示された，特に樹木病害に焦点を当て，森林病理学と景観生態学の融合した概念モデルが景観病理学である（図 4.10）．特に大規模に発生する集団的な樹木の大量枯損を調査する際，毎木探査では対応不可能な樹木病害を広範囲で調査する必要に

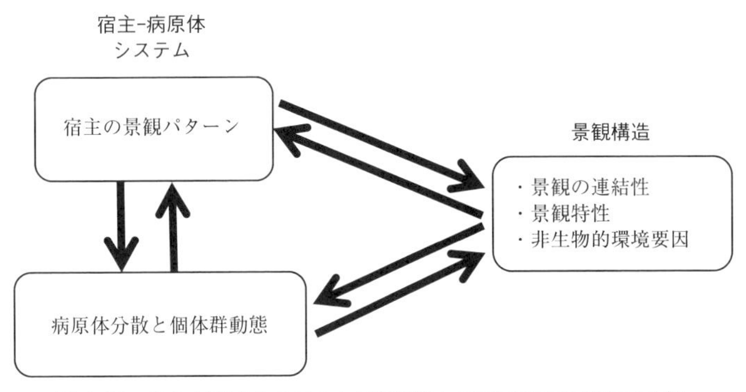


図4.10　宿主-病原体システムと景観構造との関係に関する概念モデル
宿主-病原体システムと景観構造を結ぶ鍵となるプロセスには，景観断片化の病原体への影響，宿主の病原体に対する感受性に景観的異質性が与える影響，病原体と景観パターンとの相互作用，粗視的スケールの個体群動態がある．宿主と病原体の個体群は両方とも非生物的環境下では景観の連続性や空間的異質性の影響を受ける．宿主の景観パターンは病原体に関しては景観の連続性の決定要素となる．病原体の個体群動態と分散は宿主の枯死を通じて宿主の景観パターンに互恵的に影響を及ぼす可能性がある．Holdenrieder *et al.* (2004) を一部改変．

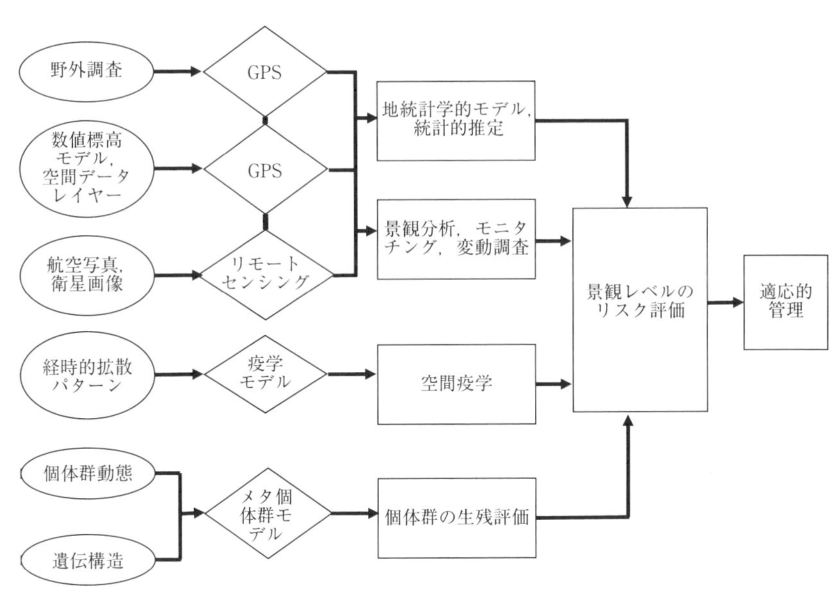


図4.11　景観病理学の中心となるデータソース，定量的ツール，および解析アプローチ
Holdenrieder *et al.* (2004) を一部改変．

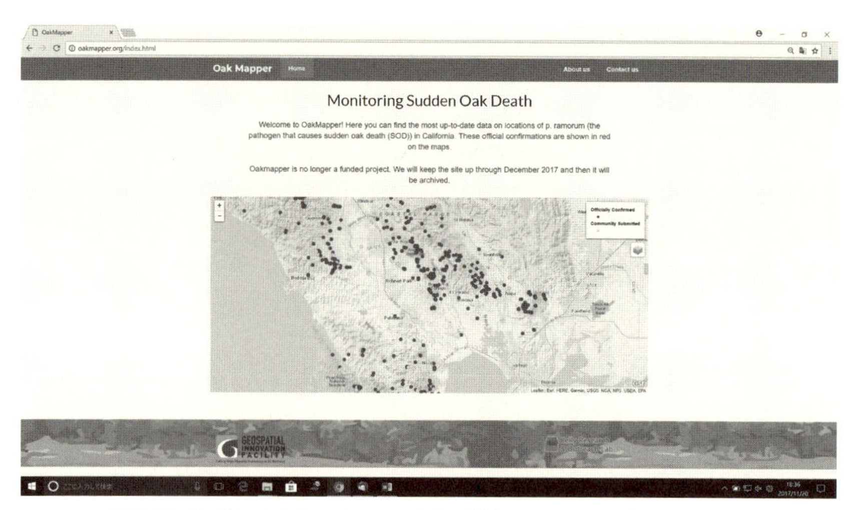


図 4. 12　Sudden Oak Death のモニタリング用の Web-GIS アプリケーション
http://oakmapper.org/index.html, 2018 年 1 月現在.

迫られた北米のような地域ならではのアプローチかもしれない．この分野の最終的な目的は森林生態系における樹木病害の適応的管理にあり（図 4. 11），近年その重要度は増してきている．本章でこれまでに扱ってきた森林利用と樹木病害との関係について，本アプローチでは景観レベルで解析することで，変動パターンと要因について様々な予測を行うことができる．

景観病理学のケーススタディとして北米で重要な病害となっている Sudden Oak Death（SOD）に関する一連の研究がある（Holdenrieder *et al.*, 2004）．Sudden Oak Death は *Phytophthora ramorum* によって引き起こされるナラ類の集団的枯死で，本病原菌は北米で猛威を振るっている侵入病害の一つであり，ナラ類の他に様々な植物に寄生し枯死させる重要病害である．本病害の被害発生と拡大要因に関しては景観生態学的な解析が進んでいる．その際以下のような研究が進められた．

・まず SOD の分布を様々な空間スケールでリモートセンシングにより地図化しモニタリングした．また Web-GIS アプリケーションを開発し（http://oakmapper.org/index.html；図 4. 12），地上から本病害の発生情報の収集を行い，より高い精度の被害地図を作成した．

・枯死木の分布を解析し，枯死木が集中しているかどうか，またどれぐらい集中しているかを解析するとともに，2年間の被害規模の変化を記録した．

- 各斜面における病害発生の位置，地上部における病害の状況などから，病原菌の胞子の移動が風雨によるものか，雨滴によるものかを判別する等，伝搬モデルを作成した．
- 以上のことから，被害リスクの空間パターンをいくつかの環境変数に基づきモデル化した．その結果，林縁付近が被害発生において最も重要な説明変数であることが判明した．

このように，SODの景観病理学的解析から，林縁は宿主となる林床植生が豊富に存在するため，被害発生や拡大において重要な因子となることが推察された．この場合，森林の断片化が本病害の被害拡大において非常に大きな要因となっていることが示された．

一方で，より大きいスケールでみたときには，森林断片化によって樹木病害の分散が抑制されるという結果もある．五葉松の発疹さび病菌 *Cornartium ribicola* は北米の西と東の集団間で遺伝的に大きく分けられ，それは五葉松と中間宿主の *Ribes* 属植物が，数百キロメートルのグレートプレーンズ内に存在していないため，遺伝的な隔離が生じており，遺伝子流動が行われていないことで説明されている（Hamelin *et al.*, 2000）．

森林の連結性（connectivity）が，被害拡大において重要な要因となっているという結果も，景観病理学的解析で明らかになっている．*Phytophthora lateralis* によるローソンヒノキの集団枯死について，アメリカ西海岸の37 km$^2$のエリアで行われた調査によれば，この病原菌の分散は，樹木の伐採に使用した重機についた泥や有機物に含まれる分散体（胞子や菌体そのもの）により行われており，林分間を繋ぐ林道やそれに沿った河川沿いに広がっていると予想された．そこで相対的な重要度を評価した結果，やはり他の分散要因（野生生物，ハイカー，家畜等）に比べて，林業用重機による分散が最も大きな影響を及ぼしていることが判明している．

以上のように景観病理学的解析による知見は，病害の発生や被害拡大の原因を効率よくデータとして示し，最適な防除につながるような適応的管理技術に応用することができる．

表 4.1　樹木病原菌の森林への影響

| スケール | 正 | 負 |
|---|---|---|
| 宿　主 | ・抵抗性誘導<br>・他寄生者との拮抗作用<br>・枝打ち効果 | ・次世代更新阻害<br>・衰退<br>・枯死 |
| 林　分 | ・倒木更新<br>・密度調整<br>・遺伝的多様性誘導 | ・次世代更新阻害<br>・林分衰退<br>・集団枯死 |
| 森林生態系 | ・ギャップ更新<br>・物質循環<br>・多様性誘導，維持<br>・他生物への栄養資源<br>・他生物へのハビタット提供 | ・更新阻害<br>・衰退<br>・集団枯死<br>・多様性減少<br>・森林荒廃 |

## おわりに

森林と樹木病害との関係は，様々なスケールで正負が混在するモザイク的な様相を呈しているように見える．しかし，それらを階層的に整理することで樹木病害の森林生態系における機能が見えてくる（表 4.1）．ただし，それらの機能が発揮される条件については，十分には解明されていない．例えば，小さいスケールであっても，病原菌が宿主にとって正の影響を与える条件や，負の影響を与える条件があると予想される．外見上いかなる症状（病徴）も引き起こすことなく葉に内生している糸状菌（内生菌，エンドファイト）が侵入病害となって他地域で猛威を振るう現象は実際にあり，その場合は宿主の抵抗性や感受性と病原菌の病原力や侵害力との拮抗関係が大きく影響しているという．また，気候変動により分布が拡大し，これまで問題になっていなかった病害が問題になってきている．樹木病原菌の種類によって，影響する因子は異なり，また種が変われば全く異なる方向に作用する可能性もあることから，森林利用と樹木病害との関係は二元論的な解釈を超えて捉えていく必要がある．

その際，景観病理学的アプローチは，持続的な森林管理や侵入病害の拡散，気候変動による森林被害の動態変化など，森林利用と樹木病害との動的な関係について，これまでの研究のギャップを埋めてくれる有効なツールになり得る．

これまで森林病理学は本章の冒頭で述べた発病のトライアングルにおいて，1辺もしくは2辺（例えば病原体と宿主，もしくは病原体と環境要因）に焦点を当てた研究にとどまっていた．しかし，本アプローチはトライアングル3辺全てを考慮する．さらには森林病害の経時的な変化を合わせて解析することで，発病のピラミッドすら俯瞰することが可能になる．それを実行するためには，森林病理学者，景観生態学者に加え，分子生物学者や気象学者などその他様々な研究者の連携が不可欠である．

## 引用文献


Agrios, G. N. (2005) *Plant Pathology, 5th ed.* Elsevier-Academic Press.

Baudoin, A. B. A. M. (2007) The Plant Disease Doughnut, a Simple Graphic to Explain what is Disease and what is a Pathogen. *The Plant Health Instructor.* DOI : 10.1094/PHI-T-2007-1221-01.

Bendz-Hellgren, M. & Stenlid, J. (1998) Effects of clear-cutting, thinning, and wood moisture content on the susceptibility of Norway spruce stumps to *Heterobasidion annosum. Can. J. For. Res.*, **28**, 759–765.

Brasier, C. & Webber, J. (2010) Sudden larch death. *Nature* 466 : 824–825.

Chapman, A. D. (2009) *Numbers of living species in Australia and the world, 2nd ed.* Canberra, Australian Biological Resource Study.

程 東昇 (1989) エゾマツの天然更新を阻害する暗色雪腐病菌による種子の地中腐敗病. 北海道大学農学部演習林研究報告，**46**，529–575.

Chou, C. K. S. & MacKenzie, M., (1988) Effect of pruning intensity and season on *Diplodia pinea* infection of *Pinus radiata* stem through pruning wounds. *Eur. J. For. Path.*, **18**, 437–444.

Grimmett, I. J., Smith, K. A., Barlocher, F. (2012) Tar-spot infection delays fungal colonization and decomposition of maple leaves. *Freshwater Science*, **31**, 1088–1095.

Hamelin, R. C., *et al.* (2000) Barrier to gene flow between eastern and western populations of Cornartium ribicola in North America. *Phytopathology*, **90**, 1073–1078.

Hantsch, L., Braun, U., Scherer-Lorenzen, M. & Bruelheide, H. (2013) Species richness and species identity effects on occurrence of foliar fungal pathogens in a tree diversity experiment. *Ecosphere*, **4**, 81. http://dx.doi.org/10.1890/ES13-00103.1

Hanski, I., & Hammond, P. (1995) Biodiversity in boreal forests. *TREE*, **10**, 5–6.

Hood, I. A., Kimberley, M. O., Gardner, J. F. & Sandberg, C. J. (2002) Armillaria root disease of Pinus radiata in New Zealand. 3 : Influence of thinning and pruning. *New Zealand J. For. Sci.*, **32**, 116–132.

Holdenrieder, O., Pautasso, M., Weisberg, P. J., Lonsdale, D. (2004) Tree disease and landscape processes ; the challenge of landscape pathology. *TREE*, **19**, 446–452.

Hunt, R. S. (1991) Operational control of white pine blister rust by removal of lower branches. *For.*

*Chron.*, **67**, 284–287.

Kaneko, S., Yokosawa, Y. & Kubono T. (1988) Bud blight of *Rhododendron* trees caused by *Pycnostysanus azaleae*. *Ann. Phytopath. Soc. Jpn.*, **54**, 323–326.

Kubono T. (1994) Symptom development of the twig blight of Japanese cedar caused by *Gloeosporidina cryptomeriae*. *J. Jpn. For. Soc.*, **76**, 52–58.

窪野高徳（1996）スギ黒点枝枯病の伝染環．日本林学会誌，**78**，162–168.

倉田益二郎（1949）菌害回避更新論．日本林学会誌，**31**，32–34.

Liu, X., Liang, M., Etienne, R. S., *et al.* (2012) Experimental evidence for a phylogenetic Janzen-Connell effect in a subtropical forest. *Ecol. Lett.*, **15**, 111–8. doi: 10.1111/j.1461–0248.2011.01715.x

Packer, A. & Clay, K. (2000) Soil pathogens and spatial patterns of seedling mortality in a temperate tree. *Nature,* **404**, 278–281.

Plattner, I. & Hall, I. (1995) Parasitism of non-host plants by the mycorrhizal fungus *Tuber melanosporum*. *Mycol. Res.*, **99**, 1367–1370.

Sahashi, N., Kubono, T. & Shoji, T. (1994) Temporal occurrence of dead seedlings of Japanese beech and associated fungi. *J. Jpn. For. Soc.*, **76**, 338–354.

Sahashi, N., Kubono, T. & Shoji, T. (1995) Pathogenicity of *Colletotrichum dematium* isolated from current-year beech seedlings exhibiting damping-off. *Eur. J. For. Pathol.*, **25**, 145–151.

Sahashi, N., Akiba, M. Ishihara, M. *et al.* (2012) Brown root rot of trees caused by *Phellinus noxius* in the Ryukyu Islands, subtropical areas of Japan. *For. Path.*, **42**, 353–361.

Schulz, B., Rommert, A. K., Dammann, U., Aust, H. J. & Strack, D. (1999) The endophyte-host interaction: a balanced antagonism? *Mycol. Res.*, **103**, 1275–1283.

Seiwa, K., Miwa, Y., Sahashi, N. *et al.* (2008) Pathogen attack and spatial patterns of juvenile mortality and growth in a temperate tree, *Prunus grayana*. *Can. J. For. Res.*, **38**, 2445–2454.

Winder, R. S. & Shamoun, S. F. (2006) Forest pathogens: friend or foe to biodiversity? *Can. J. Plant Pathol.*, **28**, S221–S227.

# 第2部 外来生物や環境影響物質に関する話題

# 第5章 外来生物による森林の変化と菌類

升屋勇人

## はじめに

グローバル化により他国間交流が盛んになるにつれて，外来種問題は地球規模で顕在化してきた．そして今や，外来生物は生物多様性や森林生態系にとって重大な脅威となっている．国際自然保護連合（IUCN）が定めた世界の侵略的外来種ワースト100には，世界各国で生態系や多様性に大きな問題を引き起こしている生物が挙げられているが，森林に特に大きな影響を及ぼす外来生物として知られているのは，実は菌類をはじめとする微生物である．特に驚かされるのは，植物病原体として広く問題を引き起こしている種類の65～85%が，実は被害が発生している場所においては外来種であると見積もられている(Pimentel *et al.*, 2001)．また，外来種ワースト100に挙げられている菌類，もしくは菌類様微生物は，ニレ類立枯病菌 *Ophiostoma ulmi* および *O. novo-ulmi*，クリ胴枯病菌 *Cryphonectria parasitica* および植物疫病菌 *Phytophthora cinnamomi* であるが，いずれも樹木の大量枯損を引き起こす強力な樹木病原菌として知られている．これらは単に樹木を枯死させるだけでなく，その被害の大きさから，景観レベルの激変をもたらし，周囲の森林生態系を改変してしまう．さらに，侵略的外来種に挙げられていない樹木病原菌でも，樹木の大量枯損を引き起こす侵入病害が，近年世界各地で多数報告されている．こうした外来菌類の存在は世界各国の貿易における輸入項目の変化や植物防疫上の規制等に大きな影響を与えている．一方，菌類以外の外来生物でも森林に大きな影

響を及ぼすものが知られている．例えば，マツザイセンチュウはアジア，ヨーロッパでマツの大量枯損を引き起こしている．特に日本において猛威を振るっており，すでに北海道以外の地域で被害を引き起こしている．その結果マツ林は失われ，そこに生息する菌類の分布や生態に大きな影響を与えている．本章では，どのような外来生物や外来菌類が，森林生態系にどのような影響を及ぼし，それらがどのように在来の菌類へ影響を与えているかについて，国内外の事例から概観する．また外来生物の森林や菌類への影響が結果的にどのように我々の生活や経済活動に影響してきているかも合わせて考察する．

## 5.1　森林に影響を与える外来生物としての菌類

### 5.1.1　樹木の侵入病原菌

#### A.　ニレ類立枯病

ニレ類立枯病はおそらく世界で最も有名な侵入病害だろう．病原菌は子嚢菌の仲間で *Ophiostoma* 属に含まれる．*Scolytus* 属キクイムシにより媒介され，広域に拡散できる．生活史はまず，キクイムシの繁殖場所であるニレの丸太や枯死木の樹皮下で同じく増殖し，脱出したキクイムシ成虫の体表に付着して分散する．キクイムシは後食のために枝樹皮を摂食する．その際に体表の病原菌が侵入し，枝内を広がり，枝枯れを引き起こす．抵抗性ニレ類の場合は小規模な枝枯れで済むが，感受性がある種類では仮道管の壊死が広がり，広い範囲の枯死が引き起こされる．樹体内に蔓延する頃には，キクイムシが繁殖のために樹幹に穿孔し，木全体が枯死に至る（図5.1）．

北米とヨーロッパで猛威を振るってきたこの病害は，2度のパンデミックがあったことが知られている．1度目は1940年代まで，2度目は1970年代である．ニレ類立枯病が初めて確認されたのは1900年のドイツと考えられており，その後ヨーロッパ各地で検出され，1920年に病原菌の特定に至っている．1925年に北アメリカに丸太とともに侵入し，北米にも定着した．その後1944年にはカナダのケベック州に到達している．それ以後，沈静化したと考えられ，1960年にPeaceは，“病原体の振る舞いが大きく変化しない限り，この病害が

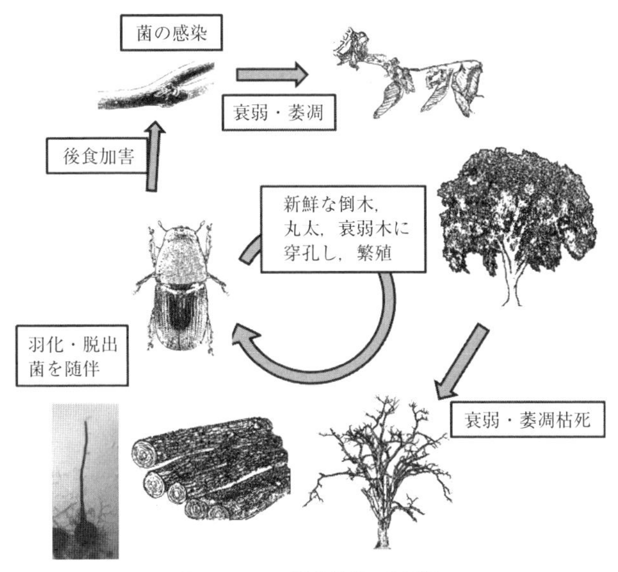


図 5.1　ニレ類立枯病の生活環

ニレ類立枯病菌の媒介昆虫である *Scolytus* 属キクイムシは後食（性的に成熟するための摂食）のため枝の樹皮をかじる．その際にキクイムシ体表の *Ophiostoma ulmi, O. novo-ulmi* が樹体内に侵入する．侵入した病原菌は毒素を産生しながら樹体内で増殖し，それらに対する過敏感反応を含む防御反応により組織が壊死する．その結果，仮導管に通水阻害が起こり急激な萎凋枯死に至る．その間に発生した衰弱木，枯死して間もない枯死木はキクイムシの繁殖に最適な場所となる．次世代成虫は病原菌とともに脱出し，新たなニレの枝を後食加害する．

劇害化することはないだろう”と述べたが，実際に，その振る舞いに大きな変化が起こってしまった．1965 以降，再びニレの大量枯死が発生してきたのである．1973 年のイギリスの調査でこの病原菌には 2 つの系統が存在することが確認され，後にアメリカでも 2 つの系統が報告された．1991 年にこの 2 つの系統が別種として取り扱うことが妥当として，*Ophiostoma ulmi* と *O. novo-ulmi* に分けられ，さらに *O. novo-ulmi* は 2 つの亜種，ssp. *novo-ulmi* と ssp. *americana* に分けられた．一度目のパンデミックは *O. ulmi* が，2 度目のパンデミックは *O. novo-ulmi* が引き起こしたと考えられ，特に 2 度目のパンデミックは 1 度目よりも大きな被害を引き起こした．*O. ulmi* はアジア起源であると予想されており，シルクロードを経由してヨーロッパに持ち込まれたと考えられている．後述するが *O. novo-ulmi* は *O. ulmi* より派生した種であると考えられており，ヨーロッパへの再上陸を果たし，急速に *O. ulmi* から *O. novo-*

*ulmi* への置き換わりが起こっている．本病害のアジア起源説は，ヨーロッパ，北アメリカのニレ類が本病原菌に対して高い感受性を有し，アジア原産のニレ類は概して中度抵抗性から抵抗性を有することから予想されてきた．最近日本において *O. ulmi* が見つかったことから（Masuya *et al*., 2009），アジア起源説が補強されたようである（Brasier, 2012）．

### B．クリ胴枯病

クリ胴枯病はアメリカグリを絶滅寸前まで追い込んだアジア原産の侵入病害である．原因菌は子嚢菌の１種，*Cryphonectria parasitica*（Murrill）Barr であり，樹皮の傷口などから侵入し，枝から幹までの形成層を壊死させ，最終的に木全体を枯死に至らしめる．1904 年にニューヨークのアメリカグリで初めて発見され，瞬く間に分布域を広げ，1950 年までにアメリカグリの分布域全体まで広がった．その被害量は 1940 年までに 35 億本以上で，一時は絶滅の危機に瀕していた．本病原菌は 1900 年代初めに日本や中国からクリの苗や丸太を輸入したことが，侵入を許す原因となったと考えられている．

ヨーロッパではイタリアのジェノバ近郊で 1938 年にすでに侵入していたという．その後ヨーロッパ全土に拡散し，現在では南イギリスとスイス以外のエリアにまで分布を広げているという．アメリカでの発生と異なる点は，アメリカではアメリカグリが絶滅の危機に瀕するところまで行ったのに対し，ヨーロッパンでは自然発生した dsRNA 菌類ウイルス CHV1 の *C. parasitica* への感染による菌類ウイルス病（hypovirulence）により，ヨーロッパグリは病気から回復しているという（Allemann *et al*., 1999）．ヨーロッパのほとんどの国で本病害による癌腫症状が治癒され，同時に菌類ウイルス病の因子である dsRNA の存在が確認されている．これはヨーロッパに侵入した系統が単系統であるために，系統内に菌類ウイルスが蔓延しやすかったことが一因であると考えられている．

### C．樹木疫病

樹木疫病菌は，すでに第１章で述べられているように，実際には真菌類ではなく，鞭毛をもつ遊走子で分散する，より動物に近い生物である．過去に卵菌類として糸状菌の１グループとして扱われていた経緯があるため，今でも菌類学の範疇で扱われている．最も有名な植物疫病菌はジャガイモ疫病菌

*Phytophthora infestans* であり，中世ヨーロッパで大飢饉を引き起こし，現在でも重要なジャガイモの病害である．*Phytophthora* 属をはじめとする卵菌類の分類や生態は農作物を中心に研究が進められているが，近年このグループの樹木への病原力が注目されてきている．その理由となるのが *P. cinnamomi* と *P. ramorum* である．両種とも樹木病害として重要な被害を世界各地で引き起こしている侵入病害であり，景観レベルで森林に大きな被害を引き起こしている．

*Phytophthora cinnamomi* は特にオーストラリアでは深刻な問題となっている．天然林に生息する2000種以上の固有植物で感受性があり，直接枯死を引き起こしているという（Sheare & Smith, 2000）．また，多くの種の生育や発芽が，林床植生の消失とそれにともなう光，水分環境の変化により間接的に影響を受けている．結果的に林分構造が大きく変化し，種多様性に影響している．またこれはそこに生息する動物相にも影響を与えており，オーストラリアでは *P. cinnamomi* の存在そのものが生物多様性への5つの主要な危機の一つと位置付けられている（Commonwealth of Australia, 1992）．現時点で全世界に広がっているため，本病原菌の起源を特定することは難しいが，オーストラリアで発生している深刻な被害はここ数十年の間に発生したものであることから，侵入病害であることが長年疑われている．また，いくつかの地域では，*P. cinnamomi* は明らかに別の場所から植物や土とともに持ち込まれたと考えられており（Zentmyer, 1980），今後，場所によっては大きな問題になっていくと考えられる．

*Phytophthora ramorum* は特にカリフォルニアからオレゴンにかけて生育するナラ類で被害を引き起こしており，本病原菌による被害は，これまで健全と思われていたナラ類が急速に枯死に至ることから，オーク突然死（Sudden Oak Death）と呼ばれている．ナラ類のほか，ツバキやツツジなど多くの緑化樹が感受性であるため，森林生態系に大きな損害を引き起こしている．1990年中頃に突如として現れたこの病害はアメリカ西海岸を中心に広がり，現在ではカナダにまで到達している．こうした急速な広がりは，被害地付近の苗畑で育成されていた緑化樹の流通が原因と考えられている．ヨーロッパでも発生が確認されており，ヨーロッパでは特に苗畑で重要な問題となっていたが，最近イギリスで植栽されていたニホンカラマツへの感染が確認され，さらなる深刻

な被害が懸念されている（Webber *et al.*, 2010）．本病原菌の起源はいまだ不明であるが，アジア原産のツツジが比較的抵抗性があるため，アジア原産であると予想されており，現在アジアを中心に本病原菌の探索が進められている．

### D．日本における侵入病害

日本において侵入病原菌による樹木の枯死被害はあまり知られていないが，実際にはいくつもの侵入病原菌による被害が発生している（表5.1）．その中で特に大きな問題となっていた代表的なものはスギ赤枯病であり，数多くの研究報告がある（例えば伊藤，1976）．病原菌は *Passalora sequoiae*（Ellis & Everh.）Y. L. Guo & W. H. Hsieh（＝*Cercospora sequoiae* Ellis & Everh）であり（図5.2），日本国内ではスギにのみ激しい病害を引き起こす．北米原産のギガントセコイア（*Sequoiadendron giganteum*（Lindl.）J. Buchh.）に対しても病害を引き起こすことから北米原産種であると考えられている．本病原菌は1909年に茨城県に突如としてスギの苗畑に発生し，そこにある苗木に深刻な被害をもたらした．その10年後には国内のいたるところで確認されるようになり，スギ苗木の育成に大きな支障をきたし，造林計画そのものが大きな影響を受けることとなった．大正時代，樹木病害に関する知見や技術に限りはあったものの，精力的な調査が行われ，有効薬剤としてボルドー液が特定された結果，防除法の確立に漕ぎつけた．その後，小康状態を保っていた本病害は，第二次世界大戦後の拡大造林に伴うスギ苗木の大量養成に伴い，再び顕在化した．その被害は数百万本に及び，一時期は日本の林業の危機とされた．また，長い間原因不明とされていたスギの溝腐症状が本病原菌により引き起こされていたことも明らかになった．施業法と薬剤散布を組み合わせた防除法により，一定の成果を収め，今日に至る．ただし，スギ赤枯病は過去の病害ではなく，現在でも時々確認される侵入病害であり，常に大発生を警戒すべき樹木病害の一つである．

近年になって初めて国内で確認された侵入病害と考えられるものもある．北海道においてニレ類立枯病菌 *Ophiostoma ulmi* および *O. novo-ulmi* ssp. *americana* が確認された（Masuya *et al.*, 2009）．実際の大きな被害は起きていないが，札幌市内のハルニレの枝枯れ被害は出ている．日本国内において樹木全体を枯死させるまでの影響はまだ出ていないが，世界的に重要な樹木病害で

表 5.1　日本に定着している侵入樹木病原菌の例

| 侵入種 | 宿主 | 侵入ルート | 被害リスク |
|---|---|---|---|
| *Ophiostoma novo-ulmi* | ニレ類 | おそらく丸太 | 森林生態系 |
| *Passalora sequoiae* | スギ，メタセコイア | おそらく苗木 | 苗畑，林業 |
| *Phanerochaete salmonicolor* | さまざまな樹木 | 不明 | 森林生態系，緑化樹 |
| *Phragmidium mucronatum* | バラ類 | おそらく苗木 | 森林生態系，緑化樹 |
| *Kirramyces epicoccoides* | | | |
| *Pseudocercospora eucalyputorum* | ユーカリ類 | 不明 | 緑化樹 |
| *Phytophthora cinnamomi* | さまざまな樹木 | 不明 | 森林生態系，緑化樹，果樹 |
| *Discula platani* | プラタナス | 不明 | プラタナス |
| *Nyssopsora cedrelae* | チャンチン | 不明 | 緑化樹 |
| *Phyllosticta hamamelidi** | マンサク | 不明 | 緑化樹 |

＊過去に報告がなく侵入病害と予想した

図 5.2　スギ赤枯病の罹病葉→口絵 6

あることから，今後の動向について注視する必要がある．日本国内では主な媒介者はニレノオオキクイムシ（*Scolytus esuriens*）であり，北米やヨーロッパで主要な媒介キクイムシである *S. multistriatus* ではないことから，ベクター変換が起こった可能性がある．

また，植物疫病菌の一つ，*Phytophthora cinnamomi* についてもここで述べておく必要がある．本菌は国内では分布しており侵入病害という認識ではない．

表 5.2　樹木の重要侵入病原菌の例

| 樹木病害名 | 病原体 | 宿主 | 症状 | 侵入様式 | 拡散様式 | 推定されている起源 |
|---|---|---|---|---|---|---|
| Cinnamoni root disease | *Phytophthora cinnamomi* | 3000種以上の樹木，草本類 | 根腐れ，葉の萎れ，枯死 | 土壌？ | 土壌 | パプア・ニューギニア |
| クリ胴枯病 | *Cryphonectria parasitica* | ヨーロッパ，アメリカグリ | 癌腫，枯死 | 丸太？ | 風，雨滴 | 日本，中国，韓国 |
| ニレ類立枯病 | *Ophiostoma ulmi, O. novo-ulmi* | ニレ類 | 萎凋枯死 | 丸太 | キクイムシ（*Scolytus* etc.） | 東アジア |
| Cedar root rot | *Phytophthora lateralis* | ローソンヒノキ | 根腐れ，枯死 | 苗？ | 土壌 | 台湾，中国，日本 |
| Butternut canker | *Sirococcus clavigignenti-juglandacearum* | Juglans cinerea | 癌腫，枯死 | 不明 | 風，雨滴 | アジア？ |
| Canker stain | *Ceratocystis platani* | プラタナス | 癌腫，枯死 | ？ | ケシキスイ他 | 北アメリカ |
| Sudden oak death | *Phytophtora ramorum* | ナラ類，カラマツ | 萎凋枯死 | 苗 | 土壌 | 東アジア？ |
| Dogwood anthracnose | *Discula destructiva* | ミズキ類 | 枝枯れ | ？ | 風 | 東アジア |
| マツ葉褐斑病 | *Dothistroma septosporum* | マツ類 | 針葉枯死，早期落葉，枝枯れ | 盆栽 | 盆栽 | 不明 |
| Laurel wilt | *Raffaelea lauricola* | クスノキ科 | 萎凋枯死 | 丸太？ | ハギノキクイムシ（*Xyleborus glabratus*） | 東南アジア |
| Blister rust | *Cornartium ribicola* | 五葉マツ | 早期落葉，枝枯れ |  | 風 | アジア |
| Ash dieback | *Hymenoschyphus fraxinea* | 西洋トネリコ | 枝枯れ，枯死 | 苗？ | 水，風？ | アジア |

ただし，沖縄におけるパイナップルの芯腐病，萎凋病としての報告から，1980年に本州でセイヨウシャクナゲの苗畑での被害が報告されて以降，近年になり千葉県のローソンヒノキの苗畑で被害を引き起こしている．確実に分布域を拡大させていることから，本州以北では侵入病害のように振る舞うと思われる．今後，森林における被害発生・拡大が危惧される病害の一つである．

### E. 樹木におけるその他の侵入病害

これまで代表的なものを取り上げたが，まだまだ多くの侵入病害により世界各国の森林が損害を受けている．その分類群は多岐にわたり，どのような分類群が問題になりやすいかについて一定の法則性も認められない（表5.2）．つまり，これまで予想できなかったような種類が重要な被害を引き起こしている．このように，これまで知られていなかったものが実在することを「ブラックスワン・イベント」と表現している研究者もいる．ブラックスワンとは，1697年以前のヨーロッパでは羽の黒い白鳥は知られておらず，ありえない出来事や状況を，「ブラックスワン」と言っていた．ところが，黒い白鳥がオーストラリア西部で見つかって以来，新しい情報により覆ってしまうような，あり得ないことの暗喩として用いられるようになった．これが科学の領域でも導入され，理論として拡張された結果，ブラックスワン・イベントは，1）大きなインパクトをもち，2）常識の範囲外であり，3）予期できないもの，とされた．これに照らし合わせたとき，ブラックスワン・イベントと考えられるものとして，Laurel wilt，ニレ類立枯病，Ash dieback などが当てはまるかもしれない．一方で，このような状況が起こる最大の理由は，我々の樹木病害に対する知識の不足によるものである．ニレ類立枯病は1900年代初頭という古い時代であったことから，当時の情報の蓄積量から見てしようがなかったとしても，実際に病害が問題になってから，原因菌が記載された事例として，*P. ramorum* や *Raffaelea lauricola* が挙げられ，侵入病害や樹木の新興感染症への対応は常に後手に回っているのが現状である．

## 5.1.2　樹木の侵入病害が問題となる理由

様々な外来病原菌が大きな森林被害を引き起こしてきたことは明らかであるが，その理由やメカニズムについては様々なものがある．基本的な概念として

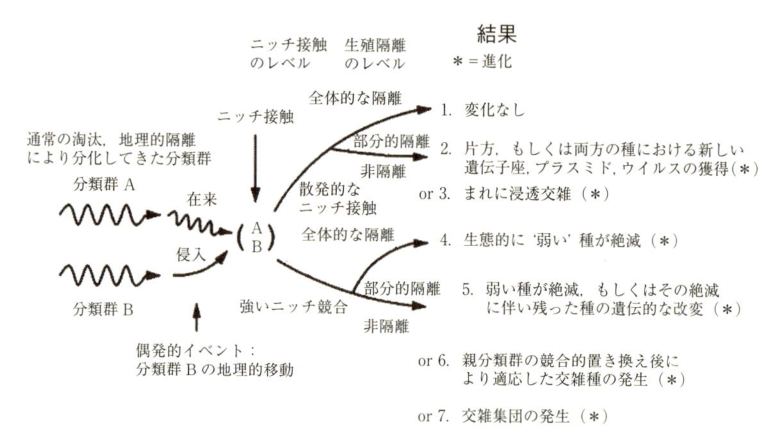


図 5.3　以前遺伝的に隔離されていた近縁種が遭遇した場合に予想される進化的効果
ニッチ接触の頻度，交雑時の遺伝的隔離の性質，2 種間の遺伝的組み換えの程度，交雑種が親種と競合する能力の程度によって効果は異なる．Brasier (1995) を改変．

は宿主樹木の抵抗性と病原体の病原性のミスマッチが関係していると考えられている．これまで共進化的に共存してきた宿主と病原体の関係が変わり，全く出会ったことのない病原体と宿主の関係が生じたことで，宿主の防御機構が病原体に対して無効になったために劇的な被害につながったという解釈である．一方で，必ずしも全ての侵入微生物が重要な病原体になるとは限らない．そこには菌類をはじめとする微生物の未生息地への侵入がきっかけとなり，重大な影響を及ぼし得るイベントがあったと考えられている．特に病原体の適応度を大きく変化させるイベントとして病原体間の種間交雑の形成がある（図 5.3）．

菌類の種間交雑については近年になって様々な知見が蓄積してきてた．その中で言えることは，様々な分類群で新たな種が種間交雑により誕生してきたと予想され，それはこれまで考えられていたよりも普遍的な現象であるということである（Depotter *et al.*, 2016；表 5.3）．樹木病原菌の中では，ヨーロッパ原産の *Heterobasidion annosum* と，第二次世界大戦中にアメリカ陸軍が持ち込んだ北米原産の *H. irregulare* との交雑種がイタリアで発生したことが報告されている．また，alder decline の原因菌である *Phytophthora alni* は同じ宿主で知られている病原力の弱い *P. multiformis* と *P. uniformis* の交雑種であると考えられている（Husson *et al.*, 2015）．樹木病害の中で雑種形成により被害が

表 5.3 自然生態系で発生した菌類，および菌類様微生物の種間雑種の例 Depotter *et al.* (2016) を一部改変.

| | 種間雑種 | 系統 | 親種 1 | 親種 2 | 既知の宿主 | 引用文献 |
|---|---|---|---|---|---|---|
| 子嚢菌 | | | | | | |
| *Botrytis* | *B. allii* | | *B. aciada* | *B. byssoidea* | *Allium* | Yohalem *et al.* (2003), Staats *et al.* (2005) |
| *Ophiostoma* | | | *O. novo-ulmi* | *O. ulmi* | *Ulmus* | Brasier *et al.* (1998) |
| *Verticillium* | *V. longisporum* | A1/D1 | A1 | D1 | *Beta, Brassica, Raphanus* | Inderbizin *et al.* (2011) |
| | | A1/D2 | A1 | *V. dahliae* | *Armoracia* | Inderbizin *et al.* (2011) |
| | | A1/D3 | A1 | *V. dahliae* | *Armoracia, Brassica* | Inderbizin *et al.* (2011) |
| 担子菌 | | | | | | |
| *Cryptococcus* | | | *C. gattii* | *C. neoformans* | 人間 | Bovers *et al.* (2006), Amin-nejad *et al.* (2012) |
| *Melampsora* | *M.* × *columbiana* | | *M. medusae* | *M. occidentalis* | *Populus* | Newcombe *et al.* 2000, New-combe *et al.* (2001) |
| | *M.* × *medusae populina* | | *M. medusae* | *M. larici-populina* | *Populus* | Spiers & Hopcroft 1994 |
| *Microbotryum* | | | *M. lychnidis-dioicae* | *M. silene-dioicae* | *Silene* | Gladieux *et al.* (2011) |
| *Heterobasidion* | | | *H. annosum* | *H. irregular* | *Pinus* | Gonthier *et al.* (2007) |
| | | | *H. irregulare* | *H. occidentale* | *Junipers, Pinus, Larix* | Garbelotto *et al.* 1996, Lock-man *et al.* (2014) |
| 卵菌 | | | | | | |
| *Phytophthora* | *P. andina* | | *P. infestans* | 不明種 | *Brugmansia, Solanunm* | Goss *et al.* (2011), Oliva *et al.* 2010 |
| | *P.* × *alni* | | *P.* × *multiformis* | *P. uniformis* | *Alnus* | Husson *et al.* (2015) |
| | *P.* × *multiformis* | | Pm1 | Pm2 | *Alnus* | Husson *et al.* (2015) |
| | *P.* × *pelgrandis* | | *P. cactorum* | *P. nicotianae* | *Eriobotrya, Spathiphyllum, Pelargonium, Primula* | Nirenberg *et al.* (2009), Hurtado-Gonzales *et al.* (2009) |
| | *P.* × *serendipita* | | *P. cactorum* | *P. hedraiandra* | *Allium, Dicentra, Idesia, Penstemon, Kalmia, Rho-dodendron* | Man in't Veld *et al.* (2007), Man in't Veld *et al.* (2012) |
| | | | *P. porri* | *P. taxon parsley* | *Allium, Chrysanthemum, Parthenium, Pastinaca* | Bertier *et al.* (2013) |
| *Pythium* | | | *P. phtagmitis* | *P. phragmiticola* | *Phragmitis* | Neckwatal & Mendgen, (2009), Nechwatal & Lebec-ka (2014) |

増大した事例として有名なのは，ニレ類立枯病菌の *Ophiostoma novo-ulmi* であろう．*O. novo-ulmi* は先で述べたようにニレ類立枯病2度目の流行で重要な役割を果たしたが，その際，遺伝子浸透（introgression）が起こったと言われている（Brasier 1995, 2000）．そのメカニズムはまず，*O. ulmi* がヨーロッパから北米に侵入した際，片方の交配型のみが定着し拡散した．実際に北米の *O. novo-ulmi* の交配型は一方に偏っているという．そこでの遺伝的な隔離により *O. novo-ulmi* が誕生し，そのあとに侵入してきた *O. ulmi* と種間雑種が形成されたことで，種間に遺伝的な架け橋ができ，*O. novo-ulmi* が *O. ulmi* からもう一つの交配型遺伝子を獲得し，正常な有性世代の形成を成功させ，急速に拡散したという．その後ヨーロッパに逆輸入され，*O. novo-ulmi* は2つの亜種，*O. novo-ulmi* ssp. *americana* と *O. novo-ulmi* ssp. *novo-ulmi* に分化したという．そして現在，ヨーロッパでは *O. ulmi* が急速に *O. novo-ulmi* に置き換わっている．ちなみに現在日本国内で確認されているニレ類立枯病菌は *O. ulmi* と *O. novo-ulmi* ssp. *americana* であるが，アジア原産と考えられている *O. ulmi* が土着種で *O. novo-ulmi* ssp. *american* が近年侵入したと予想されている（Masuya *et al.*, 2009）．この現状も種間交雑などにより，変化していく可能性がある．

### 5.1.3　間接的に森林生態系に影響を与える侵入菌類

樹木病原菌など，森林生態系に直接作用していなくても，影響を及ぼし得る侵入菌類も存在する．しかも近年，それは北米で特に大きな問題となっている．白鼻症（White Nose Syndrome）はコウモリに致死的なダメージを与える病気であり，2006年にニューヨークで初めて見つかった．その後東海岸を中心に200 km～900 km/年の速度で広がっていたが，2016年に突如，これまでの分布地域から1900 km離れた西海岸で検出され，全米的な広がりを見せつつある．原因菌は *Pseudogymnoascus destructans* という子嚢菌の1種で，北米の系統は遺伝的に均一なクローンである一方，ヨーロッパの系統は遺伝的に様々な系統からなることが明らかとなった．そのため，この病原菌はユーラシア起源と考えられており，大陸起源のコウモリは本病原菌に対して抵抗性があるという．このコウモリの侵入病害が森林生態系に及ぼす影響を具体的数値で示すことは難しいかもしれない．しかし，コウモリ自体はキーストーン種として生態系で明らかに重要な役割を果たしていると考えられている．例えば花粉媒介や昆虫個体群の密度調整において，特に重要である．これまでに570億～670億匹以上のコウモリが本病害で死亡しており，北米における農業上の経済損失は年間37億ドルと見積もられている（Boyles *et al.*, 2011）．これは森林生態系においても無視できるものではないと思われ，今後その影響評価が急がれる．

両生類の侵入病原菌，カエルツボカビ（*Batrachochytrium dendrobatidis*）の存在も無視できない．本病原菌は両生類の皮膚に寄生してカエルツボカビ症を引き起こし，山地多雨林に生息する土着の両生類の大量死に関与し，大きな個体数減少を引き起こしている．場所によっては75% 以上のカエルが姿を消したという．世界各地に被害を引き起こし，350種以上の両生類に感染する（Fisher *et al.*, 2009）．本種は諸説あるがアジアにおいては特に遺伝的に多様であることからアジア起源と考えられる（Goka *et al.*, 2009，嘉手苅，2016）．この病原菌の森林生態系への影響はかなり大きいと言われている．Whiles *et al.*,（2006）は，両生類の衰退は生態系に広域で不可逆的な影響を与えていると報告している．藻類群集構造とそれらによる一次生産量，有機物動態を変化させるとともに，昆虫や水辺の捕食者へも影響を与えた．それにより水辺におけるエネルギー交換が減少した．特にほとんどの両生類は幼体と成体でハビタットや生態系における役割が異なるため，1種類の消滅は2種の消滅に匹敵するという．

### 5.1.4　樹木の侵入病原菌における侵入ルート

#### A．侵入病原菌の乗り物

基本的に侵入病原菌の侵入は人為的な物資の移動に伴う．国際貿易による物資流通の拡大がもたらした負の恩恵は，世界各国における森林生態系の損害という形で表れているのである．樹木に被害を引き起こす侵入病原菌がどのような形で侵入しているかについて明らかにすることは，新たな外来病害の侵入を警戒する上で重要である．これまでに森林生態系に大きな被害を引き起こしてきた樹木病原菌の侵入は大きく分けて次の物資，1）樹皮，2）苗木など生きた植物，3）土，4）木材，5）種子，6）切枝，切花，の移動に伴っていると考えられる．土以外は植物基質であり，土については十分な洗浄がなされていない重機や軍装備も含まれる．樹木の侵入病害に関して先進的な情報が蓄積しているヨーロッパでは，1800年代から現在までの侵入病害に関連する輸入項目についての解析があり，それによれば樹木の侵入病原菌の経路として最も重要なものは生きた植物である（Santini *et al.,* 2013）．アメリカでも1980年から2006年までに定着した重要な森林害虫や病原菌の約70%が生きた植物に伴って侵入したとされている（Liebold *et al.,* 2012）．また，十数年前まで全く考慮されていなかったが，機械等の梱包資材として使用されていた木材そのものが，外来の害虫や樹木病害を随伴する危険性が示された．そして国際基準として，「国際貿易における木材梱包材の規制のための指針」ISPM No. 15が2002年に採択された．それを受け，梱包材のリスク評価が行われ，2007年4月より国際基準に基づく対応として，無消毒の木材梱包材に対して検疫が開始されている．これにより梱包材のリスクは減少したように思われるが，北米でISPM15対応前と対応後での梱包材から検出される穿孔虫類がどれぐらい減少したかについて評価した報告によると，約10分の1となったという（Haack *et al.,* 2014）．一見するとかなりの減少とも思われるが，アメリカで2013年に輸入されたコンテナは2500万個で約半数で梱包材が使用されている．そうなると潜在的に侵入害虫を随伴するコンテナが少なくとも年間13000個到着していることになる．よって北米では，いまだに梱包材のリスクは存在するといえる．日本においてこうしたリスク評価はまだ行われていない．

### B. 昆虫へのヒッチハイク

樹木の侵入病原菌が侵入先に定着する際，媒介者の存在は定着のリスクを圧倒的に増大させる．特に代表的な事例は，ニレ類立枯病とその媒介者であるキクイムシ類であろう．ニレ類に穿孔する *Scolytus multistriatus* が主な媒介者であるが，その他，14種類の *Scolytus* 属，1種類の *Hylurgopinus* 属，1種類の *Hylesinus* 属体表からも分離されている（Lanier & Peacock 1981, Masuya *et al.,* 2009）．*S. multistriatus* はヨーロッパ原産であるが，ヨーロッパから北米への輸出の際，ニレの丸太に穿入・繁殖し，ニレ類立枯病菌を随伴して北米で拡散することで，その被害拡大に大きく貢献した．日本国内では *S. multistriatus* の定着は確認されておらず，主な媒介者はニレノオオキクイムシ（*S. esuriens*）であることから，媒介者のスイッチングが行われたと考えられる．*S. multistriatus* が穿孔した丸太，もしくはニレ類立枯病菌の感染丸太が輸入され，そこに穿入，繁殖したニレノオオキクイムシに随伴して定着したと予想される．これは北米原産のマツザイセンチュウが日本に侵入してマツノマダラカミキリへと媒介者のスイッチングが起こったパターンと同じかもしれない．ニレ類立枯病菌とキクイムシの例は大きな森林被害をもたらした事例の一つであるが，キクイムシは基本的に様々な随伴菌を有しており，その種類は非常に多様である．ほとんどの随伴菌は森林被害を引き起こすほどの影響はないと思われ，実際には，キクイムシの幼虫の餌になるアンブロシア菌，材に変色を引き起こす青変菌，木材腐朽菌などが中心である（升屋・山岡　2012，Box 5.1）．ただし，その中に重要な病原菌が含まれていても不思議はない．最近では Laurel wilt の原因としてハギノキクイムシの共生菌である *Raffaelea lauricola* が重要な病原菌と考えられている．

こうしたことから，キクイムシ類は重要な樹木病原菌の媒介者になるリスクが高く，マツザイセンチュウの媒介者であるヒゲナガカミキリ属とともに，植物防疫上，重要な検疫対象となっている．

### Box 5.1　キクイムシと菌類による樹木の枯死被害

キクイムシ類はゾウムシ上科の１グループで，キクイムシ科（Scolytinae）とナガキクイムシ科（Platypodinae）からなる．食性に基づき５つのグループに分けられ，樹皮下穿孔性キクイムシ，養菌性キクイムシ，材穿孔性キクイムシ，髄穿孔性キクイムシ，種子穿孔性キクイムシがある．ただし，この分け方にはやや問題があり，樹皮下穿孔性や髄穿孔性であっても菌を摂食していることもある．また種子穿孔性であっても菌を摂食して生育できるものも報告されている．実際にはキクイムシ類はすべて酵母や糸状菌など様々な菌類を随伴しており，単なる便乗から絶対的な共生関係まである．ニレ類立枯病菌のベクターで樹皮下穿孔性キクイムシである *Scolytus* 属キクイムシにとって，菌は単なる便乗者のようであるが，餌資源として最適な衰弱木を量産してくれるので，広い意味では共生といえるかもしれない．また，北米でポンデローサマツの大規模枯損を引き起こしているマウンテンパインビートル（*Dendroctonus ponderosae*）は随伴菌として *Grosmannia clavigera*, *Ophiostoma montium* を保持しており，中でも *G. clavigera* が比較的病原力が強いため，集団枯死にある程度の役割を果たしていると考えられている．一方で，養菌性キクイムシとして知られる *Xylosadrus* 属や *Scolytoplatypus* 属キクイムシのように *Ambrosiella* 属をはじめとする糸状菌が幼虫の餌として必須の絶対共生もある．現在日本でナラ枯れとして知られるミズナラ，コナラの集団枯損は養菌性キクイムシの１種，カシノナガキクイムシ（*Platypus quercivorus*）

と *Raffaelea quercivora* が原因であるが，*R. quercivora* は幼虫の主要な餌ではなく，便乗菌であり，別の種類が共生菌と考えられている．近年北米で問題となっている侵入害虫のハギノキクイムシ（*Xyleborus glabratus*），ナンヨウキクイムシ（*Euwallacea fornicatus*）はいずれも養菌性キクイムシであり，共生菌を随伴しているが，菌そのものも病原力を有するため問題となっている．*Scolytus* と *Ophiostoma ulmi/novo-ulmi*, *X. glabratus* と *R. lauricola*, *E. fornicates* と *Fusarium* spp. の共生系は，いずれも外来種であり，大きな森林被害を引き起こしているが，*D. ponderosae* と *G. clavigera*, *P. quercivorus* と *R. quercivora* の系は土着種による森林被害であると考えられる．このように様々なレベルでキクイムシと菌は複雑な共生関係にあり，両者は時として重要な侵入害虫・病原菌となる．

図　各種キクイムシと加害様式

a）マウンテンパインビートル（*Dendroctonus ponderosae*），b）健全木に穿孔するマツノキクイムシ，c）マツ材の青変，d）マウンテンパインビートルにより形成された樹皮下孔道，e）ニレ類立枯病菌を媒介するニレノオオキクイムシ（*Scolytus esuriens*），f）トドマツノキクイムシ（*Polygraphus proximus*），g）トドマツノキクイムシによる枯死木，h）タイコンキクイムシ（*Scolytoplatypus tycon*）（h1）とそのマイカンギア（h2），i）カシノナガキクイムシ（*Platypus quercivorus*）（i1）とそのマイカンギア（i2），j）カシノナガキクイムシ幼虫とその孔道

### C. 静かなる侵略者

植物体内部に無病徴で生息する微生物を内生菌（endophyte，エンドファイト）と呼ぶ（詳細は第4章）．バクテリアや糸状菌を含むこれらの微生物はあらゆる植物の組織内に内生し，いくつかの種類は宿主となる植物に対して有益な存在となっている．最も代表的なものは菌根菌やイネ科のグラスエンドファイトであり，宿主の栄養供給や被食防衛に大きな役割を果たしている．一方で，実際には病原体であるにも関わらず，何らかの理由で無病徴な状態のまま，宿主植物内に生息するグループも内生菌として位置づけられている．こうしたグループは，先に述べた輸入項目の中で最も侵入病害を随伴するリスクの高い「生きた植物」の中にも生息している．このような生態を有するグループとしては胴枯病菌（*Diaporthe* 属）の仲間，ディアポルテ目（Diaporthales）が挙げられる．このグループは樹木の枝や幹に癌腫を引き起こしたり，枝枯れを引き起こしたりする樹木病原菌であるが，多くが枝や葉の内生菌として生息していることが知られている（Gomes *et al.*, 2013; Gao *et al.*, 2014）．1000種類以上が記載されているが，宿主や形態で分類されてきた経緯があり，近年のDNA解析での分類学的な再整理により徐々にその全貌が明らかになりつつある．その多くは，実は広範囲な宿主樹木に内生しており，一部の宿主に対しては病原性を有するという生態を持つ．クリ胴枯病菌やDogwood anthracnoseの病原菌（*Discula destractiva*）はその中でも特に大きな被害を引き起こす病原菌である．また，葉に病害を引き起こすカプノディウム目（Capnodiales），枝枯れを引き起こすボトリオスファエリア目（Botryosphaeriales）も一部は植物体に内生する菌類であり，時に侵入病害として重要な被害を引き起こしている．

## 5.2　外来生物による森林変化と菌類への影響

### 5.2.1　樹木の侵入病原菌による景観レベルでの変化

侵入病原菌は，特に北アメリカにおいてはクリ，ニレなどの衰退を通じて森林構造を大きく変化させる主な要因となっている．（McNeely *et al.*, 2001）．ニレ類立枯病はアジアからシルクロードを経てヨーロッパに侵入し，その後北米に渡り，複雑な交雑と伝播により世界各国へと拡散した．その間，ヨーロッパ，北米のニレを大量に枯死させ，その地域の景観を大きく変えてしまったといわれている．1951年にニューヨーク州バッファローにあった約18万5千本のニレはほとんど消え去ったという．イギリスでは1980年までに2000万本のニレが枯死している．その景観レベルでの変化は明確であり，それに付随する様々な生態系が大きく変化したという．イギリスからの報告では消滅したニレ類に依存していない鳥類群集でも変化が見られた（Osborne, 1983）．

クリ胴枯病は1904年に北米に侵入したあと，40年間でアメリカクリの99.9％を駆逐したと言われている．侵入から拡大に至るまでの速度はあまりにも急激で，本病害による森林生態系への影響を厳密に調査する余地もなかったという．実際には森林から主要構成樹種の一つが失われた状態を想像することで，その影響を推し量ることができるだろう．かつてアメリカクリは，アメリカ合衆国の東部の森林地帯における優占種としてメイン州からジョージア州までのエリアに分布していたという（Newhouse, 1990）．木材や薪など産業面でも重要であったこの樹木は，森林生態系においては，特定の昆虫にとって唯一の餌資源であり，堅果は哺乳動物の栄養源として重要な役割を持っていた．それが喪失したことで，当然アメリカクリに依存していた生物全てがいなくなったと思われる．現在アメリカクリの植林が試みられているが，クリ胴枯病菌はまだ生息していることから，アジア産のクリとの交雑により作出された胴枯病抵抗性クリを使用する計画がある．

オーストラリアに侵入した *Phytophthora cinammomi* が樹木の枯死を引き起こした結果，宿主樹木の衰退と関連して，腐生菌や菌根菌の明らかな減少が見られた（Anderson *et al.*, 2010）．カリフォルニアやオレゴン州でも *P. ramorum* により主要樹種が衰退，減少したことで林分構造が，劇的かつ不可逆的に変化したという（Metz *et al.*, 2012）．

### 5.2.2　菌類以外の外来生物の侵入が生態系と菌類に及ぼす影響

菌類そのものの侵入による生態系やそこに生息する菌類への影響について述べたが，菌類以外の外来生物による菌類への影響も無視できるものではない．例えば侵入植物の菌類への直接的な影響として土壌菌類への影響がある．侵入植物が土着の共生ネットワークを撹乱し，物質循環のサイクルを変え，土壌環境における化学的変化を引き起こすことにより，周辺の微生物相も本来のものとは異なったものになる（Coats & Rumpho, 2014）．外来種のユーカリの1種 *Eucalyptus globulus* の存在するポルトガルの渓流において行った調査では，水生菌の多様性はユーカリの植栽地では明らかに低く，ユーカリ植栽地以外では高い傾向を示した．一方でリター分解への影響は全くなかったという（Barlocher & Graca, 2002）．*Rhododendron maxum* が定着した南アパラチア山脈において，ヘムロック（*Tsuga canadensis*）の実生の菌根菌相が変化し，主要な菌根菌の種類が *Cenococcum geophilum* へシフトしてしまったという報告もある（Walker *et al.*, 1999）．*Berberis thunbergii*（Japanese berry）の侵入，定着と土壌微生物群集の変化についていくつか詳細な研究があり，その中でもメタゲノム解析による土壌微生物の群集構造解析により，侵入植物による土壌微生物の群集構造の変化が明らかになっている（Coats *et al.*, 2014）．本書のいくつかの章でも解説があるが，土壌には根腐病などの土壌伝搬性の植物病原菌や菌根菌，内生菌などの共生菌，リターや木質分解に関与する腐生菌などの複雑な群集構造が発達しており，これらが侵入植物により撹乱，ネットワークが破壊されることの影響は，目に見えるレベルを超えて深刻なものになる可能性がある．例えば侵入植物周辺土壌ではリター分解率と栄養利用性が上がる（Bever *et al.*, 2012）．また，相利共生の増強や新規共生により，植物の生育誘導，栄養獲得，病害抑制につながる（Bakker *et al.*, 2013）．よって，植物の侵入というイベントが土壌微生物群集に与える因子について整理し，リスクに備えるべきである（図5.4）．

侵入植物だけではなく，侵入動物によっても菌類に影響が生じる場合がある．例えば，外来のミミズが北米において土壌菌の密度や種構成を変化させてしまうという事例が報告されている．トウカエデ（*Acer saccharum*）の根におけるアバスキュラー菌根菌の比率の減少と外来性ミミズの侵入に相関関係が認められ，土壌の富栄養化と菌糸の物理的な撹乱が要因と考えられている（Lawrence *et al.*, 2003）また，森林の事例ではないが，インド洋南西部フランス領の群島，ゲルゲレン群島において，1874年に人為的に導入されたウサギが定着し，大繁殖した．最近の調査で，ウサギが定着していないエリアと定着して

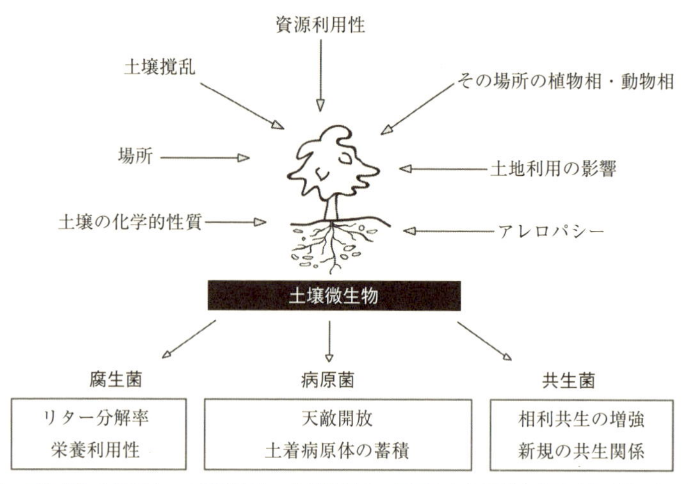


図 5.4　侵入植物と関係する土壌微生物に直接影響する要因と各主要微生物群（腐生菌，病原菌，共生菌）に由来する植物侵入における正のフィードバック．
上記7つの生物的，非生物的要因それぞれが，いくつかの微生物の生存可能性に対してある程度の選択圧を与えることで，直接的に土壌微生物群集構造と機能に影響する．これら7つの要因は植物と関係する腐生菌，病原菌，共生菌の相対頻度を左右し，各グループの微生物と植物の相互作用に対し正のフィードバックをもたらす．Coats & Rumpho (2014) を改変．

いるエリアの土壌菌類相を比較した結果，全く異なることが明らかとなった．これはウサギの食害により植生が大きく変化したことによると考えられた．また定着したウサギを除去したエリアでは徐々に植生の回復が見られているが，土壌菌類相の回復は見られないという．これはウサギの導入が不可逆的な土壌菌類相の変化を引き起こしたと考えられている（Pansu *et al.*, 2015）．ニュージーランドではクロスズメバチ（*Vespula*）属の侵入，定着により，間接的に南極ブナ林の微生物生態系に大きな影響が出ているという．南極ブナ林におけるキーストーンであるカイガラムシの *Ultracoelostoma* spp. などが出す甘露（honeydew）は 1 ha で年間 4500 kg 乾重量になるという．それは高い糖度を示すことから，多くの動物や微生物がその甘露によって生存を支えられている．しかし外来のクロスズメバチが定着して以降，場所によっては 70% 近くがクロスズメバチにより消費され，甘露に依存するスス病菌（Capnodiales）や土壌に落ちた甘露を利用している土壌菌などの微生物の頻度や多様性が大きな影響を受けているようである（Beggs, 2001）．このことは逆に，外来性のカイガラムシが定着すれば，土着の甘露依存性の菌類の頻度や多様性も影響を受けることは容易に予想される．実際にカイガラムシの侵入は世界各国で問題となっているが，関連微生物群集についての詳細な影響調査は今のところ見当たらない．

マツ材線虫の日本への侵入は日本国内のマツ林に致命的ともいえる損害を与えている．現在，在来のマツノマダラカミキリに媒介され，広域に生息地を拡大しており，現在青森県深浦町にまで到達している．侵入生物による樹木の枯死が関連菌類相に与える影響のテストケースとして，材線虫病による松枯れを考えてみると次のようなことが言える．マツの集団枯損や消滅が，そこに生息する菌類に及ぼす影響については十分には数値化できていないが，単純にマツ林に特異的に生息する菌類は大きな損害を受けることは容易に想像できる．アカマツ，クロマツに関連する寄生菌は知られている範囲では，それぞれ368種，213種であり（小林，2007），両樹種の消失により，全てでないにしても，これだけの菌類が何等かの影響を受けると予想される．また菌根菌の中でもマツタケのように種特異的な共生関係があるものは特に大きな影響を受ける．

いずれにしても侵入生物は侵入先の生態系に様々な影響を与えることは事実であり，それはそこに生息する菌類への影響にもつながる．菌類は生態系の変化に鋭敏に反応する生物群の一つとみなすことができる．それは第1章でも述べられている通り，森林施業や管理によってそこに出現する菌類に違いが出てくることからも明らかである．

## 5.3　侵入病害と貿易

### 5.3.1　侵入病害のリスクマネジメント

北米で大きな森林被害を引き起こしている樹木病原菌は16種類であるのに対し，ヨーロッパでは60種類あると言われている（Aukema *et al.*, 2010; Santini *et al.*, 2012）．この原因についてはいくつかの可能性が考えられている．一つは，ヨーロッパは分類学発祥の地であり，分類学者が多くの種類について記載，記録していること，もう一つは，長い植民地主義の歴史があること，そして外来の樹木を多く導入，植栽していることである．一方，日本では，原因が線虫であるマツ枯れ，スギ苗木を中心に被害を引き起こすスギ赤枯病を除くと，森林を破壊するような侵入病原菌はあまり見当たらない．こうした現状は，その国，地域が過去に侵入病害からどれほどの被害を受けてきたかの経験値に差をもたらしている可能性がある．過去，ニレ類立枯病，クリ胴枯病，五葉松発疹さび病に苛まれてきた北米や，過去から現在までにニレ類立枯病や樹木疫病をはじめとする多様な侵入病原菌の被害を受けてきたヨーロッパは，特に過去から現在までの侵入病原菌に関するデータの蓄積がある．それに基づいた潜在的な侵入経路の推定やリスク評価が多く行われている．

現在の侵入病害のリスク評価は潜在的脅威とみなされる既知種のリスト（ブラックリスト）に基づいている．そのリストに新たに種を加えるプロセスは非常に遅く，また，脅威とみなされるためにすでに問題となっている必要があるが，問題になってからでは手遅れともいえる．Ash dieback はアジア原産種で，ポーランドとリトアニアから 10 年間のうちにヨーロッパに広がったと言われているが，病原菌が同定されたのは 2006 年，有性世代が見つかったのは 2009 年である．日本でヤチダモのリター上で見つかった有性世代に基づいて確認された *Hymenoscyphus pseudoalbidus* は，実はその病原菌で，現在 *H. fraxineus* として知られる重要な病原菌であった（Zao *et al.*, 2012）．*P. ramorum* の場合は最初のアウトブレークが発生した 7 年後になってようやく記載された．これらのことは未知の重要病原菌はリストにはのっていないことを意味し，既知種のリストに基づいて，被害を未然に防ぐために規制をかける効果はあまりないかもしれない．この点についてはすでにいくつかの報告でも繰り返し指摘されている（例えば Klapwijk *et al.*, 2016）．

特に近年，侵入病害に対する危機意識の高まりにより，国によっては驚くほど素早い対応を見せている．顕著な例としてイギリスにおける Ash dieback への対応を挙げる（Klapwijk *et al.*, 2016）．この病害は前に述べたようにアジア原産で，1990 年代初めにポーランドとリトアニアで発見されている．それが急速にヨーロッパ全土に広がり，イギリスでは 2012 年 3 月に，スイスから輸入したトネリコの苗を植栽している，とある苗畑で見つかった．その後の調査で他の苗畑でも確認されたことから，広範囲な調査が開始され，広範囲な分布が確認されることとなった．それを受けてイギリス政府は分野横断的な管理チ

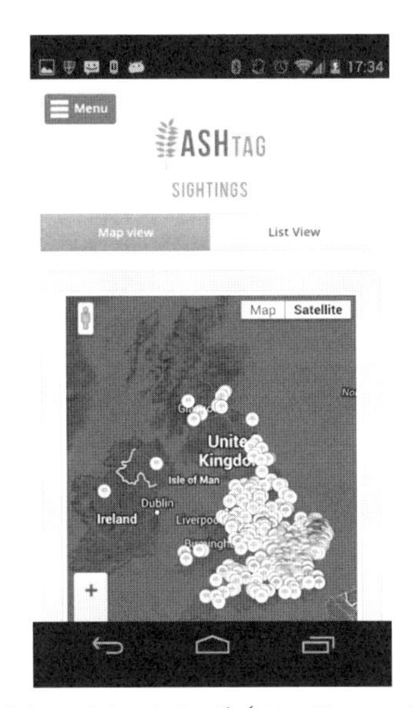


図 5.5　Ashtag のホームページ（https://www.ashtag.org/）
AshTag は iOS とアンドロイド端末で作動するアプリで，ユーザーは被害木の画像と位置を投稿できる．それを受けて専門家が Ash dieback かどうかを同定する．Ash dieback であることが判明したトネリコには物理的なタグが取り付けられ，その後の病害の状況が記録される．

ームを発足し，イギリス森林研究所や政府の職員を再配置した．このチームによりイギリス全土のトネリコについて詳細な調査が行われ，産業界や関連業界を交えたリスク評価が行われたという．そして 2012 年の 10 月，イギリス政府はトネリコの輸入と移動を制限する法律を制定するとともに，市民への普及啓発を開始した．情報収集と病害探索のために専用ホームページを立ち上げるとともに，スマートフォンの専用アプリ，Ashtag を開発し，新たな被害地や病害の分布マップの更新のための情報を収集している（図 5.5）．数百件の情報が寄せられており，専門家らの検証とともに，随時情報更新が行われているようである．発見から法律制定まで 8 か月である．すでに他国に広がっていたことから，ある程度の事前準備はあったかもしれないが，それでも驚異的な早さである．これはトネリコという樹木に対する市民意識の高さからくるものかもしれない．

## 5.3.2 日本における輸入項目の変化

様々な国で，リスク評価に基づき最もハイリスクな輸入項目について議論されている．特に森林生態系に大きな影響を与え得る病原菌は，これまでは原木や農産物にともなって侵入すると予想され重視されてきた．植物防疫統計でも様々な外来生物が原木や生農産物から輸入検疫により検出されている．その後の木材利用の方法の変化，産業構造や流通項目の変化により，原木輸入は大きく減少している（図5.6）．その影響から，植物検疫でキクイムシなど樹木病原菌の媒介者となる外来昆虫の検出事例数は10年前に比べて半分以下となっている．そのため原木輸入にともない樹木病原菌が侵入する確率は減少したと考えられる．その一方で数年前まで検疫対象外だった梱包材が重要な侵入病害の乗り物として機能している可能性が取り上げられ，現在では重要な検疫項目の一つとして梱包材が挙げられている．ISPM15の採択以降，無消毒梱包材における検疫の実施が行われるようになり，以前よりもリスクは低下したと考えられる．ただし，実際に日本に輸入されたコンテナは，2015年度で865万個（平成27年度港湾統計（http://www.mlit.go.jp/k-toukei/kowan/kowan.html））

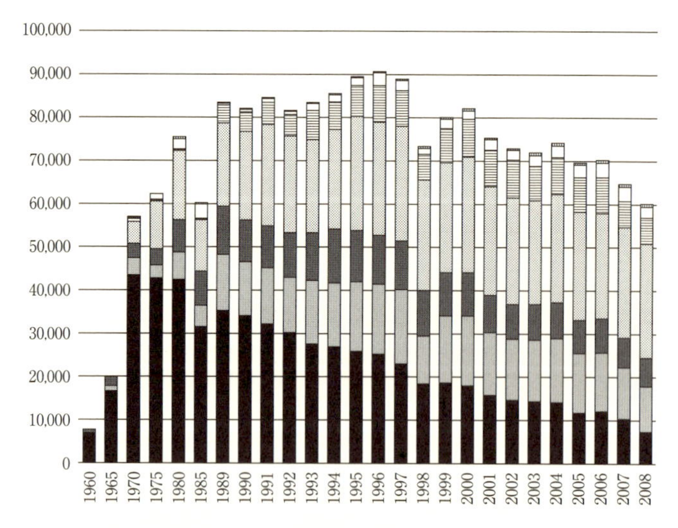


図5.6　日本における樹木関連輸入項目の推移　貿易統計より作成．

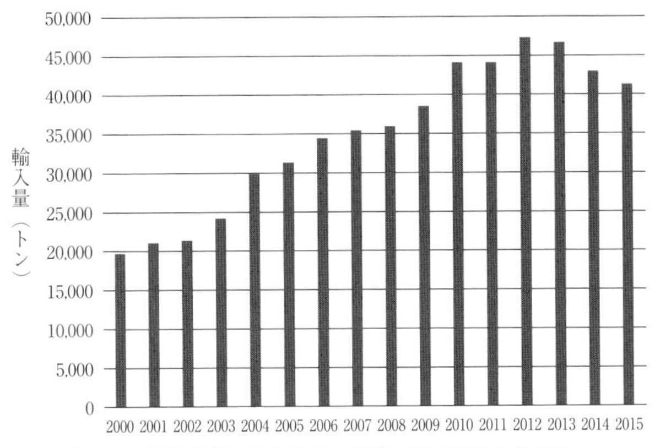


図 5.7　切り花等の輸入数量の推移　貿易統計より作成.

あった．また，Haack *et al.*（2014）によるアメリカのデータでは，ISPM15 準拠の梱包材は約 98% で 2% の梱包材は準拠していなかった．これらのことから，日本でも同程度の割合でリスクがあると仮定すると，半分のコンテナで梱包材が使用されていた場合，年間約 2 万件程度の無消毒梱包材が，未だに含まれている可能性があることになる．

原木輸入の減少，梱包材の検疫などにより，樹木病原菌の侵入リスクは過去に比べて大きく減少したと考えられるが，一方で未だ生鮮農産物の輸入は継続されており，特に近年では切り花などそのほか農産物の輸入が増加傾向にある(図 5.7)．これは物流速度が以前よりも大幅に増加したことによるかもしれないが，これに伴い輸入検疫における切り花の病害の侵入リスクも高まっているとみなすことができるかもしれない．その中には *Phytophthora* などの植物疫病菌も含まれる可能性がある．

## 5.3.3　森林の生物安全保障の失敗と挑戦

現在，生物安全保障（biosecurity）は世界各国が直面している大きな問題の一つとなっている．生物安全保障とは，人間，動物，植物やそれらの健康に関連する危機，および環境に関連する危機を分析し，管理するための戦略的，統合的なアプローチを意味する（FAO, 2007)．その範囲は人の病気や作物の病害，環境への損害なども含まれるが，ここでは特に森林における生物安全保障について焦点を当てる．森林における生物安全保障は，先に述べたように，これまで多くの深刻な樹木病害の侵入を許してきてしまった国々にとっては，特に大きな課題である．それは各国のこれまでの植物防疫上の戦略が失敗していることを意味しているためである．樹木病害の侵入を許してきた原因はいくつか考えられる．一つは，外来の樹木病害の侵入対策は世界各国の植物防疫所が担っているが，農業における作物病害への対策が中心であり，樹木病害への対応が十分ではなかったことも一因であろう．直接的な経済活動に関連する農業と，自然生態系という一見すると直接的な経済活動とは無縁な対象とを比較して経済規模を考えることは難しいが，直接的な経済収益を考えれば，農作物に被害を与える病害が重視されていたのは仕方ないことなのかもしれない．また，樹木病害の種類や生態についてよくわかっていないことも，侵入を許す大きな要因であろう．現時点で菌類の推定種数は約510万種とも言われているが，これまでに記載，報告されている菌類の種数は10万種にも満たない．近年分子生物学的手法の発達により，急速に報告される種数は増加しているが，それでもまだまだ多くの菌類が未記載な状態であり，さらにはその生態についても十分な情報はない．樹木病原菌についても同様であり，*Phytophthora* の既知種数は近年になって急速に増加した．これはオーク突然死の原因菌 *P. ramorum* や重要な樹木病害 *P. cinnamomi* といった世界的に重要な樹木疫病菌の存在に触発された結果である．

樹木病害の侵入を許してしまった要因の中で，特に重要な点は，樹木病害の生態的特性にある．Huberli *et al.*（2000）によれば，*Phytophthora cinnamomi* を *Eucalyptus marginata* の苗木に人工的に接種した際，接種後3〜6ヶ月の病徴を呈するサンプルの50％から *P. cinnamomi* を再分離できなかったという．逆に無病徴のサンプルの30％から *P. cinnamomi* が再分離された．これには接種したあと，組織内で厚膜胞子のような休眠体で存在している可能性や，組織内の菌に対して静菌作用を有する物質が存在している可能性が示唆されているが，詳細な原因は解明されてない．いずれにしても無病徴の植物体であっても *P. cinnamomi* のような重要な病原体が内生している可能性があり，病徴を呈するが病原体が分離されない植物体であっても *Phytophthora* が生存している可能性がある．

また，前に述べた通り，内生菌は無病徴の植物体内に生息するが，ある植物には無病徴であっても他の植物には病気を引き起こす種類がある．樹木病原菌における，こうした宿主特異性を支配する要因は複数ある．まず，植物と病原菌の対応関係は基本的には遺伝子に支配され，病原体の感染，侵入過程で様々な遺伝子が機能し，それぞれに反応し，対応する宿主側の防御機構に関連する遺伝子が存在する（遺伝子対遺伝子理論）．よって，持っている遺伝子の違いで，感染できるかできないか，発病できるかできないかが決まってくるが，それらを全て明らかにしている宿主–病原体の事例はない．さらに，感染や発病に必要な環境要因が場所により異なっていることでも，発病の有無が違ってくる．環境の違いにより，例えば一年に1回だった発生が複数回になることで被害が発生，激害化する可能性もある．また，発病に関連する微生物環境の違いが影響している可能性も考えられている．樹皮内生菌である *Phomopsis* 属菌が存在することで，ニレ類立枯病菌の媒介者である *Scolytus* 属キクイムシが穿入できない場合があることが知られている．北米でハナミズキ（*Cornus florida*）に重要な病害（Dogwood anthracnose）を引き起こす *Discula destructiva* はアジア起源であることが予想されていたが，アジアのミズキ属上で本菌は分離されていない．しかし最近，アジア産のミズキの標本からDNA抽出により本菌の検出を試みたところ，アジアでは被害を引き起こしていないにもかかわらず，中国，日本のヤマボウシなどのサンプルからも本菌が検出された（Miller *et al.*, 2016）．おそらく原産地では内生菌として生息していたものが，侵入先で病原菌として被害を引き起こすことになったのだろう．このことは，原産地で病害として認識されていなかったこと以前に，本種の存在自体が原産地では認識されていなかったため，これまで全く予見できずに起こったことである．

以上のことから，実際に内生菌が本来の宿主以外の植物で病気を引き起こすかについては，内生菌でも未知種が多く含まれていることも考えると，現時点の技術で予測することは非常に難しい．さらには先に述べたような種間雑種，同質倍数体化，遺伝子浸透などにより，病原力に劇的な変化を引き起こすかどうかの予測も難しいと思われる．

卵菌類など重要な病原体であるにも関わらず無病徴で植物体中に存在していたり，植物体内に無病徴で内生する内生菌であっても侵入先の植物体に強い病

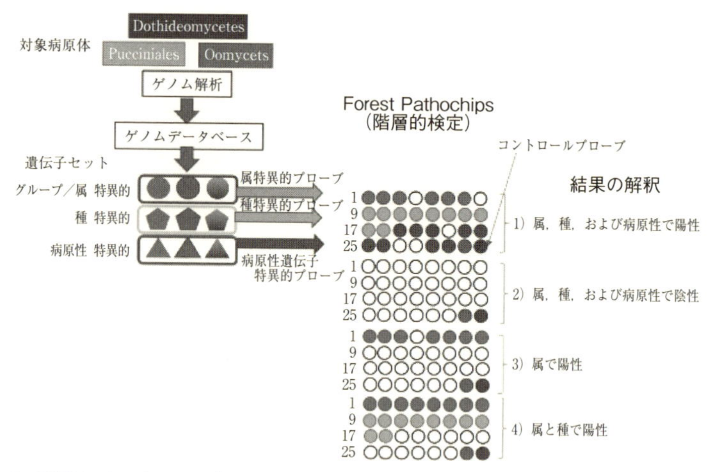


図5.8　TAIGAプロジェクト（http://taigaforesthealth.com/）におけるPCRアレイのデザイン
ここでは3つのタイプのアレイによる診断を提案している．1）階層的検出アッセイ．グループ特異的，種特異的，病原性特異的な遺伝子をターゲットにする．特に *Phytophthora ramorum* と *Melampsora populorum* に効果的とされる．2）系統型タイピングアッセイ．3）複数ターゲット検出アッセイ．樹木病害検出アレイチップを作成し，50種類の重要森林病原体の検出を行う．

原力を有する種類がいた場合，目視で確認したり，その輸入国の樹木への影響を予め知ることは不可能であり，植物検疫の限界がそこにはある．

その一方で，近年発達してきた分子生物学的手法は，植物検疫の手法を大きく変えるかもしれない．実際に植物ウイルスの検査にはすでに用いられつつある．樹木病原菌についても遺伝子検出法は様々な国で開発が進行中であるが，カナダではTAIGAプロジェクト（http://taigaforesthealth.com/，2018年2月現在）という巨大プロジェクトの中で，森林に大きな損害を与え得る病原体を対象に，遺伝子による検出法を開発中である．ターゲットとなる病原体は広範囲に渡り，グループ，属，種，系統のそれぞれに特異的なプローブを開発し，リアルタイムPCRにより検出する（図5.8）．特に樹木疫病菌については網羅的検出を行い，病原性遺伝子そのものの検出を念頭に開発が進んでいる（Lamarche *et al.*, 2015）．このアプローチは侵入先での病原力や影響が未知な病原体について，病原性遺伝子をベースとしたリスク評価を目論んでおり，植物検疫上の難しさを克服する上で重要な発想である．最終的に50種類もの樹木病原体についてエンドユーザーレベルで検出可能な専用チップを開発する計画もあるようである．日本国内ではLAMP法（Box 5.2）を用いた検出技術の開発も進んでいる．本方法は，4つのプライマーをデザインする必要があるが，一定温度で維持することで検出の有無を確認できる手軽さから今後利用拡大が予想される．実際にマツ枯れの原因となる病原体マツザイセンチュウの検出でも使用されている．また，乾材害虫の1種であるヒラタキクイムシの検出用に本方法が用いられており，現場での普及等，いくつかのハードルはあるものの，簡便な種特異的検出法として注目に値する（Ide *et al.*, 2016）．今後，こうした分子生物学的手法を駆使した外来微生物，外来昆虫の検出技術はさらに発展，高度化していくと予想され，近い将来，植物病原体や生態系に有害な微生物の検疫システムに組み込まれていくと考えられる．

## Box 5.2 LAMP法の原理

LAMP法は，Loop-mediated isothermal amplificationの略で，遺伝子増幅法の1種である．従来の遺伝子増幅法であるPCR法では2種類のプライマーを使い，二本鎖DNAを熱変性した後，プライマーをそこに結合し（アニーリング），4種の核酸を鋳型となる1本鎖DNAに結合させ，伸長させる．それぞれの工程で反応温度が異なるため，3つの温度を繰り返すことでDNAを増幅させる．増幅した

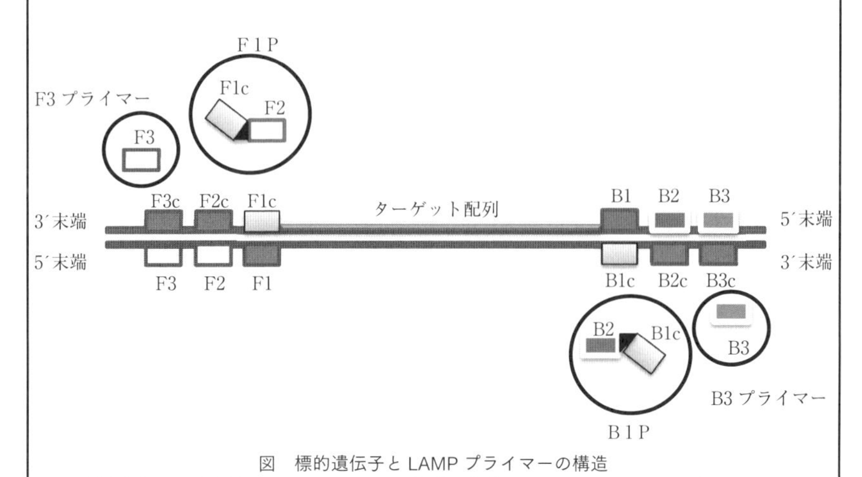


図　標的遺伝子とLAMPプライマーの構造

標的遺伝子の両末端からそれぞれ3つの領域を設定し，図のように4つのプライマー，F3，F1P，B3，B1Pを設計する．これらが反応することにより3′末端が常にループを形成し，そこを起点とする増幅反応が起こる．詳細はhttp://www.eiken.co.jpを参照．

かどうかは電気泳動法で確認する必要がある．一方，LAMP法では4種類のプライマーを使用するが，一定温度（60～65°C）での増幅が可能である．また，増幅時の副産物として生じるピロリン酸マグネシウムの白濁により，ターゲットが増幅したかどうかの確認が可能である．確認をさらに容易にするために蛍光キレート剤を含むキットが販売されている．プライマーはターゲット領域を挟む各3つの領域を対象に作成する必要がある（図）が，専用ソフトが開発されており，容易にデザインできる．主な特徴は，1）一定温度で増幅，2）高い感度，3）迅速な反応，4）簡易検出が可能，である．詳細な反応機構は複雑であるため割愛するが，（株）栄研化学のホームページ（http: //www.eiken. co.jp）においてアニメーションで見ることができる．

## おわりに

これまで述べてきたように菌類は外来生物として森林に大きな影響を与えることがある．逆に外来生物が菌類に対して大きな影響を与え，森林生態系への影響につながることもある．それらの具体例について代表的なものをDesprez-Loustau *et al.*,（2007）の引用を参考にして表5.4にまとめた．この表をみてわかる通り，侵入生物の森林生態系への，そしてそこに生息する菌類への影響は現在判明しているだけでも多岐にわたる．そこに膨大な未知種の存在があり，どのような種類が重要な侵入病原菌になるか，またその侵入でどのような影響が生じるか，その全貌を明らかにするためには，まだまだ時間がかかりそうである．

どのような病原菌が侵略的侵入病害になるかについては，予測不可能なブラックスワン・イベントのままでは問題である．そこで何等かのアプローチでのリスク評価が必要である．その一つが先に紹介したTAIGAプロジェクトにおける病原性遺伝子に基づく重要病原菌の特定である．この手法が十分に機能するためには，様々な病原菌の病原性や宿主の抵抗性に関与する遺伝子に関する知見の蓄積が急務である．また，導入樹種の育成を阻害する在来の病原菌に関する情報は，国外の植物検疫においては非常に重要なものである．日本国内では過去いくつもの外国産樹種の植栽が試みられてきたが，多くは失敗に終わっている．その原因の中には在来の樹木病原菌によるものもあるかもしれない．

こうした情報を蓄積し，他国と情報交換することで，重要な侵入病原菌に関する知識は深まるだろう．現在ある国際的な植物病害のネットワークは，国連FAO傘下のIPPC（international plant protection convention）が中心となり，様々な活動を行っている．その下部組織として，EPPO, NAPPO等，地域ベースの活動があり，地域によっては活発な活動がある．実際に侵入病害が問題となるのは，その地域間を移動した場合であることが多いため，それぞれの地域での病原菌情報の蓄積と，地域間の情報交換を行うためのネットワークの一層の充実が特に重要であろう．

樹木病害の他地域への侵入が，侵入先の樹木に対してどのような影響を与えるかの評価については，各地で導入樹種を使用した病原性判定を行うことや，病原菌を導入した隔離環境下での接種試験を行うことで行うことができる．実際にこうした体制が組織的に構築されている国は今のところない．しかし，今後侵入する可能性のある病原菌のうち，警戒を必要とする種類の評価には，侵入した際の影響に関する科学的知見が重要であり，研究者個人のレベルで，こうした知見の蓄積を行っている場合もある．

侵入病原菌やその他外来生物の森林生態系やそこに生息する菌類への正確な影響評価，予測は，技術的な面でも現時点では非常に困難である．まず森林生態系では，全ての種類が等しく同じ生態的地位にあるわけではなく，様々な機能を様々なレベルで発揮し，特定の種類と相互関係を構築していると予想される．これらを紐解き，各機能と相互作用についての量的データを提示した上で，外来生物や侵入病害の影響評価を行うことは不可能に近い．こうした場合，特定の種類，例えばキーストーン種，もしくは最近提案されたハブ生物種に絞った影響評価を行うことで，より効率的な外来生物の影響を評価することができるかもしれない．キーストーン種は生態系において重要な役割を果たし，除去することで，生態系が非常に大きな影響を受ける．主に食物連鎖の頂点にある生物や極相林を形成する林冠種であり，目に見える動物や植物の中で認識されるが，菌類等微生物でキーストーン種は考えられていない．実際には機能もそれに関係する他生物に対する役割もわかっておらず，除去実験もできないため，菌類のキーストーン種を特定することは困難であろう．一方，ハブ生物種とは生物間相互作用のネットワークにおいて複数種と関連している種類で，根に生

表 5.4　森林に影響を及ぼす侵入生物の菌類および森林への影響　Desprez-Loustau *et al.* (2007) を一部改変.

| 侵入生物 | 現象 | 結果 | 例 | 引用文献 |
|---|---|---|---|---|
| 植物寄生菌 | 宿主種特異的病原菌における宿主変換 | 新興感染症の発生，樹木の大量枯死 | クリ胴枯病，ニレ類立枯病，五葉松発疹サビ病 | Anagnostakis (2001), Brasier & Buck (2001), Staples (2000) |
| | 多犯性病害として様々な宿主植物に感染 | 新興感染症の発生，樹木の大量枯死 | *Phytophthora cinnamomi, P. ramorum* | Rizzo *et al.* (2001), Hardham (2005) |
| | 種間交雑，遺伝子移入 | 新興感染症の発生，樹木の大量枯死 | *O. ulmi* と *O. novo-ulmi* の交雑，*Phytophthora alni, Melampsora* spp. のヤナギ上での交雑，等 | Brasier & Buck (2001), Olson & Stenlid (2002), Ioos *et al.* (2006) |
| 動物寄生菌 | 種特異的病原菌における宿主変換 | 新興感染症の発生，食物網バランスへ影響 | *Pseudogymnoascus destructans* によるコウモリ白鼻症，*Batrachochytrium dendrobatidis* によるカエルツボカビ症 | Puechmaille *et al.* (2011), Zukal *et al.* (2016), Whiles *et al.* (2006) |
| 共生菌 | 外来植物への菌根，内生菌共生 | 外来植物の定着助長，森林植生の変化 | 南半球における外来マツの定着，外来雑草の定着成功 | Clay & Holah (1999), Richardson *et al.* (2000), Rudgers *et al.* (2005), Schwartz *et al.* (2006) |
| | アバスキュラー菌根菌による土着植物への寄生 | 土着種の競合力低下 | 野外では観察されていないが，実験室内で確認 | Schwartz *et al.* (2006) |
| | 外来菌根菌，内生菌の土着植物との相互作用 | 菌類群集に影響，多様性の変化 | 多くの外生菌根菌が様々な場所に侵入しているが，影響は未知 | Schwartz *et al.* (2006), Diez (2005) |
| | 外生菌根菌と土着の分解菌との相互作用 | 分解系への影響，物質循環の変化 | *Suillus luteus* がマツ人工林と周辺地の炭素枯渇に関係 | Schwartz *et al.* (2006) |
| 腐生菌 | 土着の分解者との相互作用 | 土着の菌類相との競合，分解系へ影響 | *Clathrus archeri, Perenniporia ochroleuca, Flaviporus brownei* が侵入 | Parent *et al.* (2000) |
| 植物 | 土着の共生菌との相互作用 | 外来植物の定着助長，土着菌類相の変化 | *Rhododendron maxum* の侵入・定着より *Tsuga canadensis* 実生の菌根菌の種類減少と種構成変化 | Rizzo (2005) |
| | 侵入病害との相互作用 | 媒介者もしくは接種源として機能，被害拡大 | 緑化木と *Phytophthora ramorum* | Rizzo *et al.* (2005) |

| | | | | |
|---|---|---|---|---|
| | 土着の分解菌との相互作用 | 落葉の質，量，多様性の変化，菌の多様性の変化を通じて分解系に影響 | 河岸への外来性ユーカリの導入で水生不完全菌の多様性減少 | Rizzo (2005) |
| | 土着病原菌との相互作用の欠落 | 天敵開放仮説，森林植生の変化 | *Prunus serotina*（北米原産）はヨーロッパでは根の病害にかかりにくく，分布を拡大 | Rizzo (2005) |
| | 共進化した寄生菌との相互作用（種特異的寄生菌の散布） | 生物防除 | サビ菌を中心とする26種類の宿主特異的病原菌で侵入植物の生物防除が試みられている．非対象植物への影響は今のところ確認されていない | Barton (2004), Evans & Bruzzese (2003) |
| 動物 | 土着菌根との相互作用 | 菌根菌群集の撹乱 | 外来ミミズとトウカエデのアバスキュラー菌根菌の減少に相関 | Rizzo (2005) |
| | 土着の腐生菌，土壌菌との相互作用 | 土着の分解菌相に対する正の影響と負の影響 | 外来ミミズが微小菌類の密度や群集構造を減少 | Rizzo (2005) |
| | 土着の寄生菌，外来寄生菌との相互作用 | 寄生菌の媒介者，土着寄生菌の増加 | *Scolytus multistriatus* がヨーロッパから侵入して北アメリカで *O. ulmi*・*O. novo-ulmi* の媒介者となった | Webber (1990) |

息している菌類をモデルに解析が進められており（Toju *et al.*, 2016），この場合は特に物理的な接触に基づく相互作用系の中で，重要な地位にある分類群を特定する試みでもある．第3章でも解説されているように菌根菌は地下で菌糸のネットワークを形成し，実際に物質やシグナルのやり取りを行っているため，菌根菌のハブ種が侵入生物に対し大きな影響を受ければ，ネットワーク上の様々な生物が影響を受けることが予想される．今後こうした相互作用ネットワークを考慮した生態学的アプローチは，侵入菌類や外来生物の影響評価において重要になってくるだろう．

## 引用文献

Aminnejad, M., Diaz, M., Arabatzis, M. *et al.* (2012) Identification of novel hybrids between *Cryptococcus neoformans* var. *grubii* VNI and *Cryptococcus gattii* VGII. *Mycopathologia,* **173**, 337–346.

Anagnostakis, S. (2001) The effect of multiple importations of pests and pathogens on a native tree. *Biol. Inv.,* **3**, 245–254.

Aukema, J. E., McCullough, D. G., Von Holle, B., *et al.* (2010) Historical Accumulation of Nonindigenous Forest Pests in the Continental United States. *Bioscience,* **60**, 886–897.

Bakker, P., Berendsen, R. L. & Doornbos, R. F. (2013) The rhizosphere revisited: root microbiomics. *Front. Plant Sci.,* **4**, 165. doi: 10.3389/fpls.2013. 00165

Baerlocher, F., Graca, M. A. S. (2002) Exotic riparian vegetation lowers fungal diversity but not leaf decomposition in Portuguese streams. *Freshwater Biol.,* **47**, 1123–1135.

Barton, J. (2004) How good are we at predicting the field host-range of fungal pathogens used for classical biological control of weeds. *Biol. Control.,* **31**, 99–122.

Beggs, J. (2001) The ecological consequences of social wasps (*Vespula* spp.) invading anecosystem that has an abundant carbohydrate resource. *Biological conservation,* **99**, 17–28.

Bertier, L., Leus, L., D'hondt, L. *et al.* (2013) Host adaptation and speciation through hybridization and polyploidy in *Phytophthora. PLOS ONE,* **8**, e85385.

Bever, J. D., Platt, T. G. & Morton, E. R. (2012) Microbial population and community dynamics on plant roots and their feedbacks on plant communi-ties. *Annu. Rev. Microbiol.,* **66**, 265–283. doi: 10.1146/annurev-micro-092611-150107

Bovers, M., Hagen, F., Kuramae, E. E. *et al.* (2006) Unique hybrids between the fungal pathogens *Cryptococcus neoformans* and *Cryptococcus gattii.* FEMS Yeast Res 2006, **6**, 599–607.

Boyles, J. G., Cryan, P. M., McCracken, G. F & Kunz, T. H., (2011) Economic importance of bats in agriculture. *Science,* **332**, 41–42.

Brasier, C. M. (1995) Episodic selection as a force in fungal microevolution, with special reference to clonal speciation and hybrid introgression. *Can. J. Bot.,* **73**, 1213–1221.

Brasier, C. M. (2000) Intercontinental spread and continuing evolution of the Dutch elm disease pathogens. In: *The elms: breeding, conservation and disease management.* (ed. Dunne, C. P.) pp. 61–72, Kluwer Academic Publishers.

Brasier, C. M. (2012) Rapid evolution of tree pathogens via episodic selection and horizontal 2 gene transfer. In: Proceedings of the 4th International Workshop on Genetics of Host-Parasite Interactions in Forestry. USDA PSWGTR General Technical Report, **240**, 133–142.

Brasier, C. M., Kirk, S. A., Pipe, N. D., Buck, K. W. (1998) Rare interspecific hybrids in natural populations of the Dutch elm disease pathogens *Ophiostoma ulmi* and *O. novo-ulmi. Mycol. Res.*, **102**, 45–57.

Brasier, C. M, & Buck, K. W. (2001) Rapid evolutionary changes in a globally invading fungal pathogen (Dutch Elm Disease). *Biol. Inv.*, **3**, 223–233.

Cahill, D. M., Rookes, J. E, Wilson, B. A. *et al.* (2008) *Phytophthora cinnamomi* and Australia's biodiversity: impacts, predictions and progress towards control. *Aus. J. Bot.*, **56**, 279–310.

Clay, K. & Holah, J. (1999) Fungal endophye symbiosis and plant diversity in successional fields. *Science,* **285**, 1742–1744.

Depotter, J. R. L., Seidl, M. F., Wood, T. A. & Thomma, B. P. H. J. (2016) Interspecific hybridization impacts host range and pathogenicity of filamentous microbes. *Curr. Opin. Microbiol.*, **32**, 7–13.

Desprez-Loustau, M. L., Robin, C., Buée, M. *et al.* (2007) The fungal dimension of biological invasions. *TREE,* **22**, pp. 472–480.

Diez, J. (2005) Invasion biology of Australian ectomycorrhizal fungi introduced with eucalypt plantations into the Iberian Peninsula. *Biol. Inv.*, **7**, 3–15.

Evans, K. J. & Bruzzese, E. (2003) Life history of *Phragmidium violaceum* in relation to its effectiveness as a biological control agent of European blackcherry. *Aus. Plant Pathol.*, **32**, 231–239.

Gao, Y. H., Su, Y. Y., Sun, W. & Cai, L. (2015) Diaporthe species occurring on Lithocarpus glabra in China, with descriptions of five new species. *Fungal Biol.*, **119**, 295–309.

Garbelotto, M., Ratcliff, A., Bruns, T. D. *et al.* (1996) Use of taxon-specific competitive-priming PCR to study host specificity, hybridization, and intergroup gene flow in intersterility groups of Heterobasidion annosum. *Phytopathology,* **86**, 543–551.

Gladieux, P., Vercken, E., Fontaine, M. C. *et al.*, (2011) Maintenance of fungal pathogen species that are specialized to different hosts: allopatric divergence and introgression through secondary contact. *Mol. Biol. Evol.*, **28**, 459-471.

Goka, K., Yokoyama, J., Une, Y. *et al.* (2009) Amphibian chytridiomycosis in Japan: distribution, haplotypes and possible route of entry into Japan. *Mol. Ecol.*, **18**, 4757–4774.

Gomes, R. R., Glienke, C., Videira, S. I. R. *et al.* (2013) *Diaporthe*: a genus of endophytic, saprobic and plant pathogenic fungi. *Persoonia,* **31**, 1–41.

Gonthier, P., Nicolotti, G., Linzer, R. *et al.* (2007) Invasion of European pine stands by a North American forest pathogen and its hybridization with a native interfertile taxon. *Mol. Ecol.*, **16**, 1389–1400.

Goss, E. M., Cardenas, M. E., Myers, K. *et al.* (2011) The plant pathogen *Phytophthora andina* emerged via hybridization of an unknown *Phytophthora* species and the Irish potato famine pathogen, *P. in-*

*festans. PLoS ONE,* **6**, e24543.

FAO (2007) FAO biosecurity tool kit.

Haack, R. A., Britton, K. O., Brockerhoff, E. G. *et al.* (2014) Effectiveness of the international phytosanitary standard ISPM no. 15 on reducing wood borer infestation rates in wood packaging material entering the United States. *Plos One,* **9**, e96611.

Hardham, A. R. (2005) *Phytophthora cinnamomi. Mol. Plant Pathol.,* **6**, 589–604.

Huberli, D., Tommerup, I. C. & Hardy, G. E. St J. (2000) False-negative isolations or absence of lesions may cause mis-diagnosis of diseased plants infected with *Phytophthora cinnamomi. Aus. Plant Pathol.,* **29**, 164–169.

Hurtado-Gonzales, O. P., Aragon-Caballero, L. M., Flores-Torres, J. G. *et al.* (2009) Molecular comparison of natural hybrids of *Phytophthora nicotianae* and *P. cactorum* infecting loquat trees in Peru and Taiwan. *Mycologia,* **101**, 496–502.

Husson, C., Aguayo, J., Revellin, C. *et al.* (2015) Evidence for homoploid speciation in *Phytophthora alni* supports taxonomic reclassification in this species complex. *Fungal Genet. Biol.,* **77**, 12–21.

Inderbitzin, P., Davis, R. M., Bostock, R. M., Subbarao, K. V. (2011) The ascomycete *Verticillium longisporum* is a hybrid and a plant pathogen with an expanded host range. *PLoS ONE 2011,* **6**, e18260.

Ioos, R. *et al.* (2006) Genetic characterization of the natural hybrid species *Phytopthora alni* as inferred from nuclear and mitochondrial DNA analyses. *Fungal Genet. Biol.,* **43**, 511–529.

伊藤一雄（1976）スギの赤枯病と溝腐病．日本植物病理学会報，**42**，234–236.

嘉手苅 将（2016）カエルツボカビ（*Batrachochytrium dendrobatidis*）の起源およびツボカビ症の病理発生に関する研究．麻布大学博士論文，甲 141 号，p. 73.

Klapwijk, M. J., Hopkins, A. J. M., Eriksson. L. *et al.* (2016) Reducing the risk of invasive forest pests and pathgens: Combining legislation, targeted management and publich awareness. *Ambio,* **45**, S223–234.

小林享夫（2007）日本産樹木寄生菌目録，pp. 1227，全国農村教育協会.

Kunz, T. H. & Fenton, M. B. (2003) *Bat Ecology.* pp. 779, University of Chicago Press.

Lamarche, J., Potvin, A., Pelletier, G. *et al.* (2015) Molecular detection of 10 of the most unwanted alien forest pathogens in Canada using real-time PCR. *PlosONE,* **10**, e0134265. Doi: 10.1371/journal.pone.0134265.

Lanier, G. N. & Peacock, J. W. (1981) Dutch elm disease, vectors of the pathogen. In: *Compendium of Elm diseases.* (eds. Stipes, R. J. & Campana, R. J.) pp. 14–16, APS press.

Lawrence, B., Fisk, M. C., Fahey, T. J. & Suarez, E. R. (2003) Influence of nonnative earthworms on mycorrhizal colonization of sugar maple (Acer saccharum). *New Phytol.,* **157**, 145–153.

Liebhold, A. M., Brockerhoff, E. G., Garrett, L. J. *et al.* (2012) Live plant imports: the major pathway for forest insect and pathogen invasions of the US. *Front. Ecol. Environ.,* **10**, 135–143. doi: 10.1890/110198

Lockman, B., Mascheretti, S., Schechter, S., Garbelotto M. (2014) A first generation *Heterobasidion* hybrid discovered in *Larix lyalli* in Montana. *Dis. Notes,* **98**, 1003. 3.

Man in 't Veld, W. A., de Cock, A. W. A. M., Summerbell, R. C. (2007) Natural hybrids of resident and introduced *Phytophthora* species proliferating on multiple new hosts. *Eur. J. Plant Pathol.*, **117**, 25–33.

Man in 't Veld, W. A., Rosendahl, K. C. H. M., Hong, C. (2012) *Phytophthora*× *serendipita* sp. nov. and *P.*× *pelgrandis*, two destructive pathogens generated by natural hybridization. *Mycologia*, **104**, 1390–1396.

Masuya, H., Brasier, C., Ichihara, Y. *et al.* (2009) First report of the Dutch elm disease pathogens *Ophiostoma ulmi* and *O. novo-ulmi* in Japan. *New Disease Reports*, 20, 6.

Nechwatal, J., Mendgen, K. (2009) Evidence for the occurrence of natural hybridization in reed-associated Pythium species. *Plant Pathol.*, **58**, 261–270.

Nechwatal, J., Lebecka, R. (2014) Genetic and phenotypic analyses of *Pythium* isolates from reed suggest the occurrence of a new species, *P. phragmiticola*, and its involvement in the generation of a natural hybrid. *Mycoscience*, **55**, 134–143.

Newcombe, G., Stirling, B., McDonald, S., Bradshaw, H. D. Jr. (2000) *Melampsora* × *columbiana*, a natural hybrid of *M. medusae* and *M. occidentalis*. *Mycol. Res.*, **104**, 261–274.

Newcombe, G., Stirling, B., Bradshaw, H. D. Jr. (2001) Abundant pathogenic variation in the new hybrid rust *Melampsora* × *columbiana* on hybrid poplar. *Phytopathology*, **91**, 981–985.

Newhouse, J. R. (1990) Chestnut blight. *Sci. Am.*, **263**, 74–79.

Nirenberg, H. I., Gerlach, W. F., Grafenhan, T. (2009) *Phytophthora* × *pelgrandis*, a new natural hybrid pathogenic to *Pelargonium grandiflorum* hort. *Mycologia*, **101**, 220–231.

Oliva, R. F., Kroon, L. P. N. M., Chacon, G. *et al.* (2010) *Phytophthora andina* sp. nov., a newly identified heterothallic pathogen of solanaceous hosts in the Andean highlands. *Plant Pathol.*, **59**, 613–625.

Olson, A. & Stenlid, J. (2002) Pathogenic fungal species hybrid infecting plants. *Microb. Infect.*, **4**, 1353–1359.

Osborne, P. (1983) The influence of Dutch elm disease on bird population trends, *Bird Study*, **30**, 1, 27–38.

Pansu, J., Winkworth, R. C., Hennion, F. *et al.* (2015) Long-lasting modification of soil fungal diversity associated with the introduction of rabbits to a remote sub-Antarctic archipelago. *Biol. Lett.*, **11**. 20150408. http://dx.doi.org/10.1098/rsbl.2015.0408

Pimentel, D., McNair, S., Janecka, J. *et al.* (2001) Economic and environmental threats of alien plant, animal, and microbe invasions. *Agric., Ecosyst. Environ.*, **84**, 1–20.

Puechmaille, S. J. *et al.* (2011) White-nose syndrome: is this emerging disease a threat to European bats? *Trends in Ecol. Evol.*, **26**, 570–576.

Richardson, D. M. *et al.* (2000) Plant invasions-the role of mutalisms. *Biol. Rev. Camb. Philos. Soc.*, **75**, 65–93.

Rizzo, D. M. (2005) Exotic species and fungi: interactions with fungal, plant and animal communities. In: *The fungal community. Its organization and role in the ecosystem. 3rd ed.* (eds. Dighton, J. *et al.*) pp. 857–877, Taylor & Francis.

Rizzo, D. M. *et al.* (2005) *Phytophthora ramorum*: integrative research and management of an emerging pathogen in California and Oregon forests. *Ann. Rev. Phytopathol.*, 43, 309–335.

Rudgers, J. A. *et al.* (2005) Mutualistic fungus promotes plant invasion into diverse communities. *Oecologia*, **144**, 463–471.

Santini, A., Ghelardini, L., De Pace, C. *et al.* (2013) Biogeographical patterns and determinants of invasion by forest pathogens in Europe. *New Phytol.*, **197**, 238–250.

Schwartz, M. W. et *al.* (2006) The promise and the potential consequences of the global transport of mycorrhizal fungal inoculum. E*col. Lett.*, **9**, 501–515.

Spiers, A. G., Hopcroft, D. H. (1994) Comparative studies of the poplar rusts *Melampsora medusae, M. larici-populina* and their interspecific hybrid *M. medusae-populina. Mycol. Res.*, **98**, 889–903.

Staats, M., van Baarlen, P., van Kan, J. A. L. (2005) Molecular phylogeny of the plant pathogenic genus *Botrytis* and the evolution of host specificity. *Mol. Biol. Evol.*, **22**, 333–346.

Staples, R. C. (2000) Research on the rust fungi during the twentieth century. *Ann. Rev. Phytopathol.*, **38**, 49–67.

Toju, H., Yamamichi, M., Guimarães Jr., Paulo R. *et al.* (2017) Species-rich networks and eco-evolutionary synthesis at the metacommunity level. *Nature Ecology & Evolution*, **1**, 0024.

Waker, J. F., Miller, O. K., Lei, T. *et al.* (1999) Suppression of ectomycorrhizae on tree canopy seedlings in *Rhododendron maximum* L. (Ericaceae) thickets in the southern Appalachians. *Mycorrhiza*, **9**, 49–56.

Webber, J. F. (1990) The relative effectiveness of *Scolytus scolytus, S. multistriatus* and *S. kirschii* as vectors of Dutch elm disease. *Eur. J. For. Pathol.*, **20**, 184–192.

Webber, J. F., Mullett, M., Brasier, C. M., (2010) Dieback and mortality of plantation Japanese larch (Larix kaempferi) associated with infection by *Phytophthora ramorum. New Disease Reports*, **22**, 19.

Whiles, M. R., Lips, K. R., Pringle, C. M. *et al.* (2006) The effects of amphibian population declines on the structure and function of Neotropical stream ecosystems. *Frontiers in Ecology and the Environment*, **4**, 27–34.

Williams-Guillen, K., Perfecto, I. & Vandermeer, J. (2008) Bats limit insects in a neotropical agroforestry system. *Science*, **320**, 70.

Yohalem, D. S., Nielsen, K., Nicolaisen, M. (2003) Taxonomic and nomenclatural clarification of the onion neck rotting *Botrytis* species. *Mycotaxon*, **85**, 175–182.

Zentmyer, G. A. (1980) *Phytophthora cinnamomi and the diseases it causes.* Monograph No. 10, p. 96, The American Phytopathological Society.

Zhao, Y. J., Hosoya, T., Baral, H. O. *et al.* (2012) *Hymenoscyphus pseudoalbidus*, the correct name for Lambertella albida reported from Japan. *Mycotaxon*, **122**, 25–41.

Zukal, J. *et al.* (2016) *Sci. Rep.*, **6**, 19829. doi: 10.1038/srep19829.

# 環境影響物質による森林植物と菌類への影響

山路恵子・春間俊克

## はじめに

人間活動の拡大とともに，多数の汚染物質が環境に放出され，環境問題が引き起こされてきた．窒素酸化物，硫黄酸化物，光化学オキシダント等が引き起こす大気汚染，二酸化炭素，メタン等の温室効果ガスの増加による地球温暖化，鉱山廃水や工場排水，農薬や工業薬剤として使用されてきた有機塩素化合物の放出や蓄積による汚染等，様々な環境問題に直面し，その都度，解決策が講じられてきた．また近年では，東日本大震災における福島第一原子力発電所の爆発事故により，人工放射性核種が広範囲に環境中に放出され，新たな環境問題が浮上した．その中でもセシウム 137 の半減期は 30.2 年と長期であるため，土壌への吸着，植物，特に作物可食部への吸収移行が懸念されている．

日本の森林は，山岳地帯も含め，国土の約 7 割の 2500 万 ha と広面積を占めており，環境汚染が生じると汚染物質の排除を行うことは困難だと言える．そのため，環境影響物質が森林生態系にどのような影響を与えるのか考慮し対策を講じることが大変重要となってくる．本章では環境影響物質として，重金属，酸性土壌とアルミニウム，放射性核種，農薬を取り上げる．また，これらの環境要因が影響する森林生態系における樹木と菌類の相互作用，特に共生関係を取り上げ，幾つかの研究例を挙げつつ考えていきたいと思う．

**Box 6.1　環境・環境問題とは**

環境とは，「何らかの主体を取り巻く状態」をさす．英語・ドイツ語の「環境」である「Environment」，「Umwelt」は「周囲」を意味し，フランス語の「Milieu」は，「なか」と「周囲」を意味している．日本語の「環境」は「風土」という言葉に近いとされ，自然環境と人的要素が混在した複合的な意味がある．「環境」という言葉を一つとっても，国によって意味が多少異なるのは興味深い．環境問題とは，人間活動の拡大（資源とエネルギー利用の拡大）による「生態系の劣化」，「人間生存条件の劣化」，「生産条件の劣化」を示すが，本章では，「生態系の劣化」を引き起こす可能性のある環境要因を取り上げている．

## 6.1　重金属の植物・菌類への影響

重金属とは比重が4～5以上の金属元素である．私達の生活で身近な重金属元素というと，電池に使われるカドミウムや鉛，携帯電話の基盤に使用される銅などがあげられる．近年では，「レアメタル（希少金属）」という言葉も耳にすることが多いかと思うが，その中にも重金属と呼ばれるものがあり，現代の日常生活において，重金属が必要不可欠な重要な存在であることに疑念の余地はないだろう．我が国は豊かな鉱脈に恵まれ，古くから鉱山開発を行ってきた．しかし，鉱山開発の結果，精錬過程に排出される亜硫酸ガスや坑道由来の高濃度の重金属の排出が周辺森林に多大な影響を与え，鉱山が閉山された現在も鉱山跡地周辺の森林植生は完全には回復されていないという状況にある場所も多い．それでは，なぜ，鉱山跡地では植生回復が困難な状況にあるのだろうか．本項では，鉱山跡地を例として，重金属ストレスという観点から，重金属がもたらす，植物，菌類，そして両者の共生関係への影響を考えてみたいと思う．

### 6.1.1　植物・菌類に対する重金属の毒性

多くの鉱山跡地では，土壌に高濃度の重金属が検出される．土壌において，多くの重金属は強く吸着（粘土鉱物や酸化物，土壌有機物に強く付着）している状態で存在している．この状態は，「植物や微生物が，そう簡単には土壌の重金属元素を吸収できない」ということを意味する．体内に取り込むことがで

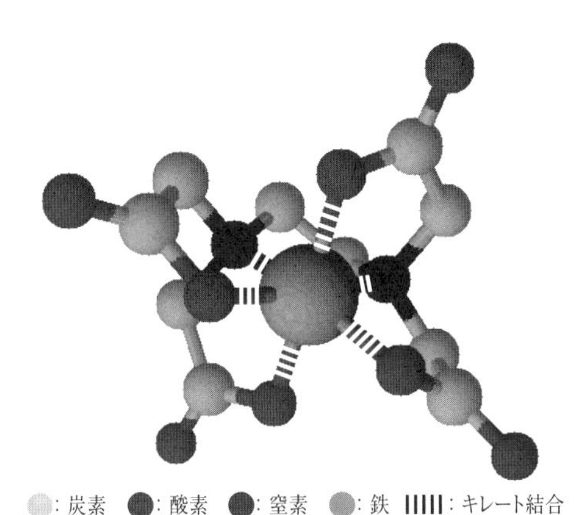


図 6.1　エチレンジアミンテトラ酢酸（EDTA）と鉄のキレート結合の模式図
1 分子の EDTA の 4 つのカルボキシル基および 2 つのアミノ基が鉄とキレート結合している様子を，模式的に示す．水素は省略している．→口絵 7

きないのであれば，植物や菌類に重金属は影響を示さないと言えるが，実際には，植物や菌類への影響が確認されている．それは，植物や菌類の他の栄養元素を吸収する方法と関連性があるためである．

植物や菌類は，生きて行く上で，多種類の必須栄養元素を吸収する必要がある．しかし栄養元素の中には，重金属と同様に土壌に強く吸着し，吸収利用困難なものがある．そのため植物や菌類は，それらの必要な元素を土壌から取り出し，吸収する特殊なメカニズムを持っている．ここで例を一つ挙げよう．微量必須栄養元素である鉄は重金属元素の代表的なものだが，土壌に強く吸着している．そこで植物や菌類は，シデロフォア（siderophore；sidero には「鉄」，phore には「運ぶもの」という意味がある）という化合物をつくり，土壌から鉄を引き離すことで，自分が吸収できるようにしていることがわかっている．シデロフォアは金属とキレート結合する有機化合物の総称で，カルボキシル基，水酸基，アミノ基等を持ち，カニのはさみのように鉄を挟み込む（キレート結合；図 6.1）ことで，土壌から鉄を引き離す．その結果，植物や菌類は微量必須栄養元素である鉄を吸収し，生長できるということになる．しかし，もし植物や菌類の生育する環境が，重金属が土壌に多く存在するような場所である場合，植物や菌類はシデロフォアをつくることで重金属を過剰に吸収してしまう，ということになる．これは，シデロフォアが鉄だけではなく他の重金属ともキレート結合することができ，他の重金属も土壌から引き離してしまうことに起因する．

重金属が土壌より引き離され，植物や菌類が過剰吸収した場合，重金属の毒性が発現する．植物の場合，過剰な重金属を体内に吸収すると，生体膜の損傷，酵素反応の阻害，呼吸と光合成系の電子伝達系の不活性化などが生じる．また，活性酸素種が発生するため，光合成色素であるクロロフィルが分解され白化する現象が確認されることも知られている．以上の結果として，根や地上部の生育が顕著に抑制されることとなる．

菌類も同様に，高濃度の重金属に影響を受けることが知られている．菌類における重金属毒性は，酵素反応の阻害，生体膜の損傷，核やミトコンドリア等の細胞内小器官の膜の損傷，活性酸素種の発生による生体内分子の破壊などがある（Gadd, 1993）．その結果，菌糸の生長阻害が生じ（Valix *et al.*, 2001），土壌の糸状菌相の多様性が減少する（Ezzouhri *et al.*, 2009）ことが知られている．以上のことから，高濃度の重金属が存在する土壌は，植物や菌類にとって生きて行く上で過酷な環境であると言えるだろう．

## 6.1.2　植物・菌類における重金属耐性

それでは，重金属濃度の高い土壌環境で生育する植物や菌類は，生き残ることができず，皆死んでしまうのだろうか．重金属濃度が高い土壌に成立する植生は特殊であることが知られており，そういった植物種は生理的にも生態的にも高濃度の重金属に対して適応していると言われ，重金属耐性を獲得していると考えられている．過剰な重金属を吸収した植物は，その毒性を回避するため，様々な耐性メカニズムを発達させている．Larcher（2004）によると，植物における重金属耐性メカニズムは，下記の5つに分けることができる（図6.2）．1）重金属を細胞壁に吸着させる，2）細胞膜の透過性を減少させ，細胞質内への重金属の移動を抑制する，3）細胞質ゾルでフィトケラチンやタンパク質と重金属を結合させることで解毒を行い液胞に隔離する，4）有機酸やフェノール性化合物と重金属を結合させ，液泡に隔離することで解毒を行う，5）細胞外への能動的な排出を行う．1），2），5）は，生命活動の維持を担う重要な細胞内小器官が存在する細胞質内へ重金属をそもそも入れない，という機構で

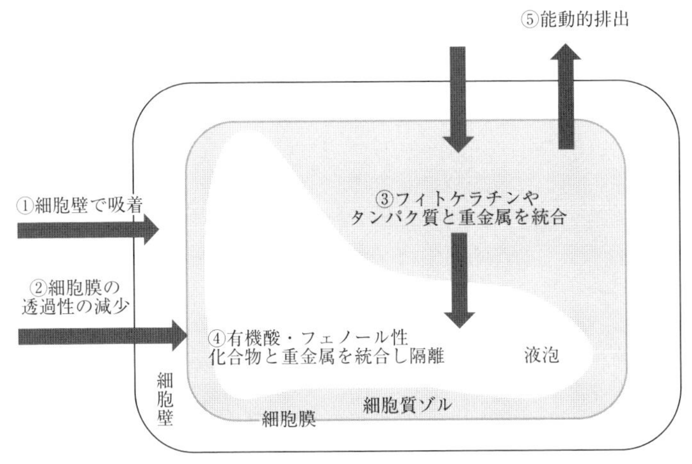


図 6.2　植物における重金属耐性機構の模式図
Larcher（2004）記載の図より引用改変.

ある．3）および 4）は，重金属が細胞内に吸収された場合，有機化合物とキレート結合させることで，重金属の毒性を低減するという耐性機構になる．重金属の毒性はイオンの形態が最も高いとされていることからも，3）と 4）のような解毒機構は，重金属耐性植物にとって重要な能力と言えるだろう．

菌類も同様に，重金属耐性を獲得していることがわかっている．糸状菌の細胞壁成分として知られる多糖類，キチンやキトサン，メラニンには重金属を吸着する能力がある（review, Gadd, 1993）ことから，細胞壁で重金属を留めることで，細胞内小器官の存在する細胞質内への重金属の侵入を抑制し，耐性を獲得していると考えられる．また，細胞質内に吸収された重金属は，金属結合性のタンパク質やペプチドと結合したり，液泡へ隔離されることで，その毒性が軽減されていることも報告されている．重金属汚染土壌から分離される重金属耐性が高い菌類としては，*Penicillium* および *Aspergillus* 属糸状菌（Valix *et al.*, 2001; Ezzohri *et al.*, 2009; Anahid *et al.*, 2011; Iram *et al.*, 2013; 山本ら，1981）が知られている．また，細胞内や細胞外で鉛を吸着することで耐性を獲得している *Penicillium* sp. の報告（Sun & Shao, 2007）や，細胞内で銅と結合するタンパク質をつくる *Aspergillus niger* の報告（Kermasha *et al.*, 1993）もある．

**Box 6.2　蛇紋岩地帯の特殊な植生**

重金属を多く含む土壌に成立する植生は，通常の土壌に成立する植生と比べて異なることが知られているが，蛇紋岩土壌はその代表例と言えるだろう．蛇紋岩は$(Mg, Fe)_3Si_2O_5(OH)_4$の化学組成からなる蛇紋石を主要鉱物としている．蛇紋岩の風化により生成された蛇紋岩土壌は，ニッケル，クロム等の重金属やマグネシウムの濃度が高い一方で，植物の多量必須栄養元素であるカルシウム，リン，カリウムの濃度が低いという特徴を有した土壌である（Proctor，1971）．日本では，北海道の日高山脈周辺，岩手県早池峰山，群馬県至仏山，四国地方の黒瀬川帯，熊本県の田浦など，全国に分布している（Mizuno *et al*., 2009）．蛇紋岩土壌における植物の生理障害には複合的な要因が考えられるが，高濃度に含まれるニッケルが顕著に影響する（Kruckeberg，1954）という報告があり，ニッケルに対して耐性のある植物種が自生すると考えられている．Mizuno *et al*.（2009）は，北海道の蛇紋岩土壌に自生する植物37種の含有元素分析を行っているが，蛇紋岩土壌に固有な植物種は，非固有種に比べて地上部のニッケルの濃度が低いことを明らかにしている．この現象は，過剰量のニッケルを植物体内へ取り入れないことで耐性を獲得する「excluder」としての能力を示唆している．

### 6.1.3　重金属環境で生き抜くための知恵：植物と菌類の共生関係

これまでの話を総合すると，高濃度の重金属は毒性を示すため，鉱山跡地や蛇紋岩土壌のように重金属が多く含まれるような環境では，耐性を獲得した植物や菌類が適応し，生き残ってきたと考えられる．そのため，植物と菌類の共生関係も，高濃度の重金属に適応してきたと考えられる．近年，内生菌（エンドファイト）が植物の環境ストレス耐性を増強させるという報告に注目が集まっている．植物は内生菌と共存することによって，非生物学的ストレスである，熱，塩害，乾燥および重金属や，生物学的ストレスである，昆虫などの捕食者および病原菌に対して，耐性を高めていると考えられている（review, Mandyam & Jumpponen, 2005；Rodriguez *et al.*, 2009）．なぜ内生菌は，このように多様な環境ストレスに対する植物の応答を引き出すことができるのだろうか．

内生菌は「植物組織に害を与えることなく，生きた植物組織内に生息する微生物」（Stone *et al.*, 2000）と定義される菌類である．また，共生菌や病原菌の中間に位置する菌としても定義されており，共生菌の植物への影響は「有益

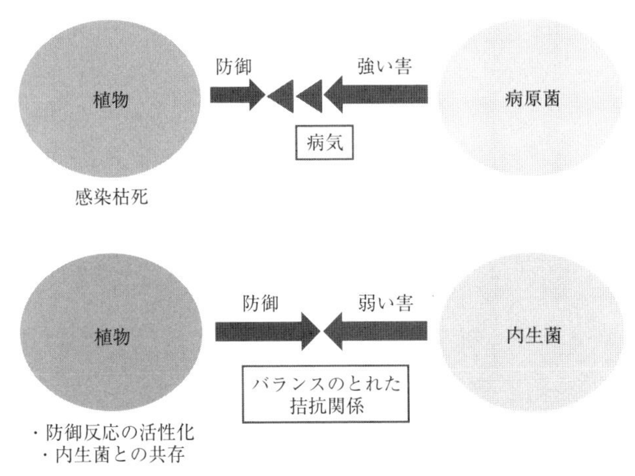


図 6.3 植物と病原菌，内生菌の関係図
Schulz & Boyle (2006) 記載の図より引用改変.

(benefit)」，病原菌の植物への影響は「有害（harm)」と示される中で，内生菌の植物への影響は「弱い害と有益（weak harm and benefit)」とされている (Brundrett, 2006)．内生菌は植物に感染することで弱い害を常時，植物に与える可能性がある．その弱い害は植物を枯死させるほどではないが，植物は異物の侵入に反応して，防御反応を活性化させる（Schulz & Boyle, 2006)（図 6.3)．その防御反応は，環境ストレスに対する防御反応でもあることから，結果として植物の環境ストレス耐性を増強させていると考えられている．実際，高濃度の重金属を含有する土壌では，興味深い植物と内生菌の相互作用の報告が相次いでいる．Dark-septa endophyte（DSE）と言われる菌類（*Phialocephala* 属糸状菌など；Haselwandter & Read, 1982）は，重金属の植物体内での蓄積部位を変化させ，重金属を無毒化することで，植物の重金属耐性を高めている (Wang *et al.*, 2016)．また，DSE は重金属を菌糸内に隔離することで，トウモロコシの重金属耐性を高めているという報告（Li *et al.*, 2011）もある．

ここで，一つの研究例を示そうと思う．鉱山跡地に自生する種として知られている樹木にリョウブ（図 6.4）がある．リョウブは特徴的な明るい樹皮を持ち，北海道南部から九州まで自生する落葉小高木である．春先に出る芽は，炊き込みご飯の具材としても利用され（リョウブ飯)，山菜として食されること

図 6. 4　鉱山跡地のリョウブ（2006 年冬撮影）
幹が細いため，若々しく見えるが，30 年近く生育しているリョウブである．

も知られている．リョウブは，鉱山跡地に自生する植物種であること（Hiroi, 1974）が知られていたが，リョウブが高濃度の重金属を含む土壌で自生できる理由，重金属耐性に関しては解明されていなかった．

Yamaji *et al.*（2016b）は，鉱山跡地に自生するリョウブが根に銅，亜鉛，鉛を多く吸収していることを確認し，リョウブの重金属耐性メカニズムを，内生菌との相互作用を考慮しつつ調査した．鉱山跡地に自生するリョウブの根から内生菌である *Phialocephala fortinii, Rhizodermea veluwensis, Rhizoscyphus* sp. を主要な菌として分離した．その後，リョウブの種子を滅菌して発芽させ得られたリョウブの実生に，分離した内生菌を一緒につけてやり（接種），滅菌した鉱山跡地土壌で生育させた．その結果を図 6. 5 に示した．内生菌を接種した区では，リョウブ実生の地上部の良好な生育が確認された一方で，内生菌を接種しない区（対照区）では，実生の生長は抑制され，葉が白く変色してしまった．これは，先にも説明した通り，重金属の過剰吸収により細胞内で活性酸素種が発生し，クロロフィルが分解してしまったからだと考えられた．また，根でも同様に，内生菌の接種により生長が促進されたが，対照区では根の先端の生育が抑制されていた．次に，植物体内の栄養元素の濃度を測定したと

図 6.5　重金属土壌に生育させたリョウブにおける，内生菌による生長促進
本試験では滅菌条件で発芽，生育させたリョウブ実生（現地で種子採取）を使用した．γ線滅菌した現地土壌に実生を移植後，その根元に菌液を接種した．左から，菌末接種区，*Phialocephala fortinii* 接種区，*Rhizodermea veluwensis* 接種区，*Rhizoscyphus* sp. 接種区，3 種の同時接種区の結果を示す．Yamaji *et al.* (2016b) にも同写真を掲載.

ころ，内生菌を接種した区では対照区と比較して，多量必須栄養元素であるカリウムの顕著な吸収促進が確認された．一方で，重金属である銅，亜鉛，鉛，カドミウムの濃度は，内生菌の接種により低下することが確認された．この現象は，内生菌が植物の生長を促進した結果，吸収された重金属の濃度が相対的に低下したという希釈効果（Larcher, 2004）という考え方で説明することができる．一般に毒性は，体内の濃度に依存することから，希釈効果により重金属毒性の低減が可能となったと言い換えることもできるだろう．本研究結果は，「リョウブが内生菌との共生関係を築くことにより，重金属濃度の高い土壌環境で生育を可能としている」ことを示しており，鉱山跡地での樹木と菌類の共生関係の好例と言えるだろう．

## 6.1.4　まとめ

重金属を高濃度に含む土壌は，植物および菌類にとって，過酷な環境である．そういった環境に自生する植物や菌類は，耐性機構を獲得し適応することで，どうにかして生き抜いているという印象を受ける．そして，植物や菌類が共に生きることができれば，植物は菌類の助けを受けてさらに耐性を高めることができ，菌類は植物からは栄養が供給され，土壌と比べると穏やかな住処を得ることができると考えられる．環境ストレスに打ち勝つために，植物と菌類が結果として助け合って生きる姿は，お互いのしたたかさも感じることができ，大変興味深いことである．

**Box 6. 3　植物を用いた環境浄化：ファイトレメディエーション**

ファイトレメディエーション（phytoremediation）は「植物」を意味する phyto と「修復」を意味する remediation を合わせた造語で，その名の通り，植物によって環境中の重金属の浄化を図る手法である．汚染土壌を取り除いて他の土壌に入れ替える方法（客土）のような即効性はないが，広範囲かつ比較的低濃度に，様々な重金属を含有する土壌の浄化に効果的であるとされる．一言にファイトレメディエーションといっても，目的により，いくつかの種類に分けられる．主なものとしては，1）植物体内に重金属を蓄積させ，重金属の回収を行うファイトエクストラクション（phytoextraction）と，2）根やその分泌物によって重金属を吸着・沈殿・固定し，拡散を防ぐファイトスタビライゼーション（phytostabilization）が挙げられる．ファイトエクストラクションの成否には，植物個体の大きさや重金属耐性に加え，対象の重金属が吸収しやすい形態にあるか否かが重要である（Ma *et al.*, 2011）．またファイトスタビライゼーションでは，重金属の流亡を防ぐために根系が厚く発達する植物種である必要がある．内生菌の中には植物の生長を促進する働きや，シデロフォアを産生する菌類がいるため，植物と内生菌を合わせて用いることで，より効率的なファイトレメディエーションが期待できると考えられる．

## 6. 2　酸性土壌環境におけるアルミニウムの植物・菌類への影響

アルミニウムは比重が 2.7 と軽いため，重金属に対して軽金属と呼ばれる．一円硬貨やアルミホイルなどに使われている他，アルミニウムの合金であるジュラルミンは鉄道車両や飛行機などにも使用されており，私達の生活に欠かせない金属の一つとなっている．私達の身の回りにあるアルミニウムとして製錬されるには，ボーキサイトから製錬する必要があり，その生産地域は限定されている．しかし，実はアルミニウムは土壌に広く分布し，土壌構成元素として酸素，ケイ素に次いで 3 番目に多く含まれる元素でもある．アルミニウムは土壌構成元素の約 7% を占め，金属元素としては最も多く含まれている．このように土壌に豊富に含まれているアルミニウムは，植物や菌類にどのような影響をもたらすのだろうか．本章ではアルミニウムの植物への影響と，6. 1. 3

でも取り上げた内生菌への影響およびその相互関係に対する影響を考えていこうと思う．

### 6.2.1　酸性土壌とアルミニウム

アルミニウムの毒性は古くから酸性条件下で生じることがわかっており，1900 年代初頭にはアルミニウムの植物毒性が推察されていた．土壌の酸性化の一因には火山活動など自然由来のものと，酸性雨や鉱山廃水などの人間活動によるものとが考えられる．日本のように年間降水量の多い国では，降雨も土壌酸性化の一因となりうると言われている（三枝，1994）．日本の森林の約 75 % は褐色森林土に分類されており（農林水産省林業試験場土壌部，1976），土壌は概ね pH 4.5～5.5 と酸性を示す（河田，1982）．しかしヨーロッパや北アメリカで確認されたような著しい森林衰退は，日本では確認されていない (Nouchi, 1993)．

酸性土壌では水素イオンの直接的な障害に加え，カルシウム，マグネシウム，カリウム，リンなどの必須栄養元素が土壌から流亡しまうことでそれらの欠乏症が生じたり，逆に，アルミニウム，鉄，ニッケル，銅などの金属元素が土壌粒子から溶出することで過剰害などが生じる．この中でも土壌に普遍的に存在するアルミニウムの影響は特に重要と考えられており，土壌の酸性雨への緩衝能を示す指標にはアルミニウムイオンが溶出されるまでの酸の負荷量が用いられている（戸塚，1996）．アルミニウムは土壌溶液に溶け出したイオンの他にも，土壌コロイド表面に吸着された交換態，一次鉱物や粘土鉱物などの構成元素として存在している．通常の酸性土壌では，土壌溶液のアルミニウム量を 1 とした場合，交換性アルミニウムは 100～1000，鉱物構成元素としては 10 万～100 万の比率で存在すると見積もられている（三枝，1994）．一般的に植物や菌類などの生物に影響するのは土壌溶液に溶出したアルミニウムのみと考えられているが，溶出しているアルミニウムは，土壌溶液の pH によって様々な形態［$Al^{3+}$，$Al(OH)^{2+}$，$Al(OH)_2^{+}$ や $Al(OH)_4^{-}$ など］をとる．各イオンは平衡状態にあるが，その中でも特に毒性を示すとされているのは 3 価のアルミニウムイオンで，pH 4.5 以下になると急激にその濃度を増加させる（Macdonald & Martin，1988）．また，交換性アルミニウムは容易に土壌溶液に溶出するため，土壌のアルミニウムの毒性を評価する際には交換性アルミニウムを考慮に入れる必要があると考えられる．

### 6.2.2　植物・菌類に対するアルミニウムの毒性

植物のアルミニウムの吸収および移行に関しては適切な放射性同位体が存在しないために不明な点が多いが，アルミニウムの吸収には短時間で急速に吸収される初期吸収と，その後の緩やかな直線的な吸収の2段階があることが知られている（Zhang & Taylor, 1989）．また，植物体内における移行にはエンドサイトシス（endocytosis）あるいはカルシウムやマグネシウムのチャンネル（channel）を通過することが示唆されている（長谷川，2010）．アルミニウムが生体内でアルミニウムイオンとして存在すると細胞膜上のリン脂質と結合して生体膜の損傷を引き起こし（Suhayda & Haug, 1986；Zambenedetti *et al.*, 1994），生体膜本来の柔軟性を失い固くなる．その結果，植物の根の生長領域における細胞の伸長生長が抑制され，根端が横に膨らんだ状態となる．このような根の伸長生長の阻害は，アルミニウム毒性として植物によく確認される．また生体膜上の輸送タンパク質などへの結合（Schroeder, 1988）が起こると，正常な物質の輸送を妨げてしまうと考えられている．さらに，核の中にアルミニウムイオンが侵入すると，DNA とアルミニウムイオンが結合してしまい，複製や転写を阻害する可能性も示唆されている（Delhaize & Ryan, 1995）．この他の毒性としては活性酸素種の発生などが挙げられる．ヤナギの実生を用いた水耕実験では，アルミニウムストレスにさらされると，主根や側根の萎れ，展葉阻害が引き起こされることが報告されている（Kidd & Proctor, 2000）．菌類に対する毒性も植物と同様な機構によるものと考えられており，著しい生長阻害や（Thompson & Medve, 1984），胞子の発芽抑制が生じる（古屋ら，1996）．

### 6.2.3　植物・菌類におけるアルミニウム耐性

土壌に普遍的に存在するアルミニウムの毒性を，植物や菌類はどのように防いでいるのだろうか．植物におけるアルミニウムの耐性機構は1）排除機構（exclusion mechanism）と2）細胞内抵抗性機構（internal detoxification）の2

つに大別できる（松本，2003）．1）の排除機構には，根圏のpHを上昇させることで毒性の強いアルミニウムイオンを沈殿させる機構や，アルミニウムイオンと結合するクエン酸やリンゴ酸などの有機酸や多糖類であるムシラーゲの分泌によって根への取り込みを抑制する機構が知られている（Yang *et al.*, 2000; Archambault *et al.*, 1996）．分泌される有機酸は植物種によって様々で，クエン酸やリンゴ酸の他にもシュウ酸などを根から分泌する植物もある（Ma *et al.*, 2001）．このような有機酸の分泌には，2つのパターンがあることが知られており，アルミニウムイオンが吸収されると数分で分泌されるパターンと1～数時間の誘導期を有するパターンとがある．前者はアルミニウムが直接あるいはアルミニウム受容タンパク質が陰イオンチャンネルに作用することで有機酸が分泌され，後者はアルミニウムを認識した後にタンパク質合成を経て発現する耐性機構であると考えられている（Ma *et al.*, 2001）．

2）の細胞内抵抗性機構は細胞内に侵入したアルミニウムを直接的に解毒する機構と，アルミニウムによって引き起こされた代謝異常を修復したり活性酸素種を除去したりする間接的な解毒機構がある．アルミニウムを直接解毒する機構には先に述べた有機酸が使われており，ソバでは細胞内のシュウ酸がアルミニウムと3：1の割合で結合することで，解毒していることがわかっている（Ma *et al.*, 1997）．また，チャではフラボノイド類やカテキンが（Nagata *et al.*, 1992），ユーカリではオエノテインBという加水分解性タンニンの二量体が産生され（Tahara *et al.*, 2014），アルミニウムと結合することで解毒していることが報告されている．この他にも，アルミニウムと結合できるポリペプチドのフィトケラチンなどによる解毒機構などが知られている（Tomsett & Thurman, 1988）．このような有機化合物と結合したアルミニウムは最終的には液胞に隔離され，無毒化される．有機酸などの分泌を伴わないアルミニウムの細胞内抵抗性機構には，ペルオキシダーゼやカタラーゼ，スーパーオキシドジスムターゼといった活性酸素種除去酵素やグルタチオンが関与しており，アルミニウムによって生じた活性酸素種の除去が行われていると考えられている（Boscolo *et al.*, 2003; Devi *et al.*, 2003）．

菌類も植物と同じようにアルミニウムに対する耐性を獲得していると考えられている．菌類のアルミニウムに対する耐性として，細胞外でアルミニウムを沈殿させたり，クエン酸などと錯形成をさせることで吸収抑制する機構が挙げられる（Gadd, 1993）．また，糸状菌の細胞壁成分である多糖類はアルミニウムを吸着する．そのため，糸状菌は細胞壁においてアルミニウムを吸着することで細胞内への侵入を防ぎ，アルミニウム耐性を獲得していると考えられる（Gadd, 1993）．細胞内に吸収されてしまったアルミニウムを，積極的に細胞外へと排除したり，液胞に隔離したりことで耐性を獲得している菌類もいる（Martin *et al.*, 1994）．

## 6.2.4　植物と菌類の共生関係によるアルミニウム耐性

6.1.3では，菌類が植物と共生することで，様々な環境ストレスに対して植物の耐性を高めているということを述べた．アルミニウムの耐性についても同じように，植物の生育が困難な酸性土壌環境において内生菌による植物のアルミニウム耐性の増強が報告されている．例えば森林の林床植物であるクルマバソウにおいては，土壌環境が酸性になると内生菌の感染率が増加する傾向が確認され，それに伴って植物の葉ではマグネシウム濃度が高くなったり，植物体のアルミニウム濃度が減少したという報告がある（Postma *et al.*, 2007）．マグネシウムは葉緑体の構成元素であり，植物にとって極めて重要な元素であるが，酸性土壌環境では土壌から溶け出すなどして，植物が欠乏しやすい元素でもある．本報告の結果は，内生菌がマグネシウムの吸収を促進したり，アルミニウムの吸収を抑制していることを示している．

ここで，植物と内生菌の共生関係におけるアルミニウム耐性の一例を示す．鉱山跡地は重金属を多く含む酸性土壌環境であることが多いが，そういった環境に自生する植物種として，ススキがある（Hiroi 1974；図6.6a）．ススキは植物遷移における草原の先駆種であり，荒れ地などにおける森林植生回復の一端を担う重要な植物種である（Stewart *et al.*, 2009；図6.6b）．Haruma *et al.* (2018）は，酸性土壌環境の鉱山跡地（図6.6a）を調査地として，そこに自生するススキの根には通年に渡って過剰のアルミニウムが蓄積していることを明らかにし，ススキにはアルミニウム耐性機構が存在する可能性を示した．さらにAlと錯体を形成する化合物を産生する内生菌として *Chaetomium cupreum* を分離した．*Chaetomium* 属糸状菌は，様々な植物種の茎，枝，葉および根な

図 6.6 鉱山跡地のススキ
(a) 斜面にススキが群生している（2014 年夏撮影）．イタドリなど他の植物の侵入もわずかに確認された．(b) 2012 年以降，草刈りが行われておらず，周辺樹木であるホオノキやアカメガシワなどの侵入・定着が確認された（2017 年夏撮影）．

図 6.7 酸性土壌に生育させたススキにおける，内生菌による生長促進
本試験では滅菌条件で発芽，生育させたススキ実生（現地で種子採取）を使用した．$\gamma$ 線滅菌した現地土壌に実生を移植後，その根元に菌液を接種した．左から，菌未接種区，*Chaetomium cupreum* 接種区の結果を示す．Haruma *et al.*（2018）にも同写真を掲載．

どに内生しており，植物ホルモンの産生（Khan *et al.*, 2012）や抗菌物質の産生（Naik *et al.*, 2009；Zhang *et al.*, 2014）など，その機能も多岐にわたる

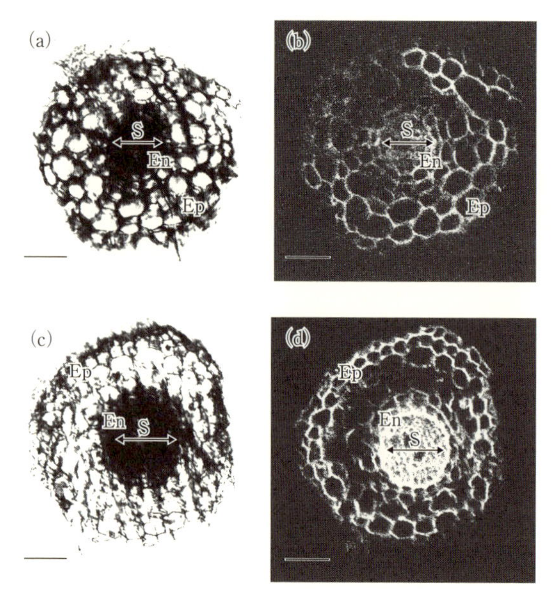


図 6.8　ススキ実生の根と Al の局在部位
内生菌を接種していないススキ実生の根の断面（a）と Al の局在部位（b）および，内生菌を接種したススキ実生の根の断面（c）と Al の局在部位（d）．b，d の白い部分は Al の局在部位を示す．S，維管束；En，内皮；Ep，表皮．各図におけるバーは 50 μm を示す．Haruma *et al.*（2018）にも同写真を掲載．

（Fatima *et al.*, 2016）ことが知られている．分離した *C. cupreum* を現地土壌で生育させたススキの滅菌実生に接種したところ，ススキは根に過剰なアルミニウムを蓄積するとともに，*C. cupreum* がススキの生長を促進することが明らかとなった（図 6.7）．次に *C. cupreum* が関与するアルミニウム耐性機構の解明を試みたところ，根全体の細胞壁に局在していたアルミニウムが，内生菌 *C. cupreum* の感染によって表皮や内皮・中心柱の細胞壁に局在するようになった（図 6.8）．内皮には有害な元素や物質の吸収を抑制するカスパリー線があるため，内生菌による Al の局在の変化によってより効率的なアルミニウム耐性機構を獲得していると考えられた．これらの結果は，酸性土壌のため Al の毒性が強いと考えられる環境に生育する植物の生存には，内生菌が有効な働きをしていることを示唆していると考えられる．

### 6.2.5　まとめ

本項では，酸性土壌におけるアルミニウムイオンの植物および菌類に対する毒性について述べてきた．アルミニウムは私達の生活に大きく関わる一方で，土壌に最も多く含まれる金属元素であり，そこに暮らす植物や菌類はアルミニウム毒性に抵抗する手段を発達させてきたと考えられる．本項で示した内容が酸性土壌環境でのストレス要因を知る手がかりになれば幸いである．

**Box 6.4　有用元素としてのアルミニウム**

本項ではアルミニウムの毒性を述べてきたが，実はアルミニウムが有用元素として働く植物も確認されている．有用元素とはある植物種にのみに必要となる元素，あるいはある特定の環境下でのみ植物の生長に必要になる元素のことである．例えば，チャはアルミニウムを吸収することでリン酸の過剰害を抑制していると考えられており（Hajiboland *et al*., 2013），またノボタン科樹木であるシンガポールデンドロンは硫酸酸性土壌に生育する際，アルミニウムを吸収することで鉄の過剰吸収を免れていると考えられている（Watanabe *et al*., 1997）．また，酸性土壌で問題になるのはアルミニウムイオンだけではなく，酸性の原因である水素イオンも植物毒性を示す．Kinraide（1993）は水素イオンの毒性がアルミニウムイオンによって緩和されている可能性を示唆している．一般に，有害金属元素とされる元素は一定の濃度以上になると毒性を示すが，そのような有害金属でもごく微量に存在するときのみ，植物の生長を促進する場合がある．このような現象をホルミシス（hormesis）といい，アルミニウムにもこのようなホルミシスの報告がある（Kidd & Proctor, 2001）．さらに，アルミニウムは重金属の銅と吸収競合を引き起こすとされているが（Kabata-Pendias, 2010），このような競合は，鉱山跡地など重金属が多く存在する酸性土壌環境において重金属の吸収を抑制している可能性があり，重金属の耐性機構に間接的に関与している可能性も示唆されている（Haruma *et al*., 2018）．

## 6.3　放射性セシウムの影響

東日本大震災における福島第一原子力発電所の爆発事故により，人工放射性核種が広範囲に環境中に放出された．人工放射性核種の中で，セシウム 137

は放射線として$\gamma$線と$\beta$線を放出し，半減期は30.2年と長期であるため，土壌への吸着による蓄積，植物への吸収移行等が懸念されている．事故から4年半が経過した2015年8～9月に福島県のスギ林，アカマツ林，コナラ林で行われた調査（「平成 28 年度森林内の放射性物質の分布状況調査結果について」）によると，放射性セシウムは表層土壌（0～5 cm）に留まっていることが確認されている．本項では，チェルノブイリの原子力発電所事故以降行われてきた研究例を示しつつ，放射線が菌類に与える影響，放射性セシウムを蓄積する菌類，そして植物と菌類の共生系における放射性セシウムの挙動について述べようと思う．

## 6.3.1　放射線が菌類に与える影響

1986年のチェルノブイリ原子力発電所事故後，発電所周囲では高濃度の放射性物質の汚染が確認され，放射線の菌類への影響を解析する研究が行われてきた．チェルノブイリ原子力発電所周囲の土壌（Zhdanova *et al.*, 1994）や原子炉付近の建物内部の壁や天井，梯子など（Zhdanova *et al.*, 2000）から，菌類を分離した報告例がある．これらの研究報告によると，放射線量が高い地点ほど，メラニン色素（黒色色素）をつくる菌類が優占することが判明し，建物内部からは *Cladosporium*, 森林土壌から *Phoma, Melanophoma, Humicola, Peyronellaea* 属糸状菌などが分離されている．また，放射線量の低い地点に比べると，放射線量が高い地点では単純な菌類相であることが確認された．この現象には，高い放射線量に適応し，放射線耐性を獲得した菌類の増殖によるものと推測されており，メラニンには紫外線に対する防護効果があることから，放射線に対しても同様の効果があるのではないかと推測されている（Zhdanova *et al.*, 2004）．他には，メラニン以外の色素をつくると考えられる *Penicillium* 属糸状菌も高放射線量の土壌から分離されている（Zhdanova *et al.*, 1994）．

Tugay *et al.* (2006) は，異なる放射線量の地点から分離された菌株に，$\gamma$線および$\beta$線を照射し，胞子発芽や菌糸の生長を確認した．菌の種類や照射した放射線の種類によって反応は異なるものの，高放射線量の地点から分離した菌株（*Cladosporium, Aspergillus* および *Hormoconis* 属糸状菌）は，放射線の照射により胞子発芽や菌糸生長が促進することが明らかとなった．一方，低放射線量の地点から分離された菌株（*Cladosporium* および *Aspergillus* 属糸状菌）の胞子発芽や菌糸の生長は，放射線の照射により，阻害された，あるいは変化が生じなかった．高放射線量の地点から分離された菌株には，放射線に対する耐性が既に誘導されていたのではないかと考察されている．また，高放射線量の土壌から分離された菌株（*Cladosporium* および *Penicillium* 属糸状菌）に $\beta$ 線および $\gamma$ 線を照射したところ，放射線を放出する線源方向に向かって菌糸生長をすることも明らかになっている（Zhdanova *et al.*, 2004）．

高放射線量の土壌から分離された菌株には放射線照射によって生長が促進したものが存在することが明らかになったが，そのメカニズムについては，メラニンの機能に着目した研究で一部説明ができる．Dadachova *et al.*（2007）は，セシウム 137 を線源とした放射線照射実験を通じて，メラニンには電子伝達特性があり，放射線のエネルギーを利用して，ニコチンアミドアデニンジヌクレオチド（$NAD^+$/NADH）の還元体（NADH）を保持する能力を示すことを明らかにした．NADH は細胞内での還元反応を触媒する酵素の補酵素であり，酸化体である $NAD^+$ は電子を受けとり NADH となり，生体内での種々の反応を司ることとなる．この現象は言い換えると，メラニンが光合成色素のクロロフィルのようにエネルギーの捕捉機能があるということを示している（Dadachova & Casadevall, 2008）．放射線量の高い場所では，有機物に放射性核種が吸着しており，有機物を分解するような菌類は放射線の影響を多大に受けることが考えられるため，放射線に対して何らかの耐性を獲得する必要があると考えられる（Mironenko *et al.*, 2000）．高放射線量下で生息する菌類はメラニンをつくることで，放射線から身を守り，メラニンの放射線のエネルギーの捕捉機能を利用して生長する可能性が示唆されたが，これは放射線に対する菌類の適応であると言えるだろう．

### 6.3.2　放射性セシウムを蓄積する菌類

放射性セシウムは水に溶解すると陽イオンとなり，土壌有機物や粘土鉱物由来のマイナスの電荷を持つ部分に吸着されるため，長期的に表層土壌に留まりやすい傾向にあり，植物や微生物が容易に吸収できる形態になっていないと考えられている（山口, 2012）．放射性セシウムが植物や微生物に吸収されるためには，土壌から放射性セシウムが溶出される必要があるが，菌類が放射性セシウムを吸収・吸着するという報告例は多数ある．Gadd（1996）は，菌類は直接的に放射性核種を吸着・沈着させることができることを示した上で，菌類が森林土壌での放射性核種の形態や移動性に影響する可能性を述べている．

放射性セシウムをはじめ，放射性核種を蓄積する菌類として報告例が多数あるのは外生菌根菌であり，菌糸よりも子実体（キノコ）に蓄積することが明らかとなっている（review, 村松・吉田，1997；Digton *et al.*, 2008；Linkov *et al.*, 2000）．外生菌根菌はマツ科，カバノキ科，ブナ科等の樹木根に定着し，森林の表層土壌やリター層に菌糸を伸長して無機栄養元素を吸収し樹木に供給する菌類であることから，放射性セシウムを吸収しやすく，菌糸が吸収した放射性セシウムが子実体に移行し蓄積した可能性が考えられている．また，外生菌根菌と腐生菌の子実体を比較したところ，外生菌根菌の子実体の方が放射性核種の蓄積が高いということが多くの研究者により報告されている（review, 村松・吉田，1997；Linkov *et al.*, 2000）．外生菌根菌と腐生菌を培養して菌糸内のセシウムの吸収を確認した実験によると，外生菌根菌の方がセシウムを吸収し蓄積することが明らかになっている（Ogo *et al.*, 2017）．外生菌根菌と腐生菌のセシウム吸収機構の違いが影響する可能性があるのかもしれない．

Gadd（1996）は，菌類がつくるシデロフォアが，放射性核種のウラン，トリウム等とキレート結合することで，土壌からこれらを溶出する可能性を述べている．外生菌根菌がシデロフォアの一種である有機酸（シュウ酸やクエン酸等）をつくるという報告は多数ある（Machuca *et al.*, 2007；Duchesne *et al.*, 1988, 1989；Lapeyrie *et al.*, 1987）．シデロフォアである有機酸は粘土鉱物のアルミニウムや鉄を溶出することができるので，アルミニウムや鉄が溶出された結果，粘土鉱物の構造が変化し，粘土鉱物に強く結合している放射性セシウムが溶出されると考えられている（Chiang *et al.*, 2011；Wendling *et al.*, 2005）．以上のことから総合して考えると，外生菌根菌がシデロフォアをつくることで，土壌から放射性セシウムを溶出し，その溶出した放射性セシウムを吸収する可能性が推測される．今後のさらなる解明が期待される．

## 6.3.3　植物–菌類共生系における放射性セシウムの移行

植物はそれ自身のみで生きているのではなく，他の菌類と共生して生きている．植物と共生する菌類は，土壌から無機栄養元素を吸収し，植物へ供給するという役割を担うものが多い．そのため，植物が放射性セシウムを吸収するということを考える時に，菌類の影響は考慮するべきであろう．植物–菌類共生系における放射性セシウムの吸収に関する研究例は，80～90% の陸上植物の根に共生し，ヒノキ科樹木にも共生するアーバスキュラー菌根菌において最も多い．しかし，アーバスキュラー菌根菌が共生することで植物における放射性セシウム吸収が減少した例，増加した例，変化がなかった例，と様々な報告が得られている（Rogers, 1986；Entry *et al.*, 1999；Rogers & Williams, 1986；Vinichuk *et al.*, 2013a, b；Rosén *et al.*, 2005；Berrck & Haselwander, 2001）．研究結果がそれぞれ異なる理由としては，1）試験に使用した土壌の違い，2）栄養元素であるカリウムやリンの要求性が植物によって異なるため，アーバスキュラー菌根菌の反応が異なる，3）アーバスキュラー菌根菌の宿主特異性（共生する植物の種類の特異性）が変動する，などの要因が指摘されている（Dupré de Boulois *et al.*, 2008）．一般化した見解を得るためには，土壌や植物種を統一させた試験を行う必要もあるだろう．

樹木–外生菌根菌共生系における放射性セシウムの吸収に関する研究例は，多くない．ポンデローサマツやラジアータパインに外生菌根菌を接種したところ，放射性核種であるストロンチウム 90 の吸収が促進されたという報告（Entry *et al.*, 1994）や，ドイツトウヒにおいて外生菌根菌の接種によりセシウムの吸収が増加したという報告（Brunner *et al.*, 1996）がある．外生菌根菌における放射性セシウムの蓄積能力は高いという報告は多いことから，今後，樹木と外生菌根菌との共生系における放射性セシウムの挙動の解明が望まれる．

### Box 6.5　放射性セシウムを吸収するコシアブラ

放射性セシウムを蓄積する植物としてコシアブラが知られている（Kiyono & Akama, 2013）．この植物は古くからマンガン超集積植物としての報告もあった（Memon & Yatazawa, 1982；1984）．Yamaji *et al.*（2016a）は，内生微生物の関与した放射性セシウムおよびマンガンの吸収機構に関する実験を行った．コシアブラの根から内生微生物を分離したところ，そのほとんどは細菌であり，全体の23.1%の内生細菌がシデロフォアをつくっていることが明らかとなった．またシデロフォアをつくる細菌は，放射性セシウムを多く含む土壌からアルミニウムや鉄を溶出し，同時に放射性セシウムやマンガンも溶出することがわかった．また細菌のつくるシデロフォアの分析を行ったところ，シデロフォアの一つとしてコハク酸が同定された．コシアブラの内生細菌はシデロフォアをつくることにより，土壌からアルミニウムや鉄とともに，放射性セシウムやマンガンなどを溶出させることで，これらの元素を植物が吸収しやすくしていると考えられた．今後は接種試験などを通して，植物と内生微生物の相互作用を考慮した，より詳細な放射性セシウムの吸収メカニズムの解明が期待される．

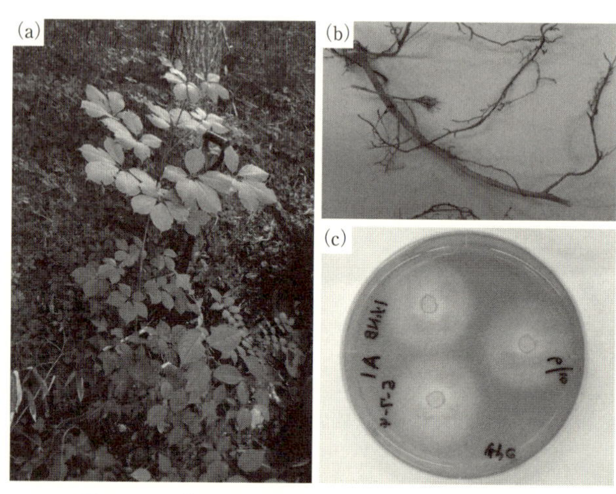


**図　コシアブラとその根，シデロフォア活性試験の様子**
コシアブラ（a）とその根（b）（2012年夏撮影）．根は森林土壌の表層にひろがっていた．コシアブラから分離した細菌を用いたシデロフォア活性試験の様子（c）．シデロフォアを産生する細菌はコロニー周囲が青から黄色へ変色する．

## 6. 3. 4　まとめ

東日本大震災以降，環境問題として浮上した人工放射性核種は，私達が日々食する作物において高濃度で取り込まれた場合，健康被害を引き起こす可能性が懸念されている．植物における高濃度の放射性セシウム吸収を避けるためには，植物における吸収メカニズムを明らかにすることが重要である．植物はそれ自身のみで生きているのではなく，様々な微生物との相互作用を介して生きていることから，メカニズムの解明にあたっては，微生物への放射性セシウムの影響を踏まえ，微生物との相互作用を考慮に入れる必要があるだろう．

## 6.4　農薬の影響

### 6.4.1　農薬とは

農薬はなぜ必要なのだろうか．その問いに対する答えとして「単一作物の栽培により農耕地での生物多様性が欠如し，品種改良で生体防御物質を体内に持たず栄養価が高い農作物は，害虫や微生物の影響を受けやすいため，農薬による防除が必要となる」と言う説明ができる（寺岡，2016）．被害を受けやすい農作物を防御する目的で，農薬は必要とされる．農薬には，「殺虫剤」「殺菌剤」「殺虫殺菌剤」「除草剤」などが存在する．近年の防除の傾向としては，農薬のみに頼るのではなく，環境低負荷型の天敵農薬や微生物農薬といった生物農薬の開発も進んでいる．

農薬の環境への影響については，様々な分野で数多くの研究がされてきた．本項では，農薬の中で殺菌剤を取り上げ，「殺菌剤が土壌の微生物にどのような影響を与える可能性があるのか」について述べる．農耕地だけでなく，森林地でも農薬は利用されているが，森林微生物への農薬の影響を評価した研究例は少ないため，本項では農耕地の土壌微生物（菌類および細菌類）への殺菌剤（糸状菌剤）の影響について焦点をあてることとする．主に参考としたレビューは Yang *et al.* (2011) である．

### 6.4.2　土壌微生物への殺菌剤の影響

殺菌剤とは，対象とする病原菌を殺すために開発された薬剤であり，様々な病原菌への殺菌効果を調べた上で開発されている．殺菌剤は，病原菌の生命活動の維持に必須な様々な代謝経路や生体反応を阻害することで殺菌効果を示す．しかし，他の微生物も持つ代謝経路や生体反応に影響を与える可能性もあるため，殺菌剤が対象外の微生物の生育を阻害する可能性がある．これは，殺菌剤の土壌微生物への「直接的な影響」が生じる可能性である．例えば，カルボン酸系殺菌剤はタンパク合成やDNA複製に関与するDNAトポイソメラーゼIIと結合することで殺菌効果を示すが，この酵素は糸状菌および原核生物でも存在するため，対象外の微生物にも影響する可能性がある（Sioud *et al.*, 2009）．また，グルコピラノシル系殺菌剤であるストレプトマイシンは対象とする糸状菌のみならず細菌のアミノ酸合成を阻害する可能性がある（Carr *et al.*, 2005）．また，土壌の微生物相は病原菌も含め，機能的にも栄養的にもお互いに影響し合っているため，結果として土壌での微生物相の変動が生じる可能性もある．これは，殺菌剤の土壌微生物への「間接的な影響」が生じる可能性である．

殺菌剤の作用機序ごとに，土壌微生物への影響を評価した研究について述べる．糸状菌のステロール合成を阻害する殺菌剤に関する報告がある．トリアゾール系殺菌剤であるtriticonazoleは土壌細菌の増殖を促進させるとの報告（Niewiadomska *et al.*, 2011）や，モルホリン系殺菌剤であるfenpropimorphやトリアゾール系殺菌剤であるpropiconazoleは他の殺菌剤であるcarbendazim, carboxinやcycloheximideと比べて土壌細菌の生育を抑制した（Milenkovski *et al.*, 2010）という報告がある．ケイヒ酸アミド系殺菌剤であるdimethomorphとジチオカルバメート系殺菌剤であるmancozeb（mancozebは複合的な阻害部位を持つ殺菌剤）を砂質土に混合処理した実験においては，土壌細菌数の増殖やアンモニア化成速度が促進され，硝酸還元細菌数には変動がないことが確認されている．一方で，土壌における糸状菌数や硝化細菌数，窒素固定細菌数の減少が確認されており，窒素循環へのこれら殺菌剤の影響が示唆されている（Cycón *et al.*, 2010）．

核の有糸分裂や細胞分離を阻害する殺菌剤に関しては，メチルベンジイミダゾール系殺菌剤であるbenomylやcarbendazimを土壌処理した実験がある（Chen *et al.*, 2001）．これらの殺菌剤は，土壌の微生物由来の窒素の濃度を減少させたが，アンモニア態窒素の濃度にはほとんど影響を示さず，窒素純無機化量及び硝化速度には影響を示した．また，土壌を使用しない寒天での実験ではあるが，benomylには，共生菌であるアーバスキュラー菌根菌の胞子発芽や菌糸生長を抑制したとの報告（Carr & Hinkley, 1985）もある．

糸状菌において複合的な阻害部位を持つ殺菌剤についても報告がある．アントラキノン系殺菌剤である dithianon の処理実験において，土壌細菌の多様性や糸状菌量は減少したが，トウモロコシの藁を基質とした炭素分解は多少影響を受けた程度であり，腐植化で生じた産生物にも変動がなかったとある（Liebich *et al.*, 2003）．また，ブドウ園での使用が多い硫酸銅の土壌への処理実験（Kostov & Van Cleemput, 2001）においては，砂質土では微生物由来の炭素の量が減少し，砂壌土では増加した．また，処理土壌の微生物相は，糸状菌相の方が細菌相に比べて耐性があることも確認されており，特に *Streptomyces* 属細菌の阻害が顕著だったとある．

以上のように，殺菌剤の種類や処理土壌の種類，投与した炭素源の種類によっても，窒素の無機化や微生物相への影響は様々であり，殺菌剤の微生物相への影響を一般化することは困難であると言える．

### 6.4.3 まとめ

農薬に対する考え方は，人類の歴史とともに変化してきた（寺岡，2016）．急性毒性や環境への影響を考慮せずに食料確保のために使用してきた時代における問題点を踏まえた上で，防除したい生物への効果が高く人畜環境への影響がなく，低毒性で残留性の低い農薬開発を行う現在がある．近年，生物農薬の開発が進みつつあるが，その背景には土壌微生物の重要性というものが明らかになってきたという背景があるように思う．殺菌剤の使用は，土壌微生物の生育を変動（阻害や促進）させる可能性があるが，それが直接的に微生物の有機物分解に影響をもたらすかどうか，という点については，殺菌剤の処理濃度，処理土壌の種類，微生物の種類に関する個々の議論が必要に思う．植物にとって有用な菌類相を維持しつつ殺菌剤を使用する，という土壌環境に配慮した使用方法を確立するためには，処理方法や処理条件を統一させた試験を行う必要があるであろう．

## おわりに

本章では環境要因として，重金属，酸性土壌とアルミニウム，放射性核種，農薬を取り上げ，これらの環境要因が影響する植物と菌類の相互作用について

考えてきた．実際の野外環境に生息する植物や菌類の受ける環境要因は上記のみではなく，非生物学的要因（乾燥，貧栄養など）や生物学的要因（昆虫や動物による被食，病原菌感染など）による様々な影響を同時に受ける，複雑な環境の中で生きている．そのような複雑な環境に生育する植物や菌類の観察は困難な点もあるが，とても興味深いものである．何故なら，現地に何度も赴き観察することで，人の経験や知識を凌駕した新しい姿を生物が見せてくれるからである．予想や仮定を覆された瞬間の興奮は何物にも代えがたい．本章で示した分野における植物・菌類の姿は自然界のほんの一部にしか過ぎないが，彼らが生き抜く姿の一端を知っていただけたら幸いである．

## 参考文献


川合真一郎・山本義和（2004）明日の環境と人間——地球をまもる科学の知恵，第 3 版．pp. 270, 化学同人．


## 引用文献


Anahid, S., Yaghmaei, S. *et al.* (2011) Heavy metal tolerance of fungi. *Sci. Iran., C,* **18**, 502–508.

Archambault, D. J., Zhang, G. *et al.* (1996) Accumulation of Al in root mucilage of an Al-resistant and an Al-sensitive cultivar of wheat. *Plant Physiol.,* **112**, 1471–1478.

Berreck, M., Haselwandter, K. (2001) Effect of the arbuscular mycorrhizal symbiosis upon uptake of cesium and other cations by plants. *Mycorrhiza* **10**, 275–280.

Boscolo, P. R., Menossi, M. *et al.* (2003) Aluminum-induced oxidative stress in maize. *Phytochemistry,* **62**, 181–189.

Brundrett, M. C. (2006) Understanding the roles of multifunctional mycorrhizal and endophytic fungi. In: *Microbial root endophytes.* (eds. Schulz, B. J. E., Boyle, C. J. C. *et al.*) pp. 281–298. Springer-Verlag.

Brunner, I., Frey, B. *et al.* (1996) Influence of ectomycorrhization and cesium/potassium ratio on uptake and localization of cesium in Norway spruce seedlings. *Tree Physiol.,* **16**, 705–711.

Carr, G. R. & Hinkley, M. A. (1985) Germination and hyphal growth of *Glomus caledonicum* on water agar containing benomyl. *Soil Biol. Biochem.,* **17**, 313–316.

Carr, J. F., Gregory, S. T. *et al.* (2005) Severity of the streptomycin resistance and streptomycin dependence phenotypes of ribosomal protein S12 of *Thermus thermophilus* depends on the identity of highly conserved amino acid residues. *J. Bacteriol.,* **187**, 3548–3550.

Chen, S. K., Edwards, C. A. *et al.* (2001) Effects of the fungicides benomyl, captan and chlorothalonil on soil microbial activity and nitrogen dynamics in laboratory incubations. *Soil Biol. Biochem.,* **33**, 1971–1980.

Chiang, P. N., Wang, M. K. *et al.* (2011) Effects of low molecular weight organic acids on $^{137}$Cs release from contaminated soils. *Appl. Radiat. Isot.*, **69**, 844–851.

Cycón, M., Piotrowska-Seget, Z. *et al.* (2010) Responses of indigenous microorganisms to a fungicidal mixture of mancozeb and dimethomorph added to sandy soils. *Int. Biodet. Biodeg.*, **64**, 316–323.

Dadachova, E., Bryan, R. A. *et al.* (2007) Ionizing radiation changes the electronic properties of melanin and enhances the growth of melanized fungi. *PLoS One*, **5**, e457.

Dadachova, E. & Casadevall, A. (2008) Ionizing Radiation: how fungi cope, adapt, and exploit with the help of melanin. *Curr. Opin. Microbiol.*, **11**, 525–531.

Delhaize, E. & Ryan, P. R. (1995) Aluminum toxicity and tolerance in plants. *Plant Physiol.*, **107**, 315–321.

Devi, S. R., Yamamoto, Y. *et al.* (2003) An intracellular mechanism of aluminum tolerance associated with high antioxidant status in cultured tobacco cells. *J. Inorg. Biochem.*, **97**, 59–68.

Dighton, J., Tugay, T. *et al.* (2008) Fungi and ionizing radiation from radionuclides. *FEMS Microbiol. Lett.*, **281**, 109–120.

Duchesne, L. C., Ellis, B. E. *et al.* (1989) Disease suppression by the ectomycorrhizal fungus *Paxillus involutus*: contribution of oxalic acid. *Can. J. Bot.*, **67**, 2726–2730.

Duchesne, L.C., Peterson, R. L. *et al.* (1988) Pine root exudate stimulates the synthesis of antifungal compounds by the ectomycorrhizal fungus *Paxillus involutus*. *New Phytol.*, **108**, 471–476.

Dupré de Boulois, H., Joner, E. J. *et al.* (2008) Role and influence of mycorrhizal fungi on radiocesium accumulation by plants. *J. Environ. Radioact.*, **99**, 785–800.

Entry, J. A., Watrud, L. S. *et al.* (1999) Accumulation of $^{137}Cs$ and $^{90}Sr$ from contaminated soil by three grass species inoculated with mycorrhizal fungi. *Environ. Pollut.*, **104**, 449–457.

Entry, J. A., Rygiewicz, P. T. *et al.* (1994) $^{90}Sr$ uptake by *Pinus ponderosa* and *Pinus radiata* seedlings inoculated with ectomycorrhizal fungi. *Environ. Pollut.*, **86**, 201–206.

Ezzouhri, L., Castro, E. *et al.* (2009) Heavy metal tolerance of filamentous fungi isolated from polluted sites in Tangier, Morocco. *Afr. J. Microbiol. Res.*, **3**, 35–48.

Fatima, N., Muhammad, S. A. *et al.* (2016) *Chaetomium* endophytes: a repository of pharmacologically active metabolites. *Acta Physiol. Plant.*, **38**, 136.

古屋廣光・涌井 明 他 (1996) 土壌アルミニウムによるインゲンマメ根腐病菌大型分生子の発芽阻害. 日本植物病理学会報 **62**, 69–74.

Gadd, G. M. (1993) Interactions of fungi with toxic metals. *New Phytol.*, **124**, 25–60.

Gadd, G. M. (1996) Influence of microorganisms on the environmental fate of radionuclides. *Endeavour*, **20**, 150–156.

Hajiboland, R., Rad, S. B. *et al.* (2013) Mechanisms of aluminum-induced growth stimulation in tea (*Camellia sinensis*). *J. Plant Nutr. Soil Sci.*, **176**, 616–625.

Haruma, T., Yamaji, K. *et al.* (2018) Root endophytic *Chaetomium cupreum* promotes plant growth and detoxifies aluminum in *Miscanthus sinensis* Andersson growing at the acidic mine site. *Plant Spec. Biol.*, doi: 10.1111/1442–1984.12197.

長谷川 功 (2010) 微量要素の獲得と機能. 新植物栄養・肥料学 (米山忠克 編), pp 147–177, 朝倉書店.

Haselwandter, K., Read D. J. (1982) The significance of a root-fungus association in two *Carex* species of high-alpine plant communities. *Oecologia*, **53**, 352–354.

Hiroi, T. (1974) Phytosociological research in copper mine vegetation, Japan. *Journal of Humanities and Natural Sciences*, **38**, 177–226.

Iram, S., Zaman, A. *et al.* (2013) Heavy metal tolerance of fungus isolated from soil contaminated with sewage and industrial wastewater. *Pol. J. Environ. Stud.*, **22**, 691–687.

Kabata-Pendias, A. (2010) Trace elements in plants. In: *Trace elements in soils and plants. 4th ed.* (eds. Kabata-Pendias, A.) pp. 93–121, CRC press.

河田　弘 (1989) 森林土壌概論，博友社.

Kermasha, S., Pellerin, F. *et al.* (1993) Purification and characterization of copper-metallothioneins from *Aspergillus niger*. *Biosci., Biotechnol., Biochem.*, **57**, 1420–1423.

Khan, A. L., Shinwari, Z. K. (2012) Role of endophyte *Chaetomium globosum* LK4 in growth of *Capisum annuum* by production of gibberellins and indole acetic acid. *Pak. J. Bot.*, **44**, 1601–1607.

Kidd, P. S., Proctor, J. (2000) Effects of aluminium on the growth and mineral composition of *Betula pendula* Roth. *J. Exp. Bot.*, **51**, 1057–1066.

Kidd, P. S. & Proctor, J. (2001) Why plants grow poorly on very acid soils: Are ecologists missing the obvious? *J. Exp. Bot.*, **52**, 791–799.

Kinraide, T. B. (1993) Aluminum enhancement of plant growth in acid rooting media. A case of reciprocal alleviation of toxicity by two toxic cations. *Physiol. Plant.*, **88**, 619–625.

Kiyono, Y. & Akama, A. (2013) Radioactive cesium contamination of edible wild plants after the accident at the Fukushima Daiichi nuclear power Plant. *Jap. J. For. Environ.*, **55**, 113–118.

Kostov, O. & Van Cleemput, O. (2001) Microbial activity of Cu contaminated soils and effect of lime and compost on soil resiliency. *Compost Sci. Util.*, **9**, 336–351.

Kruckeberg, A. R. (1954) The ecology of serpentine soils III. Plant species in relation to serpentine soils. *Ecology*, **35**, 267–274.

Lapeyrie, F., Chilvers G. A. *et al.* (1987) Oxalic acid synthesis by the mycorrhizal fungus *Paxillus involutus* (Batsch. ex Fr.) Fr. *New Phytol.*, **106**, 139–146.

Larcher, W. 著，佐伯敏郎・舘野正樹 監訳 (2004) 植物生態生理学，シュプリンガー・フェアラーク東京.

Li, T., Liu, M. J. *et al.* (2011) Improved tolerance of maize (*Zea mays* L.) to heavy metals by colonization of a dark septate endophyte (DSE) *Exophiala pisciphila*. *Sci. Total Environ.*, **409**, 1069–1074.

Liebich, J., Schäffer, A. *et al.* (2003) Structural and functional approach to studying pesticide side-effects on specific soil functions. *Environ. Toxicol. Chem.*, **22**, 784–790.

Linkov, I., Yoshida, S. *et al.* (2000) Fungi contaminated by radionuclides: Critical review of approaches to modeling. *Proceedings of 10th International Congress of the International Radiation Protection Association* (P-4b-255).

Ma, J. F., Ryan, P. R. *et al.* (2001) Aluminium tolerance in plants and the complexing role of organic acids. *Trends Plant Sci.*, **6**, 273–278.

Ma, J. F., Zheng, S. J. *et al.* (1997) Detoxifying aluminium with buckwheat. *Nature*, **390**, 569–570.

Ma, Y., Prasad, M. N. V. *et al.* (2011) Plant growth promoting rhizobacteria and endophytes accelerate phytoremediation of metalliferous soils. *Biotechnol. Adv.*, **29**, 248–258.

Macdonald, T. L., Martin, R. B. (1988) Aluminum ion in biological systems. *Trends Biochem. Sci,*, **13**, 15–19.

Machuca A., Pereira, G. *et al.* (2007) Metal-chelating compounds produced by ectomycorrhizal fungi collected from pine plantations. *Lett. App. Microbiol.*, **44**, 7–12.

Mandyam, K. & Jumpponen, A. (2005) Seeking the elusive function of the root-colonising dark septate endophytic fungi. *Stud. Mycol.*, **53**, 173–189.

Martin, F., Rubini, P. *et al.* (1994) Aluminium polyphosphate complexes in the mycorrhizal basidiomycete *Laccaria bicolor*: A $^{27}$Al-nuclear magnetic resonance study. *Planta*, **194**, 241–246.

松本英明（2003）酸性土壌とアルミニウムストレス．根の研究 **12**，149–162.

Memon, A. R. & Yatazawa, M. (1982) Chemical nature of manganese in the leaves of manganese accumulator plants. *Soil Sci. Plant Nutr.*, **28**, 401–412.

Memon, A. R. & Yatazawa, M. (1984) Nature of manganese complexes in manganese accumulator plant-*Acanthopanax sciadophylloides. J. Plant Nutr.*, **7**, 961–974.

Milenkovski, S., Bååth, E. *et al.* (2010) Toxicity of fungicides to natural bacterial communities in wetland water and sediment measured using leucine incorporation and potential denitrification. *Ecotoxicology,* **19**, 285–294.

Mironenko, N. V., Alekhina, I. A. *et al.* (2000) Intraspecific variation in gamma-radiation resistance and genomic structure in the filamentous fungus *Alternaria alternata*: a case study of strains inhabiting Chernobyl reactor No. 4. *Ecotoxicol. Environ. Saf.*, **45**, 177–187.

Mizuno, T., Horie, K. *et al.* (2009) Serpentine plants in Hokkaido and their chemical characteristics. *Soil and Biota of Serpentine: A World View, Northeastern Naturalist,* **16** (Special Issue 5), 65–80.

村松康行・吉田 聡（1997）キノコと放射性セシウム．Radioisotopes, **46**, 450–463.

Nagata, T., Hayatsu, M. *et al.* (1992) Identification of aluminium forms in tea leaves by $^{27}$Al NMR. *Phytochemistry,* **31**, 1215–1218.

Naik, B. S., Shashikala, J. *et al.* (2009) Study on the diversity of endophytic communities from rice (*Oryza sativa* L.) and their antagonistic activities *in vitro. Microbiol. Res.*, **164**, 290–296.

Niewiadomska, A., Sawińska, Z. *et al.* (2011) Impact of selected seed dressings on soil microbiological activity in spring barley cultivation. *Fresenius Environ. Bull.,* **20**, 1252–1261.

農林水産省林業試験場土壌部（1976）林野土壌の分類（1975）林業試験場研究報告，**280**，1–28.

Nouchi I. (1993) Acid precipitation in Japan and its impact on plants; 2. Effect of acid precipitation on growth or yield of crops and forest decline. *Jpn. Agric. Res. Q.*, **25**, 231–237.

Ogo, S., Yamanaka, T. *et al.* (2017) Growth and uptake of caesium, rubidium, and potassium by ectomycorrhizal and saprotrophic fungi grown on either ammonium or nitrate as N source. *Mycol. Prog.*, **16**, 801–809.

Postma, J. W. M., Olsson, P. A. *et al.* (2007) Root colonisation by arbuscular mycorrhizal, fine endophytic and dark septate fungi across a pH gradient in acid beech forests. *Soil Biol. Biochem.*, **39**, 400–408.

Proctor, J.（1971）The plant ecology of serpentine. III. The influence of a high magnesium/calcium ratio and high nickel and chromium levels in some British and Swedish serpentine soils. *J. Ecol.*, **59**, 827–842.

Rodriguez, R. J., White, J. F. Jr. *et al.*（2009）Fungal endophytes : diversity and functional roles. *New Phytol.*, **182**, 314–330.

Rogers, R. D., Williams, S. E.（1986）Vesicular-arbuscular mycorrhiza : influence on plant uptake of cesium and cobalt. *Soil Biol. Biochem.*, **18**, 371–376.

Rosén, K., Weiliang, Z. *et al.*（2005）Arbuscular mycorrhizal fungi mediated uptake of $^{137}Cs$ in leek and ryegrass. *Sci. Total Environ.*, **338**, 283–290.

三枝正彦（1994）酸性土壌におけるアルミニウムの化学．低 pH 土壌と植物（日本土壌肥料学会 編），pp. 7–42，博友社．

Schroeder, J. I.（1988）$K^+$ transport properties of $K^+$ channels in the plasma membrane of *Vicia faba* guard cells. *J. Gen. Physiol.*, **92**, 667–683.

Schulz, B. & Boyle, C.（2006）Mutualistic interactions with fungal root endophytes. In : *Microbial root endophytes.*（eds. Schulz, B., Boyle, C. *et al.*）pp. 1–14, Springer-Verlag.

Sioud, M., Boudabous, A. *et al.*（2009）Transcriptional responses of *Bacillus subtillis* and thuringiensis to antibiotics and anti-tumour drugs. *Int. J. Mol. Med.*, **23**, 33–39.

Stewart, J. R., Toma, Y. O. *et al.*（2009）The ecology and agronomy of *Miscanthus sinensis*, a species important to bioenergy crop development, in its native range in Japan : a review. *Glob. Change Biol. Bioenergy*, **1**, 126–153.

Stone, J. K., Bacon, C. W. *et al.*（2000）An overview of endophytic microbes : endophytism defind. In : *Microbial endophytes.*（eds. Bacon, C. W. & White, Jr. J. F.）pp. 3–30, Marcel dekker.

Suhayda, C. G., Haug, A.（1986）Organic acids reduce aluminum toxicity in maize root membranes. *Physiol. Plant.*, **68**, 189–195.

Sun, F. & Shao, Z.（2007）Biosorption and bioaccumulation of lead by *Penicillium* sp. Psf-2 isolated from the deep sea sediment of the Pacific Ocean. *Extremophiles*, **11**, 853–858.

Tahara K., Hashida K. *et al.*（2014）Identification of a hydrolysable tannin, oenothein B, as an aluminum-detoxifying ligand in a highly aluminum-resistant tree, *Eucalyptus camaldulensis*, *Plant Physiol.* **164**, 683–693.

寺岡 徹（2016）図解でよくわかる農薬のきほん．pp. 52–140，誠文堂新光社．

Thompson, G. W. & Medve, R. J.（1984）Effects of aluminum and manganese on the growth of ectomycorrhizal fungi. *Appl. Environ. Microbiol.*, **48**, 556–560.

Tomsett, A. B., Thurman, D. A.（1988）Molecular biology of metal tolerances of plants. *Plant, Cell Environ.*, **11**, 383–394.

戸塚 績（1996）森林生態系に与える酸性降下物の影響の機作．酸性雨—複合作用と生態系に与える影響—（「酸性雨」編集委員会・（社）ゴルファーの緑化促進協会 編），pp. 163–181，博友社．

Tugay, T., Zhdanova, N. *et al.*（2006）The influence of ionizing radiation on spore germination and emergent hyphal growth response reactions of microfungi. *Mycologia*, **98**, 521–526.

Valix, M., Tang, J. Y. *et al.*（2001）Heavy metal tolerance of fungi. *Miner. Eng.*, **14**, 499–505.

Vinichuk, M., Mårtensson, A. *et al.* (2013a) Effect of arbuscular mycorrhizal (AM) fungi on $^{137}$Cs uptake by plants grown on different soils. *J. Environ. Radioact.*, **115**, 151–156.

Vinichuk, M., Mårtensson, A. *et al.* (2013b) Inoculation with arbuscular mycorrhizae does not improve 137Cs uptake in crops grown in the Chernobyl region. *J. Environ. Radioact.*, **126**, 14–19.

Wang, J. L., Li, T. *et al.* (2016) Unraveling the role of dark septate endophyte (DSE) colonizing maize (*Zea mays*) under cadmium stress: physiological, cytological and genic aspects. *Scientific reports*, **6**, 22028.

Watanabe, T., Osaki, M. *et al.* (1997) Aluminum-induced growth stimulation in relation to calcium, magnesium, and silicate nutrition in *Melastoma malabathricum* L. *Soil Sci. Plant Nutr.*, **43**, 827–837.

Wendling, L. A., Harsh, J. B. *et al.* (2005) Cesium desorption from illite as affected by exudates from rhizosphere bacteria. *Environ. Sci. Technol.*, **39**, 4505–4512.

山口紀子・高田裕介 他 (2012) 土壌-植物系における放射性セシウムの挙動とその変動要因. 農業環境技術研究所報告, **31**, 75–129.

Yamaji, K., Nagata, S. *et al.* (2016a) Root endophytic bacteria of a $^{137}$Cs and Mn accumulator plant, *Eleutherococcus sciadophylloides*, increase $^{137}$Cs and Mn desorption in the soil. *J. Environ. Radioact.*, **153**, 112–119.

Yamaji, K., Watanabe, Y. *et al.* (2016b) Root fungal endophytes enhance heavy-metal stress tolerance of *Clethra barbinervis* growing naturally at mining sites via growth enhancement, promotion of nutrient uptake and decrease of heavy-metal concentration. *Plos One*, doi: 10.1371/journal.pone.0169089.

山本広基・達山和紀 他 (1981) 銅汚染土壌中の微生物相. 日本土壌肥料学雑誌 **52**, 119–124.

Yang, C., Hamel, C. *et al.* (2011) Fungicide: modes of action and possible impact on nontarget microorganisms. *ISRN Ecology*, doi: 10.5402/2011/130289.

Yang, Z. M., Sivaguru, M. *et al.* (2000) Aluminium tolerance is achieved by exudation of citric acid from roots of soybean (*Glycine max*). *Physiol. Plant.*, **110**, 72–77.

Zambenedetti, P., Tisato, F. *et al.* (1994) Reactivity of Al (III) with membrane phospholipids: a NMR approach. *Biometals*, **7**, 244–252.

Zhang, Q., Zhang, J. *et al.* (2014) Diversity and biocontrol potential of endophytic fungi in *Brassica napus*. *Biol. Control*, **72**, 98–108.

Zhang, G., Taylor, G. J. (1989) Kinetics of aluminum uptake by excised roots of aluminum-tolerant and aluminum-sensitive cultivars of *Triticum aestivum* L. *Plant Physiol.*, **91**, 1094–1099.

Zhdanova, N. N., Tugay, T. *et al.* (2004) Ionizing radiation attracts soil fungi. *Mycol. Res.*, **108**, 1089–1096.

Zhdanova, N. N., Vasilevskaya, A. I. *et al.* (1994) Changes in micromycete communities in soil in response to pollution by long-lived radionuclides emitted in the Chernobyl accident. *Mycol. Res.*, **98**, 789–795.

Zhdanova, N. N., Zakharchenko, V. A. *et al.* (2000) Fungi from Chernobyl: mycobiota of the inner regions of the containment structures of the damaged nuclear reactor. *Mycol. Res.*, **104**, 1421–1426.

# 第3部

# 気候変動による森林の変化

# 第7章 気候変動による森林の変化と菌類への影響

松岡俊将・大園享司

## はじめに

地球温暖化，海水面の上昇，積雪や降水量の変化，台風の頻度や強度の変化といった地球規模での気候変動が予想されている（序章を参照）．このような気候変動は，直接的に，あるいは菌類の利用する資源の利用可能性や他の生物との相互作用の改変を通じて間接的に，菌類の成長や繁殖，分散などの生活史特性に影響を及ぼす．菌類の生活史特性の変化は，個体群レベル・群集レベルでのプロセスにも波及し，菌類の地理的な分布や，共生系・生態系における機能などを変化させることが予想される．特に，温度と降水量は，菌類や森林植物をはじめとする生物の活動や分布パターンに多大な影響を及ぼすことが知られている．そのため，これらの環境要因に対する菌類の反応に，特に関心が集まっている．

本章では，温度や降水量をはじめとする環境条件の変化が，菌類に及ぼす影響についての既存の知見をまとめる．7.1節は導入として，環境変化の捉え方と，環境変化に対する菌類の応答を調べるための研究アプローチについてまとめる．7.2節では「群集集合」について概説し，生物の環境応答の分野で近年注目されている「空間要因」とは何かについてと，環境要因と空間要因の相対的な重要性の評価方法についてまとめる．7.3節では，菌類の環境応答と群集集合に関する具体例を，外生菌根菌，内生菌，分解菌，そして土壌菌の4つの機能群について紹介する．7.4節では，環境応答と群集集合を菌類と森林樹木とで比較する．最後にまとめを述べ，今後の研究の方向性について考察する．

なお近年の分子生物学的な手法を取り入れた菌類の生態学的研究では，分類学的な単位として種（主に形態や相互交配の可能性（生殖的隔離）により定義される）ではなく操作的分類群（operational taxonomic unit：OTU，主に遺伝的類似性により定義される）により群集を記述する場合が多い（大園，2018）．菌類の種とOTUは必ずしも一致しないが，本章では簡略のため，引用元の論文ではOTUにより群集を記述している場合でも「種」と表現する．

## 7.1　環境変化と菌類の応答

野外での環境変化に対する菌類の反応を調べる方法は，時間軸に沿った変化を調べるアプローチと，空間軸に沿った変化を調べるアプローチの2つに大別される（図7.1）．

時間軸アプローチでは，特定の場所における，時間の経過にともなう環境要因の変化と菌類の変化とを明らかにする．ただし，地球規模の気候変動を見る

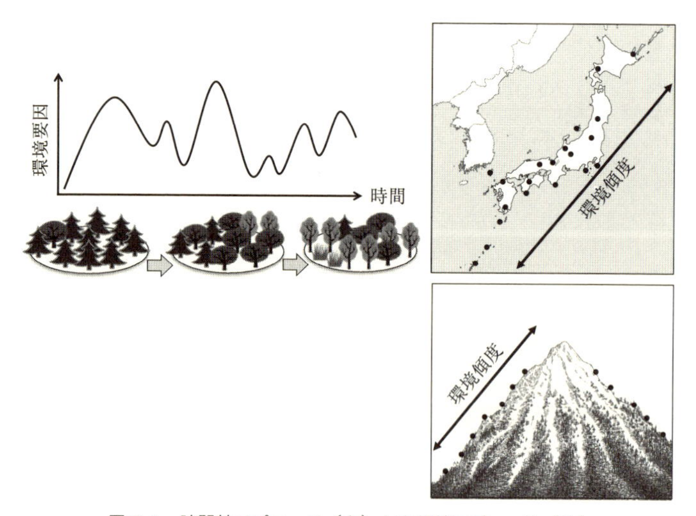


図7.1　時間軸アプローチ（左）と空間軸アプローチ（右）
空間軸アプローチでは，気候帯に沿った環境傾度（右上）と，標高に沿った環境傾度（右下）が主に扱われる．一般には，緯度が1度（約111キロメートル）上がるごとに気温が約0.7°C低下し，標高が100メートル上がるごとに気温が約0.6°C低下する．

には通常，数百年から数千年といった長期的な観察が必要となる．植物では，湿原や湖底の堆積物に含まれる木片や花粉といった大型化石（macrofossil）の解析により，過去に起こった長期的な気候変動と，それに対する生物の応答を復元することができる．しかし菌類では，このような大型化石が残りにくいこともあり，時間軸アプローチに基づく研究事例は比較的限られている．

空間軸のアプローチでは，環境傾度に沿った複数地点の比較により，環境変化にともなう生物の応答を明らかにする．このような複数地点の調査により生物の地理的な分布を明らかにする研究分野は，生物地理学（biogeography）とよばれる．空間軸アプローチでは，生物地理学の情報に基づいて，調査地点における環境条件と菌類の関係を解析していく．これにより，幅広い環境変化に対する菌類の応答を，時間軸アプローチに比べて短時間で実証できる利点がある．緯度や気候帯に沿った気候傾度や，比較狭い地理的な範囲で広範な環境条件をカバーできる標高傾度に注目した研究例が多い．

時間軸・空間軸に沿った菌類の応答は，個体群や群集のレベルに注目して調べられている．個体群レベルの研究では，特定の菌類種に注目する．一方，群集レベルでは，生葉や枯死材，あるいは林分といった特定のサンプリング対象について，そこに出現する菌類の種数や種組成に注目する．一次データのフォーマットには，採取報告や博物館に保管された菌類標本などに基づく在データや，複数の調査地における在／不在データ，さらには発生数や出現頻度といったような定量的なアバンダンスのデータがある（表 7.1）．

環境の変化は，直接的な影響を菌類に及ぼすだけでなく，森林を構成する樹種の組成や性質の変化を通じて，間接的に影響を及ぼす場合もある．このような間接的な効果は，樹木と密接な関係を持つ菌類では無視できない．この間接的な要因と直接的な要因の影響を分離したいときには，例えば，同一樹種を対象にサンプリングするなどのように実験設定を工夫したり，統計解析を工夫したりする必要がある．近年では，次の 7.2 節で述べる群集集合と，それに及ぼす空間要因の影響を評価するための新しい解析手法が用いられてきている．

表7.1　在データ，在／不在データ，アバンダンスデータの例

(1) 在データ．出現記録に基づく．当該サイト以外での出現の有無は不明（表中ではハイフンで示す）．

| | サイト1 | サイト2 | サイト3 | サイト4 |
|---|---|---|---|---|
| 種A | — | 1 | 1 | — |
| 種B | — | — | 1 | — |
| 種C | 1 | — | — | 1 |

(2) 在／不在データ．出現の有無の情報に基づく．表中では出現を1，不在を0で示す．

| | サイト1 | サイト2 | サイト3 | サイト4 |
|---|---|---|---|---|
| 種A | 0 | 1 | 1 | 0 |
| 種B | 0 | 0 | 1 | 0 |
| 種C | 1 | 0 | 0 | 1 |

(3) アバンダンスデータ．アバンダンス（個体数，観察数など）に基づく．

| | サイト1 | サイト2 | サイト3 | サイト4 |
|---|---|---|---|---|
| 種A | 0 | 9 | 2 | 0 |
| 種B | 0 | 0 | 8 | 0 |
| 種C | 3 | 0 | 0 | 5 |

## 7.2　群集集合と環境要因・空間要因

### 7.2.1　生物群集と群集集合

生物群集とは，ある一定区域に生息する生物種をまとめて捉えたものである．ある生息地における生物群集は，何種いるのか（種数），そしてどのような種がいるのか（種組成）で評価される．実際に野外環境において生物群集を評価する際には，樹木群集や節足動物群集，あるいは分解菌群集や菌根菌群集というように，分類群あるいは機能群を限定して評価することが多い．

生物群集が形成されるプロセスは，群集集合（community assembly）とよばれる．群集集合を理解することは，環境変化が起こった際に生物群集がどのような応答をするのかを予測する上で不可欠である．そのため群集生態学では，生物群集の空間的・時間的なパターンを明らかにすることで，群集集合を理解することを一つの目的としている．

本節では，群集集合を考える上で着目されている環境要因と空間要因についてまず解説する．次に，空間軸に沿った群集の変化を調べることで，この2つの要因がそれぞれどの程度，群集に影響を与えているのかを推定する方法を紹介する．最後に，空間要因に注目し，菌類群集の空間分布に及ぼす空間要因の影響について，現在までに得られた知見を紹介する．

### 7.2.2　群集集合における環境要因と空間要因の作用

生物群集の決定要因として，環境要因（environmental factor）の重要性が古くから着目されてきた．この環境要因はニッチ要因（niche factor）ともよばれ，生息地における現在の環境条件が，その生息地に見出される生物の種数や種組成を決定するという考え方である．ここでの環境要因には，気温や降水量といった非生物的な環境と，植食者であれば餌となる植物種といった生物的な環境とが含まれる（表7.2）．

環境要因が生物群集に影響するプロセスの例に，環境フィルタリング（environmental filtering）と競争排除（competitive exclusion）がある．環境フィルタリングとは，生息地の環境がある種の生育にとって不適だった場合，その種はそこには定着できないことを指す．競争排除とは，ある生物種が生息地に定着できたとしても，その生息地の環境条件によりよく適合した他種との競争に負けて生息地から排除されることを指す．

これらの結果として，ある生息地では，その環境に適した種により群集が形成されることになる．このため，環境が似ている生息地のあいだでは，類似した生物群集が成立することが予想される．環境条件はしばしば空間的に近い生息地ほど類似していることが多く，その場合，生息地が空間的に近いほど，類

表7.2　生物群集に影響を与える環境要因と空間要因

| | 環境要因 | 空間要因 |
|---|---|---|
| 要因の例 | 非生物的環境：気温・降水量<br>生物的環境：餌・捕食者 | 空間的距離 |
| プロセスの例 | 環境フィルタリング・競争排除 | 分散制限 |
| 期待される特徴 | 環境が似ている場所間で似た群集組成 | 空間的に近い場所間で似た群集組成 |

似した生物群集が形成されることになる（Leibold *et al.*, 2004）．

このように，群集集合が環境要因の影響を強く受けている場合，環境変化の結果として，次のことが期待される．すなわち，元々そこに生息していた生物は，他のより好適な生息地へと移動する．そして元の場所には，新たな環境条件に適した生物種が定着することで，以前と異なる生物群集が形成される．つまり，環境変化に対する生物群集の応答を予測する上で，どのような環境要因が群集集合を決定づけているのかを知る必要がある．

ところが，野外で見出される生物群集は，しばしば環境要因だけでは説明できない空間構造（spatial structure）を持つ場合がある．例えば，環境が似ているわけではないのに，空間的に近い生息地のあいだで生物群集が類似している場合がある．このような，環境要因では説明できない空間構造を生み出しうる要因として，空間要因（spatial factor）に注目が集まっている（表7.2）．

空間要因を生じさせるプロセスの例として，分散制限（dispersal limitation）がある．一般的に，生物の分散能力は限られている．ある生物個体の子孫は，その個体の近くに存在する確率が高く，遠くに離れるほど子孫の存在確率は低くなる．結果として，環境条件によらず，空間的に近い生息地のあいだで群集組成が類似するという空間構造が生じる（Dray *et al.*, 2012）．

分散制限はまた，群集集合が空間要因の影響を強く受けている場合，ある生物種にとっての好適な環境が遠くにあったとしても，その生息地にたどり着けない場合があることを示唆する．言いかえると，群集の空間パターンには，過去の分散や移動の歴史が反映されることを意味する．分散制限が群集に強く影響している場合，現在の環境条件と生物群集との対応関係に，空間的・時間的なずれや遅れが生じる可能性や，将来的な環境変化が起こった際にも同様のずれが生じる可能性がある（Svenning & Skov, 2007 ; Blonder *et al.*, 2015）．

群集集合の研究分野では，これまでは特に環境要因が中心的な役割を果たしていると考えられてきた．このため主に，群集あるいは種の分布と環境条件との対応が調べられてきた（Peterson *et al.*, 2011）．しかし，動植物を対象とした研究や，既存のデータのメタ解析により，さまざまな分類群の生物について，さまざまな空間スケールで，生物群集が空間構造を持つことと，それには環境要因のみならず空間要因も影響しうることが示唆されている（例えばCottenie,

2005）．

これらの研究は，もし生物群集の空間構造を考慮せずに環境要因と生物群集の対応関係のみを調査した場合，環境要因の影響力を過大評価する可能性があることを意味する．それにより，群集集合の誤った理解に繋がる可能性や（Cottenie, 2005），環境変化に対する生物群集の応答について誤った予測がなされる可能性がある（Blonder *et al.*, 2017）．以上のような背景から，動植物の群集を中心として，空間構造を考慮した群集調査を行い，環境要因と空間要因という2つの要因が生物群集に及ぼす影響を定量して分離する研究が行われ始めている（Qian & Ricklefs, 2012）．

### 7.2.3　環境要因と空間要因の相対的重要性の解析方法

ある空間軸に沿った生物群集の変化に対して，環境要因と空間要因の相対的な重要性を推定する方法が提案されている．ここでは，直接傾度分析（direct gradient analysis）による分散分割（variation partitioning）とよばれる方法を紹介する（Peres-Neto *et al.*, 2006）．

分散分割では，観測された生物群集の種組成の空間的な違い，すなわち分散（variation）を，環境変数によって説明される部分と，空間距離によって説明される部分とに分割（partition）する．これにより，環境要因と空間要因の寄与率を定量的に分離し，推定する．分散分割は，次の手順で行われる：

(1) 環境傾度に沿った調査点において，生物群集データ，環境変数データ，空間座標データの3つのデータセットを取得する．
(2) 各調査点間で生物群集がどの程度似ているのかを，距離行列として計算する．
(3) 直接傾度分析，すなわち正準対応分析（canonical correspondence analysis）あるいは冗長性分析（redundancy analysis）により，(2) で算出した距離行列で示される調査点間の群集の分散のうち，環境変数により説明される割合，調査地間の空間距離により説明される割合，そして環境変数と空間距離の合計で説明される割合を，それぞれパーセンテージで算出する．環境変数は事前にモデル選択を行うことで，生物群集と有意に関係する変数を選択しておくことが望ましい．

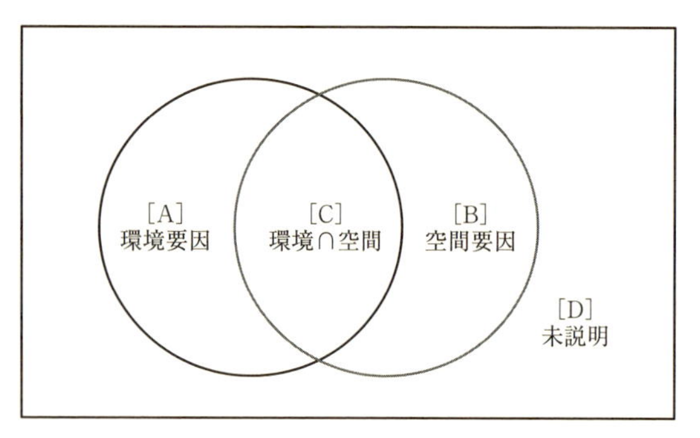


図 7.2　ベン図による分散分割の結果の図示の例
分散分割では，調査サイト間の生物群集の分散のうち，取得した環境変数，あるいは調査サイト間の空間距離によって説明される割合を，パーセンテージで算出する．[A] 環境変数によってのみ説明された画分．[B] 空間変数によってのみ説明された画分．[C] 環境・空間変数の両者によって説明された画分．[D] 未説明の画分．それぞれの画分の解釈については 7.2.3 項を参照．

以上の手順により，図 7.2 のように表される結果が得られる．このベン図には，次の [A] から [D] までの 4 つの領域が示されており，それぞれ以下のように解釈される：

[A] 環境変数によってのみ説明された画分：調査地点間の空間距離に関係なく，環境が似ているために群集が類似していた．環境要因の影響．

[B] 空間変数によってのみ説明された画分：計測した環境変数に関係なく，調査地点間の空間距離が近かったために群集が類似していた．空間要因の影響．

[C] 環境・空間変数の両者によって説明された画分：調査地点間の空間距離にともなって環境の違いも大きくなっていた．空間構造を持った環境要因の影響．

[D] 未説明の画分：今回測定した環境変数や調査地間の空間距離では説明されなかった．

つまり，[A] や [C] が大きければ，群集は環境要因の影響を相対的に強く受けていることが推察される．一方，[B] や [C] が大きければ，空間要因の影響を相対的に強く受けていることが推測される．

分散分割の結果を解釈する際に，注意すべき点もある．それは，測定する環境変数や調査地の空間配置によって，環境要因や空間要因の影響を過小評価する可能性が高いことである．例えば，［B］や［D］の画分には，調査のときに計測しなかった環境変数の影響が含まれうる．同様に，調査地が空間的に互いに遠すぎて種組成が大きく異なるとき，より小スケールでの空間構造が検出できず，その影響が［D］に含まれうる．分散分割を用いて信頼度の高い推定結果を得るためには，対象とする生物群集が，どの環境変数の影響を受けているのか，またどの程度の空間スケールで空間構造を持っているのかについての予備的な情報が不可欠である．

### 7.2.4　菌類群集における分散制限と空間要因

これまでの菌類の群集集合研究では，環境要因のみが注目される場合がほとんどであり，群集の空間構造や空間要因はあまり注目されてこなかった．その理由として，菌類の多くが世界中に存在する汎分布種あるいはコスモポリタン（cosmopolitan）であり，分散制限はないと考えられていたことが挙げられる．菌類は，小型の散布体（胞子や分生子）を大量に生産して分散する．一般に，散布体はサイズが小さいほど，遠くまで分散できる可能性が高い（Finlay, 2002; Wilkinson *et al.*, 2012）．このため，菌類は動植物に比べると分散制限が弱く，好適な環境さえあればどこにでも到達できるという考えが一般的であった．

ところが1990年代後半から，菌類群集が実は強い空間構造を持つことが示され始めた．これには，菌類のDNA塩基配列を解析する手法が普及し始めたことが関連している．例えば，*Thelonectria discophora* は北極域と南極大陸を除くすべての大陸で検出される分解菌で，典型的なコスモポリタンである．*T. discophora* について，異なる地域から得られた66標本を対象に，6つの遺伝子の塩基配列が解析された（Salgado-Salazar *et al.*, 2013）．その結果，*T. discophora* は形態的には同一であるが，DNA塩基配列に基づくと16の異なる系統に分けられること，さらに各系統はそれぞれ異なる地域に由来することがわかった（図7.3）．この結果は，*T. discophora* に分散制限が存在するため，それぞれの系統の分布が地理的に限られている可能性があることを示している．

加えて，DNAメタバーコーディング（DNA metabarcoding），すなわち環境中に存在する菌類DNA（マーカー遺伝子）を解析することで，その場所にいる菌類を網羅的に検出する手法が導入され，群集レベルでの空間構造について

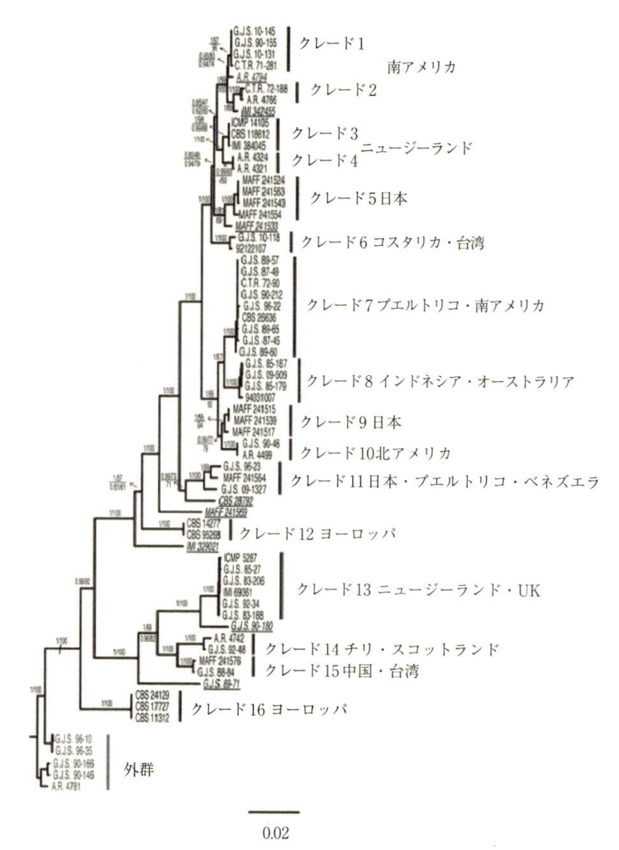


図 7. 3　*Thelonectria discophora* の分子系統樹
Salgado-Salazar *et al.*（2013）より作図.

の解析が飛躍的に進展した．例えば，北半球のさまざまな地点で実施された，葉圏（生きた植物葉の表面と内部組織）と土壌を対象とした DNA メタバーコーディングの結果について，メタ解析が行われた（Meiser *et al.*, 2014）．その結果，葉圏，あるいは土壌どうしで比較すると，大陸間で共通する種（ここでは菌類のマーカー遺伝子である ITS 領域の DNA 塩基配列の相同性に基づく遺伝タイプ）がほとんどいないことを示した．この結果は，群集を構成する菌類種の多くは，少なくとも大陸レベルでは分布が限られていることを示唆している．

菌類の空間構造には，分散制限を含む空間要因が影響しうるという野外操作

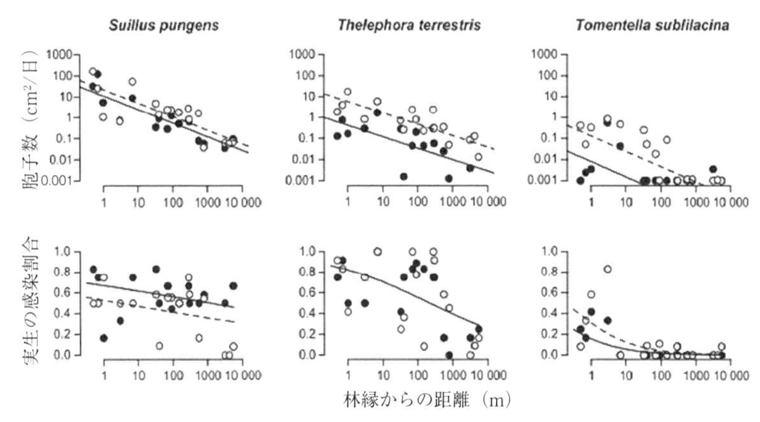


図 7.4　外生菌根菌 3 種の胞子分散率の変化

上段は林縁からの距離に伴う胞子分散量の変化．下段は林縁からの距離に伴う宿主実生への感染率の変化．●と○は調査 1 年目と 2 年目の結果をそれぞれ示す．実線と破線は調査 1 年目と 2 年目の回帰線（有意水準 10%）をそれぞれ示す．Peay *et al.*（2012）より作図．

実験の結果も報告され始めている．例えば，3 種の外生菌根菌を対象として，空間距離が胞子の分散量と宿主への感染率に及ぼす影響が調べられている（Peay *et al.*, 2012）．これを調べるため，胞子の発生源となる林縁から約 10 キロメートルまでの範囲に，胞子トラップと宿主の無菌実生を設置した．その結果，3 種の菌類のいずれにおいても，胞子量と宿主への感染率は林縁からの距離にともなって低下した（図 7.4）．種によっては，1 キロメートル程度で胞子の分散と宿主への感染がどちらもほとんど検出できないレベルに低下した．また同様の実験により，野外の外生菌根菌群集が空間距離にともない変化することと，その空間構造には環境要因のみならず，分散制限（ここでは菌類種のあいだでの胞子分散力の違い）が影響しうることが示されている（Peay & Bruns, 2014）．

以上の結果は，動植物の場合と同様に菌類の群集集合を考える上でも，環境要因のみならず，菌類群集の空間構造や空間要因の影響を考慮する必要があることを示している．このような状況を反映して，菌類の主要な機能群を対象に，環境要因と空間要因の相対的な重要性が分散分割を用いて評価され始めている．次節では，外生菌根菌，内生菌，落葉分解菌，および土壌菌についての研究例を引用しながら，菌類が環境変化に対してどのように応答しているのかについての具体例を見ていく．

## 7.3　菌類の環境変化への応答

### 7.3.1　外生菌根菌

外生菌根菌は，生きた植物根に感染し外生菌根を形成することで，植物と相利共生的な養分交換を行う菌類である．外生菌根共生を行う植物は，ブナ科，マツ科，カバノキ科，フタバガキ科など，熱帯林から北方林まで広い地域の森林で優占する木本植物を中心に約6000種が含まれる（Brundrett, 2009）．外生菌根菌は，植物が同化した炭素化合物を受け取る代わりに，土壌中から吸収した窒素やリンなどの栄養塩類を供給している．これらの機能を通じて，森林における植物の生長・生存や，土壌中の炭素・窒素などの養分循環を考える上で不可欠な役割を果たしていると考えられている（Smith & Read, 2008）．

#### A．気候帯と外生菌根菌の分布

外生菌根菌群集の全球的な空間パターンとそれに影響する要因を調べるため，既存の外生菌根菌研究データのメタ解析が行われた（Tedersoo *et al.*, 2012）．熱帯からツンドラにかけて世界中の50以上のサイトから検出された，約6000種の外生菌根菌が解析対象となった．優占的な分類群はイボタケ科や，ベニタケ科に含まれるベニタケ属などであり，科や属のレベルでみると優占的な分類群は気候帯によらず多くの地域で共通していた．一方，種レベルでみると地域的な違いが認められた．種数は，緯度に対し単峰型のパターンを示した．つまり低緯度の熱帯林と高緯度のツンドラで少なく，中緯度の温帯林・北方林で多かった．種数には年平均気温と年降水量が有意に影響しており，年平均気温とは中程度の年平均気温で種数がもっとも多い単峰型の関係が，年降水量とは負の関係が，それぞれ認められている．種組成の地域的な違いについて，サイト間での宿主樹木の科組成の違い，気候条件（年平均気温・年降水量）の違い，および空間距離による説明力を多変量分散分析により計測した．その結果，宿主樹木との関連がもっとも強かった．気候条件と空間距離も種組成に有意に影響していたものの，説明力は宿主樹木に比べて低かった．

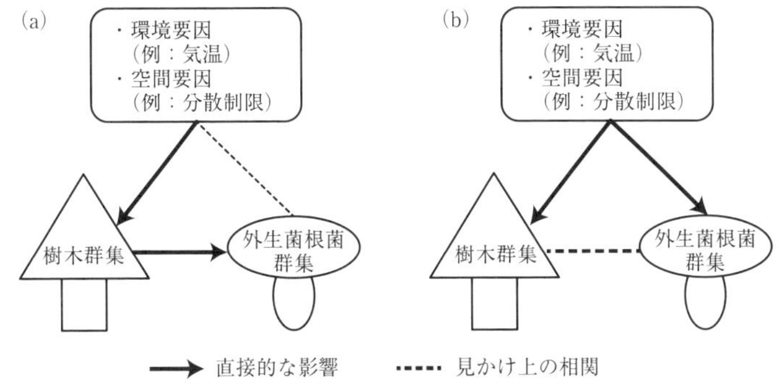


図 7.5 外生菌根菌に影響を与える要因

(a) では，環境要因や空間要因が宿主樹木を介して間接的に外生菌根菌に影響を及ぼしている．この場合，外生菌根菌は直接的には宿主樹木に応答しており，他の環境要因や空間要因とのあいだには見かけ上の相関関係が認められうる．(b) では，環境要因や空間要因が直接的に，宿主樹木と外生菌根菌に影響を及ぼしている．この場合，外生菌根菌と宿主樹木とのあいだには，見かけ上の相関関係が認められうる．

特定の分類群の宿主樹種を対象に，気候帯に沿った外生菌根菌群集の調査が行われている．ハンノキ属の樹木を対象に，ヨーロッパ，アジア，南北アメリカにまたがる計 96 サイトで外生菌根菌群集が調査された（Põlme *et al.*, 2013）．ハンノキ属 22 樹種から，合わせて 146 種の外生菌根菌が検出された．多変量分散分析の結果，地域間での種組成の違いはまず宿主の系統によりよく説明された．言い換えると，宿主樹種が系統的に近ければ，外生菌根菌の種組成も似ていた．種組成には空間距離も有意に影響することが示されているが，宿主の影響と比べると説明力は低かった．

これら 2 つの研究は，外生菌根菌群集の広域的な空間構造には，宿主樹木組成の地域的な違いが相対的に大きく影響している可能性を示している（図 7.5a）．

より狭い空間スケールで，外生菌根菌群集に対する宿主と気候の影響を検討した例がある．富士山と石鎚山において，それぞれの標高傾度を対象に外生菌根菌群集の調査が行われた（Miyamoto *et al.*, 2015）．両山は互いに約 540 キロメートル離れているが，それぞれ温帯林から亜高山帯針葉樹林までを含み，同じ森林タイプのあいだで共通する樹種も多い．外生菌根菌調査の結果，合わせて 454 種の外生菌根菌が検出された．そのうち 47 種が，両山で共通して出現した．これらの種は，同じ森林タイプで共通して出現していた．外生菌根菌群集の類似性に対する気候（年平均気温と年間降水量），宿主樹種，土壌の化学性，および空間距離の影響を分散分割を用いて定量したところ，気候が相対的に強く影響しており，空間距離や宿主樹種の影響は比較的弱いことが示された．この結果は，宿主樹木と外生菌根菌のそれぞれが気候条件への選好性を有しており，両者は独立に，しかし類似した気候条件への応答を示している可能性を示唆している（図 7. 5b）．

### B. 標高に沿った外生菌根菌の分布

カスピ海南岸沿いのヒルカニア地域の山脈では，山地帯落葉樹林から亜高山帯低木林までの約 2000 メートルの標高差に沿った，外生菌根菌の分布パターンが明らかにされた（Bahram *et al.*, 2012）．この研究では 3 本の標高トランセクトに沿って，外生菌根菌の種数・種組成と，標高，気候条件，宿主樹木の種組成，および土壌の養分量との関連が調べられた．3 本のトランセクトから合わせて 367 種の外生菌根菌が検出された．種数は 3 本中 2 本のトランセクトで標高にともなって減少した．一方，種組成はいずれのトランセクトでも標高に沿った変化を示し，これには宿主樹木の種組成と標高の両者が影響していた．

単一の宿主樹種を対象とした研究も行われている．スコットランドのケアンゴームズ山地に広がるヨーロッパアカマツ（*Pinus sylvestris*）林において，標高 300〜600 メートルの，300 メートルの標高差に沿った外生菌根菌の群集が調査された（Jarvis *et al.*, 2015）．ここでは全体で 64 種の外生菌根菌が検出された．標高にともなう種数の有意な変化はみられなかったが，種組成は標高にともなって変化していた．この種組成の変化について，気候条件と土壌化学性の影響を検討したところ，標高にともなう土壌水分および温度の変化が強く関連していた．

外生菌根菌の標高パターンにおける環境要因と空間要因の相対的な影響力が評価された．北海道東部に位置する羅臼岳（標高 1661 メートル）の標高 200〜1200 メートルにおいて，60 ケ所の調査プロットを設置し，プロット内の外生菌根菌群集，宿主樹木群集，土壌化学性，空間座標を記録することで，外生菌根菌群集の標高変化とその説明要因について調査された（Matsuoka *et al.*, 2016；図 7. 6 の左）．その結果，60 プロットから合わせて 138 種の外生菌根

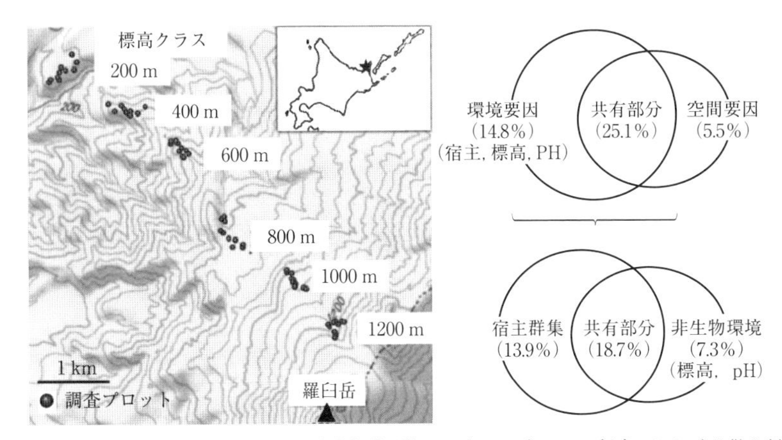


図7.6　北海道の羅臼岳において，外生菌根菌群集を調査したプロット（左），および分散分割の結果と採択された環境要因（右）
分散分割ではまず，環境要因と空間要因の2要因について解析した（右上）．次に，環境要因で説明された画分について，生物的な環境（宿主群集）と非生物的な環境の2つの要素について解析した（右下）．Matsuoka *et al.*（2016）より作図．

菌が検出された．種組成は，標高にともなって変化していた．分散分割の結果，外生菌根菌の空間パターンには空間要因も影響していたものの，環境要因が相対的に強く影響していた（図7.6の右上）．この環境要因で説明された画分についてさらに，生物的環境（宿主群集）と非生物的環境の画分に分割して解析したところ，宿主群集の変化が外生菌根菌群集に強く影響していることが示された（図7.6の右下）．

以上の研究から，外生菌根菌群集は，緯度傾度に見られる数百〜数千キロメートルの地域・大陸スケールと，標高傾度に見られる数キロメートルの景観スケールのいずれにおいても，宿主樹木や気候などの環境要因の影響を相対的に強く受けていると考えられる．ただし，地域・大陸スケールの研究では，調査サイト間での共通種が少ない．つまり，局所的に検出される種が多く存在する．7.2.3項で述べたように，調査サイトどうしが距離的に離れすぎていて共通種が少ない場合には，空間要因の影響を過小評価してしまう可能性がある．空間要因の影響をより詳細に評価するためにも，外生菌根菌が実際にどのくらいの空間スケールで空間構造を持っているのかを明らかにすることが今後の課題の一つといえる．

### C. 環境変化と外生菌根菌の機能

土壌中の菌糸バイオマスや，宿主の生長の促進効果は，外生菌根菌の種ごとに異なる（Smith & Read, 2008）．現在までのところ，環境変化にともなう外生菌根菌の群集レベルの変化と，外生菌根菌の担う生態系機能の変化とを結び付けた研究は限定的である．しかし，外生菌根菌の機能形質（functional trait）に着目した研究が行われており，それらの結果は，環境変化が外生菌根菌の群集レベルの変化を通じて，生態系機能にも影響しうることを示唆している．

宿主樹木による純一次生産量のうち，外生菌根菌が受け取るのは最大20%程度である．宿主樹木から受け取った炭素は，菌糸として土壌中に保持される（Clemmensen *et al.*, 2013）．森林土壌中の炭素蓄積量と関連しうる外生菌根菌の形質の一つとして，外部菌糸の探索型（exploration type）がある．外生菌根菌は，共生器官である菌根から土壌中に外部菌糸を伸ばすことで窒素などの養分源を探索する．外生菌根菌は，外部菌糸をどの程度伸長させるかで３タイプに分けられる（Agerer, 2001）．菌根から長さ数ミリメートル以下の外部菌糸を伸長させる接触・短距離探索型，長さが数センチメートル以下の中距離探索型，そして長さ数十センチメートルの長距離探索型である．長距離探索型の菌糸バイオマスは，接触・短距離探索型と比べて最大15倍にもなることが知られている．このため，ある森林にどの探索型の種が多いかで，土壌中の菌糸バイオマスに含まれる炭素量は大きく変化しうる．

温暖化がヒメカンバ（*Betula nana*）の外生菌根菌群集と外部菌糸の探索型組成にどのような影響を与えるのかが，アラスカのツンドラにおいて調査された（Deslippe *et al.*, 2011）．調査地内に設置された温室では，約10年間にわたり1～2°C程度の昇温処理が行われている．温室内外で生育するヒメカンバを対象に外生菌根菌群集を比較調査したところ，温室内では温室外に比べて接触・短距離探索型であるベニタケ科の出現割合が減少し，中距離探索型であるフウセンタケ科が増加していた．気温が上昇したことにより，ヒメカンバの光合成活性が高くなり，地下部への炭素分配量が増えたことで，土壌中の窒素などを広範に探索できる中距離探索型の種が有利になったと考察されている．この研究結果は，温暖化が極域での外生菌根菌のバイオマスを増加させる可能性を示唆している．

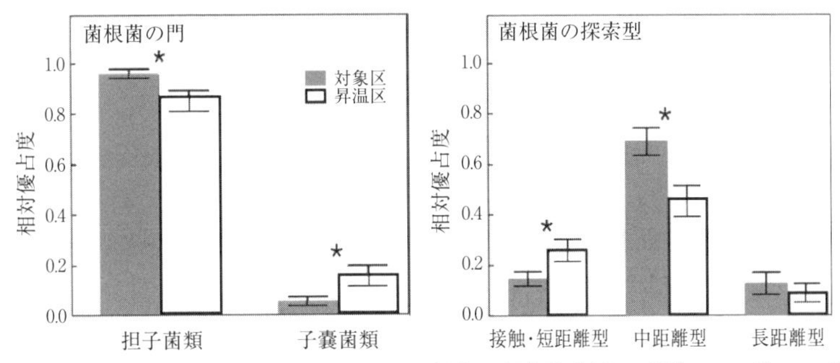


図 7.7 昇温処理による外生菌根菌の門レベル（左）と探索型（右）の相対アバンダンスの変化
値は平均±標準誤差．*は処理により統計的有意差（有意水準5%）が検出されたことを示す．
Fernandez *et al.*（2017）より作図．

興味深いことに，Deslippe ら（2011）とは正反対の結果も報告されている．温暖化がアメリカシラカンバ（*Betula papyrifera*）とバルサムモミ（*Abies balsamea*）の外生菌根菌群集と外部菌糸の探索型組成にどのような影響を与えるのかが調査された（Fernandez *et al.*, 2017）．アメリカ合衆国の温帯林と北方林との移行帯に設定された調査地では，対象とする樹木個体の周囲にヒーターが設置された．これにより気温と土壌の温度は，ヒーターを設置していない樹木個体の周辺よりも約3.4°C高くなった．昇温処理を行った樹木では，接触・短距離探索型である子嚢菌類のアバンダンスが相対的に増加し，逆に，中距離探索型の担子菌類のアバンダンスが減少した（図 7.7）．この研究では，上記のアラスカの例とは逆に，昇温処理によって樹木の光合成活性は低下した．そのため，地下部への炭素分配量が減り，接触・短距離探索型が増えたと考えられる．この研究結果は，温暖化が温帯林での外生菌根菌のバイオマスを減少させる可能性を示唆している．

以上の2つの研究例は，温暖化に対する外生菌根菌の生態系機能の応答が，生態系によって異なりうることを示している．この差が生じる原因が，気候帯の違いにあるのか，あるいは宿主種の違いにあるのかを，今後特定する必要がある．そもそも，構成種の外部菌糸探索型の違いが，実際にどのくらい土壌中の炭素蓄積量の違いを生み出しうるのかについてもわかっていない．外生菌根菌の形質と生態系機能の関係性の解明は，今後の主要な課題の一つといえる．

## 7.3.2　内生菌

内生菌（endophytes）はエンドファイトともよばれ，生活環のある時期において，宿主植物になんら害を及ぼすことなく植物組織の内部に生息する菌類と定義される（大園，2009）．内生菌は，生きた植物体に感染する点で病原菌と共通するが，植物体に害を及ぼさない点で病原菌と区別される．気候や標高に沿って内生菌がどのような分布パターンを示すのかについては，樹木内生菌（tree endophytes）を主な研究対象として実証されてきた．

### A. 気候帯に沿った内生菌の分布

北半球のパナマ低地熱帯林からカナダ北極に至る緯度傾度において，内生菌の種多様性と種組成が明らかにされた（Arnold & Lutzoni, 2007）．北緯9.9～63.8度（年平均気温 −9.8～27°C），距離にして最大約6000キロメートル離れた8地点において，のべ34植物種の生葉が採取された．そこから277種の内生菌が分離された．これら内生菌の出現頻度と種数は，いずれも極地から熱帯に向かって高くなる傾向が認められた．気候帯のあいだで，分類学的な組成にも差がみられた．低緯度ほどフンタマカビ綱（Sordariomycetes）の種の比率が高く，逆に高緯度ほどクロイボタケ綱（Dothideomycetes）やフンタマカビ綱をはじめ，さまざまな綱の菌類の種がみられた．

この研究では北半球の気候帯を網羅する，広域的な比較検証が行われたが，調査対象樹種が気候帯ごとに異なっている．このため，観察されたパターンが気候の違いにより生じているのか，あるいは宿主樹種の違いにより生じているのかは明らかではない．

より限られた分類群の宿主樹種を対象に，気候帯に沿った内生菌の分布が調べられた（Osono & Masuya, 2012）．本邦に分布するカバノキ科（Betulaceae）の11樹種を対象に，生葉の内生菌の種数と種組成が，沖縄の亜熱帯林，京都の温帯林，岐阜の亜高山帯林で比較された（表7.3）．各調査地点の年降水量は約2500ミリメートルと同程度だが，年平均気温はそれぞれ22°C，10°C，2°Cと大きく異なる．合わせて46種の内生菌が分離されたが，気候帯間で種数に差は認められなかった．種組成をみると，気候帯間での類似度は全体的に低かった．また温帯林のほうが，亜高山帯林よりも種組成の季節変化が明瞭だった．

表 7.3 気候帯の比較研究が行われた調査地の情報 Osono (2015b) より．

| | 亜熱帯林 | 温帯林 | 亜高山帯林 |
|---|---|---|---|
| 場所 | 沖縄県国頭郡ヤンバル | 京都府南丹市芦生 | 岐阜県高山市御嶽山 |
| 北緯・東経 | 26°49′N, 128°50′E | 35°18′N, 135°43′E | 35°56′N, 137°28′E |
| 標高 | 330 m | 660 m | 2050 m |
| 年平均気温 | 22°C | 10°C | 2°C |
| 年降水量 | 2456 mm | 2495 mm | 2500 mm |
| 植生 | 常緑広葉樹林 | 落葉広葉樹林 | 常緑針葉樹林 |
| 優占樹種 | スダジイ・イジュ | ブナ・ミズナラ | シラビソ・オオシラビソ・トウヒ・ダケカンバ |
| 土壌型 | ムル | ムル・モダー | モダー |
| 有機物層の厚さの平均値 | 2.1 cm | 5.2 cm | 16.1 cm |

沖縄と京都の調査地のあいだは約 1200 キロメートル，京都と岐阜の調査地のあいだは約 180 キロメートル離れている．

宿主特異性の低い内生菌を対象として，気候帯間での種数と種組成の違いを比較した研究例がある（Ikeda *et al.*, 2014）．クロサイワイタケ科（Xylariaceae）は，さまざまな植物種で検出される優占的な内生菌の分類群であり，宿主特異性は一般に低い（Osono *et al.*, 2013）．北海道東部の亜寒帯林と，先のカバノキ科内生菌でも調査を実施した温帯林と亜熱帯林の合わせて 3 つの気候帯の森林で，のべ 167 樹種の生葉が採取された．そこから 42 種のクロサイワイタケ科内生菌が分離された．種数は亜熱帯林で 31 種，温帯林で 13 種，亜寒帯林で 3 種と，温暖な気候ほど多かった．内生菌の種組成は，3 気候帯のあいだで大きく異なった．高頻度で出現した 4 種のうち，3 種は亜熱帯林と温帯林で共通して出現し，1 種は亜熱帯林と亜寒帯林で共通して出現した．しかしそれ以外の種は，いずれか一つの気候帯でのみ検出された．

### B. 標高に沿った内生菌の分布

ハワイ島のマウナ・ロア山（標高 4169 メートル）では，単一樹種を対象として，標高に沿った内生菌の分布パターンが明らかにされている（Zimmerman & Vitousek, 2012）．約 80 キロメートルの範囲で，標高 100〜2400 メートル（年平均気温 10〜22°C）に位置する 13 ヶ所の調査サイトが設置された．これらのサイトでフトモモ科の固有種オヒアレフア（*Metrosideros polymorpha*）の生葉を採取し，DNA メタバーコーディングにより内生菌を調べたところ，全体で 4200 種超もの菌類が出現した．種数は，標高 100 メートルのもっとも温暖で年降水量の多い調査サイトで，他のサイトよりも多かった．種組成は標高に沿って連続的に変化していた．加えて，年降水量の寡多も内生菌の種組成に影響していた．

ここまでに紹介した研究の結果から，内生菌の種数は温暖な気候帯や低標高域ほど高く，また内生菌の種組成は気候帯のあいだで，また標高に沿って敏感に変化すると考えられる．ただしこれらの研究では，気候や標高に沿った内生菌の種組成の変化が，気候条件の違いによるものか，あるいは分散制限などの空間要因によるのかについては実証されていない．

樹木の内生菌は一般に，水平伝播（horizontal transmission），すなわち胞子によって葉に感染する種が多く，そのような種では分散力は高い可能性がある（Arnold, 2009）．事実，狭い地理的範囲の標高傾度を扱ったハワイ島の例では，標高にともなう種組成の変化が認められており，内生菌の種組成に及ぼす気候条件の影響が大きいことが示唆される．内生菌の分布パターンに及ぼす空間要因の寄与については，今後検証していく必要がある．

### C．環境変化と内生菌の機能

樹木内生菌の生態的機能として，宿主植物の光合成およびストレス耐性への効果（Arnold, 2009）や，植物遺体の潜在的な分解者としての役割（Osono, 2006）などが示されている．しかし現在までのところ，気候や標高に沿った内生菌の種数や種組成の変化が，内生菌の機能にどう影響するのかについては，よくわかっていない．

リチズマ科（Rhytismataceae）の内生菌は，落葉後に分解者として機能することが確かめられている（Hirose *et al.*, 2013）．ヤブツバキ（*Camellia japonica*）の生葉には，3 種のリチズマ科内生菌が感染する．それら内生菌の本邦における地理的な分布パターンが，落葉上に出現した子実体をもとに調べられた（Matsukura *et al.*, 2017）．ヤブツバキの全分布域をカバーするように，青森から沖縄に至る 40 サイト（年平均気温 10～23°C）で落葉が採取され，*Coccomyces* sp., *Lophodermium jiangnanense*, Rhytismataceae sp. の 3 種の子実体が観察された．このうち *Coccomyces* sp. は全 40 サイトで出現したが，他の 2 種は年平均気温が高く，降水量の多い調査地でのみ出現した．

これら 3 種のリチズマ科内生菌は，落葉に含まれるリグニンを分解して白

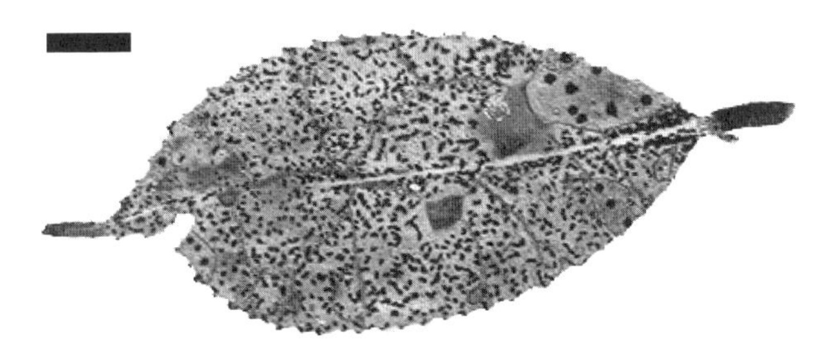

図 7.8　ヤブツバキ落葉上に出現したリチズマ科子嚢菌類の子実体（黒点）と漂白部
沖縄県国頭郡ヤンバルの亜熱帯林で採取．バーは 1 cm．→口絵 8

色化（漂白）を引き起こす（図 7.8）．この漂白部位を定量すれば，落葉における各種の菌糸体の定着面積（リグニン分解量に相当する）を評価できる．環境条件との関連を調べたところ，年降水量の違いが *Coccomyces* sp. と *L. jiangnanense* のリグニン分解における相対的な寄与率に影響していた．すなわち，*Coccomyces* sp. による分解は年降水量の多い地点ほど少なく，逆に *L. jiangnanense* による分解は年降水量の多い地点ほど多かった．一方，年平均気温はこれら 2 種のリグニン分解量に影響していなかった．気候条件と菌類の分解機能との関連については，次の 7.3.3 項でさらに詳しく考察する．

## 7.3.3　分解菌

分解菌は，生物の遺体を食物資源かつ住み場所として利用する菌類を指す (大園，2014)．分解菌が利用する基物，つまり生物遺体には動物遺体や落葉や木材などの植物遺体が含まれるが，それらはまとめてリター（litter）とよばれる．リターを構成するセルロースやリグニンといったさまざまな有機物が，菌類の基質（substrate）となる．菌類は細胞外酵素（extracellular enzymes）のはたらきにより基質を低分子化して吸収し，エネルギー源かつ炭素源として利用する．これにより分解菌は森林土壌における有機物の無機化を担い，森林生態系における物質循環で不可欠の役割を担っている．

森林において，量的にもっとも多いリターは落葉と木材であり，それらを分解する菌類はそれぞれ落葉分解菌，木材腐朽菌とよばれる．ここでは，気候や標高に沿ったこれら分解菌の変化，および環境変化が分解機能に及ぼす影響について述べる．

### A. 落葉分解菌と環境傾度

落葉分解菌の環境傾度への応答は，気候や標高に沿った個体群や群集の変動として実証されている．例えば，マツ類の針葉落葉から分離される微小菌類が，北海道から南西諸島までの245地点（年平均気温0°C以下〜24°C）で調べられた（徳増，1996）．菌類の種数は，温暖な地域ほど多くなる傾向が認められた．広域分布種である *Sporidesmium goidanichii* に注目すると，その出現は年平均気温が14.2°Cに分布の中心を持ち，5°C付近と23.5°C付近で出現しなくなる二次曲線で近似された（徳増，2010）．

標高傾度での実証例としては，日本最北端に近い利尻山での研究がある．標高300〜1500メートルにおける，ダケカンバ（*Betula ermanii*）落葉上の菌類の種数と種組成が調べられた（Osono & Hirose, 2009）．全体で35種の菌類が分離されたが，種数は標高1500メートルのサイトでもっとも少なかった．種組成についてみると，標高300〜900メートルの範囲では比較的類似していたが，これより高標高域では種組成に変化がみられた．落葉生息菌は標高1200メートル（年平均気温は約0°C）を境に，それより高標高域で環境の変化に特に敏感に応答すると考えられた．

気候帯や標高にともなう落葉分解菌の種組成の変化は，その分解機能にも影響を及ぼしうる．この点については，リグニン分解菌に注目した研究が進められている．リグニンは落葉の主要な構造性有機物であり，難分解性であるため，分解の律速要因となることが確かめられている（Osono, 2007）．

菌類がリグニンを分解すると落葉が漂白される．ヤブツバキ落葉での漂白の度合いが年降水量により変化することは，7.3.3項で述べたとおりである（Matsukura *et al.*, 2017）．北海道東部の羅臼岳の，標高200〜1000メートルで採取したダケカンバとミズナラ（*Quercus crispula*）の落葉では，標高によって漂白部の面積率に差が認められた（Hagiwara *et al.*, 2015）．これら落葉の漂白には，合わせて11種の担子菌類と子嚢菌類が関与していたが，うち2種は知床の羅臼岳から約1100キロメートル離れた中部山岳に位置する御嶽山の亜高山帯林にも分布していた．

タイの熱帯林から本邦の亜高山帯林（年平均気温2〜25°C）に至る，東アジアの気候傾度で，リグニン分解性の落葉分解菌の種数と種組成が調べられた

(Osono, 2011). 表面殺菌法により分離された微小菌類の種数と，調査地の年平均気温とのあいだに正の相関関係が認められた．活発なリグニン分解活性を有する菌類（特に，担子菌類）は，熱帯林および亜熱帯林の広葉樹落葉から高頻度で分離されたが，温帯以北の森林では分離されなかった．このことは，温暖な地域での活発な落葉分解には，温度条件の違いだけでなく，分解菌の種組成の違いも影響することを示唆している．単なる種数の変化だけでなく，個々の菌類種の分解活性も考慮した上で，気候条件に沿った種組成の変化を検討していく必要がある．

活発なリグニン分解活性を有する担子菌類に注目した研究が行われた．本邦の亜熱帯林，温帯林，亜高山帯林の3気候帯（表7.3）で，落葉分解に関わる大型菌類（肉眼で観察可能なサイズの子実体を形成する菌類）の種数と種組成，および菌糸体の定着基物が明らかにされた（Osono, 2015a)．観察された大型菌類の種数は，温暖な気候ほど多かった．種組成についてみると，いずれの気候帯でもクヌギタケ属（*Mycena*）の種が優占していたが，気候帯のあいだでクヌギタケ属の共通種はみられなかった．

これら大型菌類の培養菌株を確立し，シャーレ内で滅菌落葉に接種することで，潜在的な分解活性を定量的に評価した（Osono, 2015c)．その結果，菌株の由来する産地のあいだで，大型菌類の有するリグニンの分解活性に差は認められなかった．ただし，分解の進んだ落葉を基物として接種試験を行うと，未分解の落葉を基物としたときに比べて，クヌギタケ属菌類の分解活性が低下した．野外では，冷涼な気候帯の大型菌類ほど，分解の進んだ落葉に菌糸体が定着していた．これらのことから，気候帯間での落葉分解の違いには，温度条件の違いだけでなく，リグニン分解菌がどの分解段階の基物に定着するかも影響するといえる．気候帯に沿った菌類の分解機能の変化を理解するとき，森林土壌における菌類の定着基物や，それに対する分解活性の応答についても把握する必要があるといえる．

### B. 木材腐朽菌と環境傾度

北欧のスウェーデンから中欧のハンガリー・スロベニアに至る気候傾度において，木材腐朽菌の種数と種組成が調べられた（Heilmann-Clausen *et al.*, 2014)．調査地26地点の年平均気温は5.7～9.4°C，最暖月と最寒月の平均気温の較差は 14.4〜20.2°C，年降水量は 586〜1579 ミリメートルの範囲である．合わせて 272 種の菌類子実体が記録された．種組成には大陸度（continentality）が影響しており，経度および最暖月と最寒月の平均気温の較差にともなって明瞭に変化した．気候条件以外に，基物となる枯死材の腐朽段階も種組成に影響していた．

木材腐朽菌は，材に引き起こす色調と有機物の組成の変化により，白色腐朽菌（white rot fungi），褐色腐朽菌（brown rot fungi），軟腐朽菌（soft rot fungi）に区分される（深澤，2017）．白色腐朽菌はリグニンを分解して除去する一方，褐色腐朽菌はホロセルロース（セルロースとヘミセルロースを合わせたもの）を選択的に分解する．軟腐朽菌は，他の菌類が脱リグニンして利用しやすくなったセルロース・ヘミセルロースを分解する．これら腐朽様式の異なる菌類が，環境の変化にともなってどう応答するのかにより，分解機能の様相も異なってくる．

本邦の亜熱帯林，温帯林，亜高山帯林（表 7. 3）で，子実体の発生に基づく木材腐朽菌の比較調査がおこなわれた（Fukasawa *et al.*, 2009a；2009b；2012；2014；Hishinuma *et al.*, 2015）．どの調査地でも共通して，分解初期の粗大枯死材では白色腐朽性の担子菌類が優占していた．それを反映して，白色腐朽材に特徴的なリグニンとセルロースの同時分解がみられた．分解後期での腐朽パターンも，3 気候帯で共通してセルロースの選択的分解が認められたが，木材腐朽菌に違いがみられた．すなわち，亜熱帯林では軟腐朽性のクロサイワイタケ科子嚢菌類が，冷温帯林では軟腐朽性のさまざまな子嚢菌類が，そして亜高山帯林では褐色腐朽性の担子菌類がみられた．

この 3 気候帯で行われた比較研究では，調査対象となる粗大枯死材の樹種が，気候帯ごとに異なっている．このため観察された違いが，気候の違いにより生じているのか，あるいは樹種の違いにより生じているのかは明らかではない．

単一の樹種を対象とした研究がある．アカマツ枯死材の内部に生息する菌類の種組成が，宮城から宮崎までの 12 サイト（北緯 31.5〜38.5 度，年平均気温 8.2〜16.9°C）で調べられた（Fukasawa & Matsuoka, 2015）．DNA メタバーコーディングの結果，全体で 575 種の菌類が検出された．菌類の種組成は，サイトごとの年平均気温と年降水量の影響を受けており，分散分割の結果，空間要因よりも環境要因の説明力のほうが高かった．材における白色腐朽，褐色腐朽，軟腐朽の出現比率についても，気候傾度にともない変化した（Fukasawa, 2015）．褐色腐朽材の比率は低緯度のサイトほど高く，逆に白色腐朽材の比率は年平均気温の低いサイトほど高かった．

### C．分解菌の群集集合

分解菌の地理的分布に及ぼす，環境要因と空間要因の相対的な重要性を実証した研究例は少ない．南極大陸は大部分が大陸氷床に覆われているが，海岸部に点在する露岩域ではコケ群落が散在している．生物活動が厳しく制限される低温と乾燥の条件下において，コケ層は厚さが最大で6〜10センチメートルにまで堆積しており，菌類はその内部に定着し，枯死したコケ組織の分解に関与している（Hirose *et al.*, 2017）．

最大で500キロメートル離れた41ヶ所で，205点のコケ群落を採取して調べた結果，全体で23種289菌株が分離された（Hirose *et al.*, 2016；図7.9）．*Phoma herbarum* はもっとも優占的な種であり，全205点の70％にあたる143点のコケ組織から出現した．この *P. herbarum* は南極だけでなく，熱帯域や北極からも報告のあるコスモポリタンである．同種は分散力が高い上に，環境ストレスに対する菌糸体の耐性も高いことが，環境条件の厳しい大陸性南極でも優占しうる要因といえる．分散分割の結果，菌類群集の分散のうち13.7％が環境要因により説明された．一方，空間要因により説明されたのは1.6％にすぎなかった．この結果は，大陸性南極における *P. herbarum* をはじめとする菌類の定着において，コケの種やコケ組織の化学組成といった要因のほうが，分散制限より重要であることを示唆している．

### D．環境変化と菌類の分解活性

菌類の分解活性は，培養菌株を用いた純粋培養系での滅菌済みの基物への接種試験により定量的に評価できる．このとき，温度や水分量を操作した条件下において試験を行えば，菌類分解の温度や水分に対する反応性を調べることができる．同様に，基物として複数の樹種の落葉や材片を用いれば，森林の樹種組成の変化が及ぼす分解菌への間接的な効果についても，実験的に検証することができる．

落葉分解菌によるリグニン分解は，培養温度により変化することが示されて

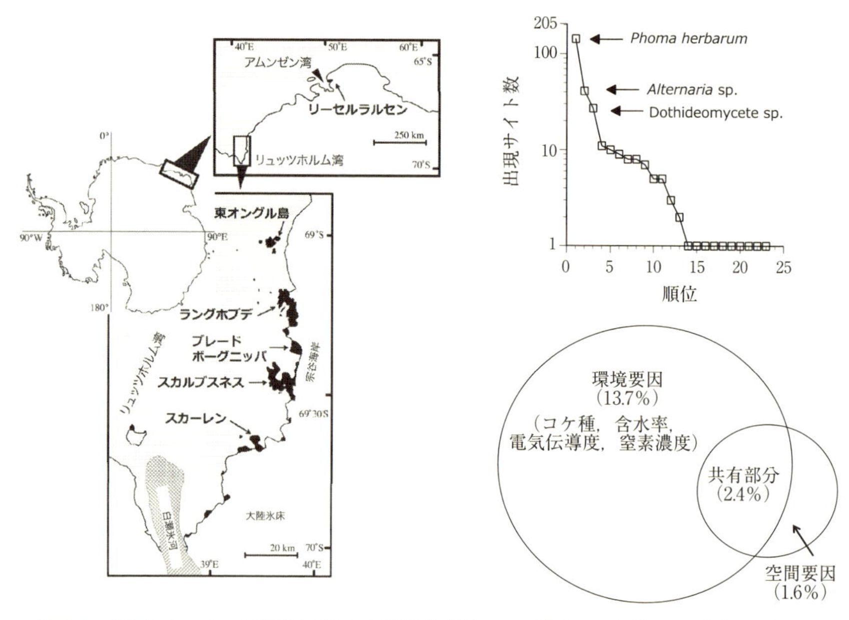


図 7.9　南極においてコケ群落を採取した露岩域（左），コケ群落から分離された菌類の群集構造と優占種（右上），分散分割の結果と選択された環境要因（右下）
Hirose *et al.* (2016) より作図.

いる．亜熱帯林，温帯林，亜高山帯林において採取したクヌギタケ属担子菌類の，リグニン分解活性と温度反応性が調べられた（Osono, 2015b）．亜熱帯林の未同定種（*Mycena* sp.），温帯林のアシナガタケ（*M. polygramma*），亜高山帯林のオウバイタケ（*M. aurantiidisca*）はいずれも中温性だが，菌糸成長の最適温度はそれぞれ 25°C，20°C，20°C であり，温暖な産地由来の種ほど高かった．落葉分解の最適温度も温暖な産地由来の種ほど高く，それぞれ 20〜30°C，20〜25°C，20°C であった（図 7.10）．リグニン分解活性も温度とともに変化したが，選択的リグニン分解の程度についてみると培養温度による変化は認められなかった．

クロサイワイタケ科子嚢菌類のコブリマメザヤタケ（*Xylaria cubensis*）は，温帯林においてブナ落葉のリグニン分解に関与する（図 7.11）．本菌は中温性であり，菌糸成長の最適温度は 25°C，落葉分解の最適温度も 25°C であった（Osono *et al.*, 2011）．培養温度が 20°C と 25°C のときホロセルロースを選択

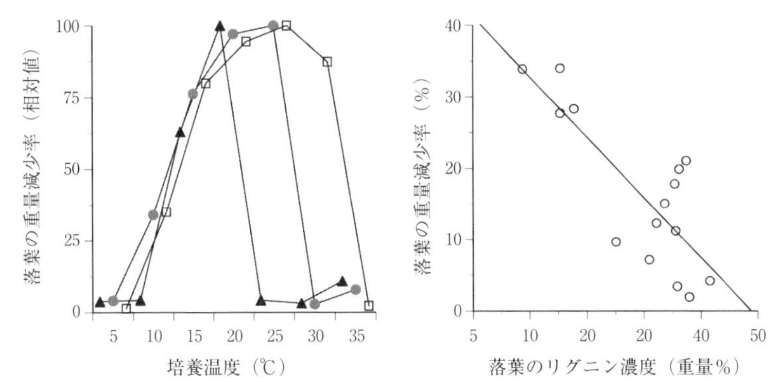


図 7.10　亜熱帯林，温帯林，亜高山帯林のクヌギタケ属菌類による落葉分解の温度反応性（左）と，落葉のリグニン濃度がアシナガタケの落葉分解に及ぼす影響（右）
滅菌落葉に菌株を接種して 12 週間培養したときの，落葉の重量減少率（初期重量に対する%）．いずれも値は 3 反復の平均値．（左）ダケカンバ落葉の重量減少率．最大値を 100 としたときの相対値（%）で示す．□亜熱帯林のクヌギタケ属未同定種，●温帯林のアシナガタケ，▲亜高山帯林のオウバイタケ．（右）15 樹種の落葉の重量減少率．Osono（2015b）より作図．

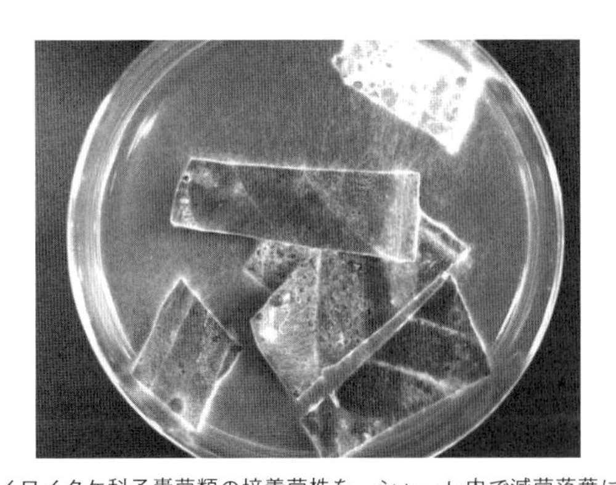

図 7.11　クロサイワイタケ科子嚢菌類の培養菌株を，シャーレ内で滅菌落葉に接種し，20°C で 12 週間培養したときの様子
落葉片の一部で，弱いながらも白色化（リグニン分解）が認められる．分解にともない生成した浸出物により寒天が黄変している．

的に分解したが，30°C ではホロセルロースの分解活性が低下し，リグニンの分解活性が増加した．

同じ温帯林で採取したコブリマメザヤタケとアシナガタケによるブナ小枝の分解が，2 段階の水分条件下で調べられた（Fukasawa *et al.*, 2013）．滅菌した小枝に菌株を接種し，20°C で最長6ヶ月間培養した．このとき小枝の含水率を，樹上でコブリマメザヤタケによる分解が起こるときの水分条件である50％と，土壌表面でアシナガタケによる分解が起こるときの100％の2段階に調整して，分解を比較した．リグニン分解活性は，アシナガタケでは水分条件で変化しなかった．しかしコブリマメザヤタケは，水分条件50％のとき黒色の偽菌核プレート（pseudosclerotinial plate, 化学分析の際にリグニン様物質として検出される）を活発に形成し，そのため見かけ上のリグニン分解活性が水分条件100％のときに比べて低下した．

これらの培養試験から，環境の変化にともなう分解活性の変化は，菌類種によって異なるといえる．また，産地により環境変化への応答性も異なるようだ．環境変化は，種の入れ替わりのみならず，個々の菌類種による分解活性を変化させることを通じても，群集レベルでの分解活性を変化させるといえる．

有機物組成や窒素濃度の異なる落葉を，分解基物として用いた接種試験が行われている．単一の培養菌株を，化学性の異なる複数樹種の落葉に接種して培養した検証試験により，落葉のリグニン濃度が高いほど，菌類による分解活性が低くなることが多くの菌類種で示されている（Osono *et al.*, 2011; Hagiwara *et al.*, 2012; Osono, 2015b; Hishinuma *et al.*, 2017）（図7.10）．この結果は，環境変化（例えば，大気中の二酸化炭素濃度の上昇）に伴って落葉のリグニン濃度が増加したときや，森林のなかでリグニン濃度の高い樹種が増加したときなどに，菌類による分解活性が低下することを示唆している．

### 7.3.4　土壌菌

土壌菌は，生活環のある時期あるいはすべてを土壌中で過ごす菌類の総称である．このため土壌菌には，菌根菌，分解菌に加えて，植物や菌類や他の土壌生物の寄生菌など，多様な機能群が含まれる．植物体，動物体，水域などの基物と比べても，菌類の種多様性が高いことが知られている（Peay *et al.*, 2016）．

#### A．気候帯と土壌菌の分布

森林を中心として，南極大陸を除く世界各地の大陸の熱帯からツンドラに至る365サイトにおいて，土壌菌の種数と種組成が調査された（Tedersoo *et al.*, 2014）．その結果，全体で約45,000種が検出された．種数は，低緯度のサイトほど多く，また，種数と年降水量および土壌カルシウム濃度とのあいだにそれぞれ正の相関関係が認められた．種組成も地域ごとに異なり，分散分割の結果，気候条件，植生，および土壌化学性が同程度に影響している一方，空間要因は相対的に影響が弱いという結果が得られている．次に，機能群ごとに同様の解析を行ったところ，機能群によって結果が異なった．例えば，分解菌の種数は低緯度のサイトほど高く，年降水量とのあいだに正の相関関係がみられた．これに対して外生菌根菌の種数は中緯度の温帯林で高く，外生菌根樹種の割合や種数とのあいだに正の相関関係がみられた．種組成については，分解菌では空間要因の影響が相対的に強かったが，外生菌根菌では宿主と気候条件の影響が相対的に強かった．

より限られた植生と地理的スケールを対象にした研究も行われている．フロリダからアラスカに至るアメリカ全土の，マツ林25サイトで土壌菌類群集が調査された（Talbot *et al.*, 2014）．その結果，出現した土壌菌の種の約80%は，その空間分布が100キロメートル以下の地理的な範囲に限定されており，強い地域性が認められた．同じ機能群であっても，属のレベルで地域的な偏りがみられた．例えば，ベニタケ属とフウセンタケ属はどちらも外生菌根菌を多く含む属であるが，ベニタケ属はアメリカ東部で，フウセンタケ属はアラスカで，それぞれ地域固有の種が多かった（図7.12）．この土壌菌の種組成にみられた地域的な違いは，調査サイト間の空間距離によって大部分が説明された．調査サイト間の気候条件や土壌化学性，宿主樹木の違いといった環境要因は，空間距離に比べて群集組成との対応が弱かった．この結果から，北米マツ林の土壌菌類群集には分散制限が強く影響している可能性が著者らにより指摘されている．

土壌菌類群集の強い空間構造は，中国の緯度傾度を対象とした研究によっても報告されている．中国の熱帯林から冷温帯林に至る17サイトの森林において，土壌菌類群集の調査が行われた（Shi *et al.*, 2014）．その結果，全体で7630種の菌類が検出され，種組成は緯度に沿った森林タイプの変化にともなって変化していた．この変化には，機能群ごとの応答の違いが寄与していた．例えば，外生菌根菌は温帯林で，その他の菌根タイプあるいは菌根菌以外の菌類は熱帯から亜熱帯林にかけて，それぞれ優占していた．これらの種組成の変化には，森林タイプや気温などの環境要因の影響が検出されたが，菌根菌と非

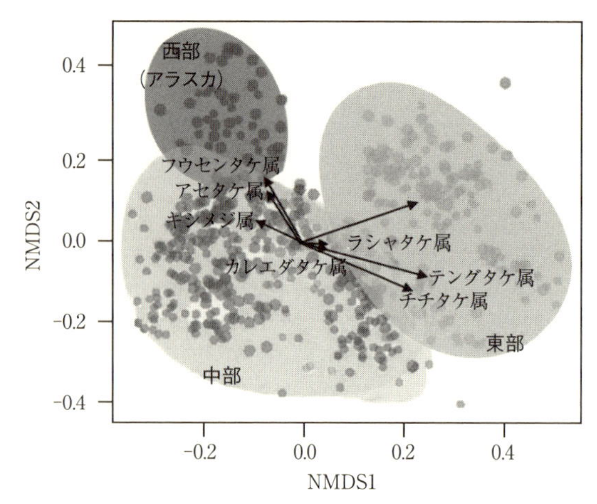


図 7.12　アメリカのマツ林における土壌菌類群集の地理分布

非計量多次元尺度（NMDS）法により，調査地点間の群集組成の類似度を２次元で表現している．点は調査点の土壌菌群集を示し，点間の距離が近いほど群集組成が似ていることを示す．点は東部，中部，西部の地域ごとにまとまっている．矢印は主要な土壌菌の属で，矢印の先にある地域で地域固有の種が多いことを示す．Talbot *et al.*（2014）より作図.

菌根菌では種組成の類似度は空間距離と共に減少していた．このことは，環境要因のみならず，空間要因も土壌菌の種組成に影響している可能性を示している.

## B.  標高に沿った土壌菌の分布

アンデス山脈北東部のユンガス地方において，標高に沿った土壌菌類群集の調査が行われた（Geml *et al.*, 2014）．標高 400～700 メートルの山麓林，標高 700～1500 メートルの山地林，標高 1500～3000 メートルの山地雲霧林でそれぞれ土壌を採取し，合わせて１万種を超える土壌菌が検出された．標高にともなう種数の有意な変化は検出されなかったが，種組成は標高にともない変化していた．種組成は標高ごとの森林タイプとよく対応しており，検出した種の約半分は，いずれか一つの森林タイプのみで検出された．この森林タイプ間での種組成の違いは，機能群ごとの出現パターンを反映していた．例えば，外生菌根菌や根内生菌（root endophytes）は，外生菌根樹種であるハンノキ属の *Alnus acuminata* が優占する山地雲霧林において，もっとも優占的であった.

標高に沿った土壌菌類群集と森林タイプとの対応は，イタリア北部のアルプス山脈においても同様に報告されている．標高に沿って分布する４つの森林

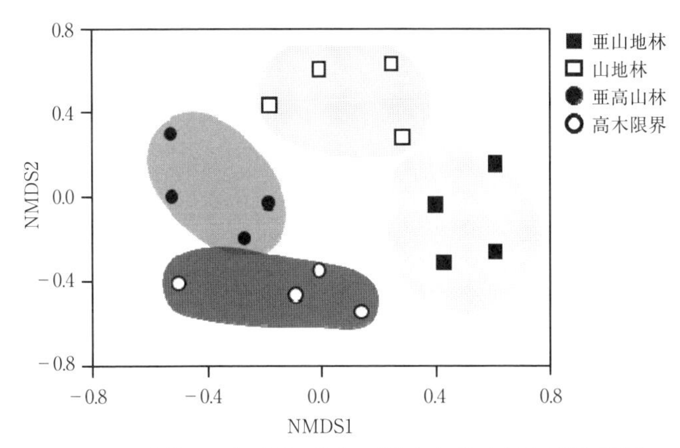


図 7.13 イタリア北部アルプス山脈の異なる森林タイプにおける土壌菌類群集の分布
非計量多次元尺度（NMDS）法により，調査地点間の群集組成の類似度を 2 次元で表現している．点は調査点の土壌菌群集を示し，点間の距離が近いほど群集組成が似ていることを示す．点は森林タイプごとにまとまっている．Siles & Margesin（2016）より作図．

タイプ，すなわち標高約 550 メートルに位置する亜山地林，標高約 1200 メートルの山地林，標高約 1700 メートルの亜高山林，そして標高約 2000 メートルの高木限界付近において，それぞれ土壌菌類群集が調査された（Siles & Margesin, 2016）．全体で 1528 種の菌類が検出され，種組成は標高にともなって変化した．この種組成の変化は，森林タイプとよく対応していた（図 7.13）．主要な菌類種の出現パターンを解析したところ，種組成はともに針広混交林である亜山地林と山地林のあいだで，そしてともに針葉樹林である亜高山林と高木限界付近のあいだで，それぞれ類似していた．ただし，この標高に沿った森林タイプの変化は，気候条件（気温，降水量）や土壌化学性（特に炭素率）の変化とも相関しており，菌類の種組成が環境要因に応答しているのか，あるいは森林タイプに応答しているのかは，この研究では区別できない．

以上をまとめると，土壌菌の種数や種組成は，緯度や標高に沿って，植生や気候といった環境要因，あるいは空間要因の影響を受けて変化しうる．Talbot ら（2014）の例のように，土壌菌類群集が空間要因の影響を強く受けている場合は，環境変化に伴う気候条件や植生の変化が予測できたとしても，土壌菌類群集がそのような環境要因のみに基づく予測とは異なる応答を示す可能性がある．

### C. 環境変化と土壌菌の機能

土壌菌の種組成は，土壌菌類群集の担う生態的な機能と必ずしも一致しない．先述の Talbot ら（2014）は，菌類群集調査を実施したのと同一の北米マツ林において，7種類の有機物の分解酵素活性を測定している．その結果，菌類の種組成について得られた結果とは異なる傾向が認められた．すなわち，分解酵素活性には地域的な違いがほとんど認められず，むしろ地域内での変動が大きかった．この地域内でみられた分解酵素活性の変動には，土壌化学性の違いなどが大きく影響していた．例えば，セルロースやキチンの分解酵素活性には基質となる土壌中の炭素量が強く影響し，リグニン分解酵素であるペルオキシダーゼの活性には土壌水分量や pH が強く影響していた．この結果は，北米マツ林における土壌菌類群集は，土壌中の有機物分解に関わる酵素活性の点で，機能的な冗長性が高い可能性を示唆している．

土壌菌類は，さまざまな機能群の菌類から構成されている．そのため，土壌菌の果たす生態系機能も多岐にわたっているが，有機物の分解酵素活性以外の機能についても，機能的な冗長性が認められるか否かについては不明である．環境変化が土壌菌類群集の変化を介してどのように生態系機能に影響するのか，その知見を得るためには，菌類の種組成だけではなく，菌類の発揮する機能に着目した調査を合わせて行う必要がある．

## 7.4 樹木と菌類の環境応答の比較

7.3節では，菌類の4つの機能群に着目し，菌類の環境応答や群集集合に関する具体例を紹介した．これらの機能群では，気候と標高に沿った植生タイプや樹木群集との対応関係が認められている．菌類群集が植生に強く依存している場合，環境変化に対する菌類群集の応答は，樹木の応答に付随して起こる可能性がある．本節では樹木の群集集合と環境変化に対する応答について，現在までに得られた知見を紹介した後，樹木と菌類の環境応答を比較して考察する．

### 7.4.1 環境変化への樹木の応答

樹木の個体群・群集を対象とした研究から，現在の森林の分布や樹種組成が，最終氷期以降の気候変動の影響を大きく受けていることが示されている．このため，緯度や標高といった環境傾度に注目した場合，気候条件が樹木群集の主要な決定要因と考えられてきた．この考えに従うと，例えば温暖化が進むと，樹木群集はより高緯度，あるいは高標高の生息地に移動すると予想される．事実，エクアドルのチンボルソでは，最近200年間の気温上昇に対応して，植物の生息地が平均500 mほど高標高側に移動した（Morueta-Holme *et al.*, 2015）．仮に樹木群集が環境要因のみの影響を受けている場合，将来的な気温上昇にともなう森林の応答も予測することが可能である．

しかし近年になって，現在の樹木の分布には環境要因だけでなく，空間要因も強く影響している可能性が示されている．例えば，北欧と中欧の森林は，最終氷期にはアルプス山脈などにあった逃避地（refugia）に分布していたが，最終氷期以降の温暖化傾向にともなって北上したと考えられてきた．ところが，ヨーロッパの大部分を含む地域の55樹種を対象とした分散分割により，気候条件の影響が大きいものの，空間要因も同程度の説明力を持つことが示された（Svenning & Skov *et al.*, 2005）．また数理モデルを用いた解析により，北欧と中欧の樹木の多様性パターンは，現在の気候より，最終氷期以降の樹木の分散プロセスによって，よりよく説明されることが示されている（Svenning & Skov *et al.*, 2007）．

同様の例は，標高傾度でも示されている．ボリビアのアンデス山脈において，約2500種の樹木群集の空間パターンについて分散分割が行われた（Arellano *et al.*, 2016）．その結果，気候条件が主要な説明要因であったものの，空間要因も群集の標高に沿った空間パターンを有意に説明することが示された．また，カナダ・ケベック南部のモン・メガンティック国立公園において，1970年と2012年に行われた樹木群集調査の結果が比較されている（Savage & Vellend, 2015）．この国立公園では，この42年間で気温が約2°C上昇している．もし樹木がこの気温に応答していれば，気温の逓減率を考慮すると，樹木の分布は標高にして約300メートル上昇すると予想される．しかし実際には，樹木の分布は42年間で平均約36メートルしか上昇しておらず，移動距離は予想より短かった（図7.14）．この理由として，分散制限などの空間要因の影響が考察されている．

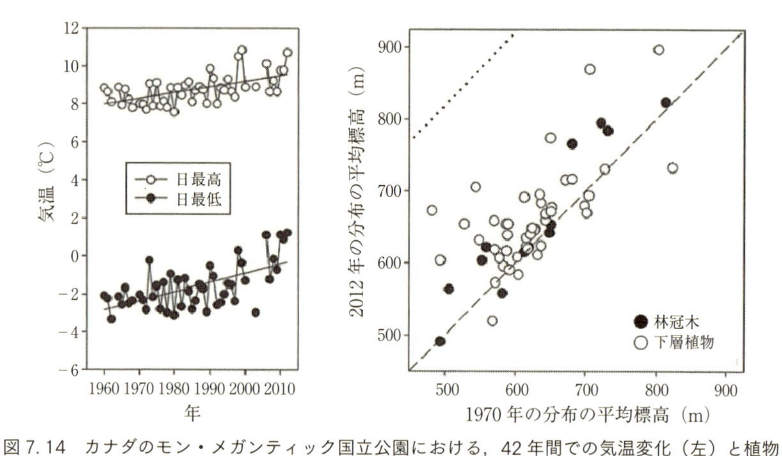


図 7. 14　カナダのモン・メガンティック国立公園における，42 年間での気温変化（左）と植物群集の分布の標高変化（右）
右図の破線は植物の分布の標高が変化しなかった場合の，点線は分布の標高が 300 m 上昇した場合に期待される点の位置をそれぞれ示す．Savage & Vellend (2015) より作図．

以上の例は，樹木の群集集合が現在の環境要因のみでなく，空間要因，すなわち過去の分布や分散制限の影響も受けていることと，空間要因は将来的な環境変化に対する樹木の応答を遅らせる可能性があることを示している．また，空間要因の影響力は，対象とする調査地や環境傾度，樹種によって変化しうる．しかし現在までのところ，空間要因がどのような状況で影響し，環境変化に対する群集の応答をどの程度遅らせるのかについては，あまりよくわかっていない．

最近では，花粉化石の証拠などから過去の樹木の分布パターンを再現し，気候データを考慮することで，過去の気候変動に対する樹木群集の応答が推定されている．また，現在の樹木群集の空間パターンが，過去，あるいは現在，未来の気候からみて，どの程度ずれているのか（ずれうるのか）を評価するための，新たな統計的な枠組みも提示され始めている（例えば Blonder *et al.*, 2015; Nogués-Bravo *et al.*, 2016）．今後は，これらの新たなデータや手法を活用して，環境要因と空間要因の相対的な影響力を定量化し，空間要因が樹木群集の環境応答に及ぼす影響についての理解が進むと期待される．

## 7.4.2 樹木と菌類の環境応答の比較

樹木と菌類の群集集合には，環境要因だけでなく空間要因も影響を及ぼす．では，環境要因と空間要因の相対的な影響力は，樹木と菌類で異なるのだろうか．そしてその違いは，両者の環境変化への応答にどのような影響を与えうるのだろうか．これらの点について，外生菌根菌を例に挙げて考察する．

7.3.1 項で，北海道東部に位置する羅臼岳の標高に沿った，外生菌根菌の群集集合について紹介した（Matsuoka *et al.*, 2016）．同じ標高傾度の同一の調査プロットにおいて，樹木群集の空間構造と，空間変動における環境要因と空間要因の相対的な影響力が評価されている（Mori *et al.*, 2013）．図 7.15 に，外生菌根菌と樹木について得られた，群集集合における環境要因と空間要因の相対的な影響力を分散分割により解析した結果を並べて示した．環境要因と空間要因の両方が，外生菌根菌と樹木の群集をいずれも有意に説明した．このうち，環境要因の相対的な影響力は外生菌根菌の方が大きかったのに対して，空間要因の相対的な影響力は樹木の方が大きかった（図 7.15）．一般に，散布体のサイズが小さい生物の方が，分散制限の影響が小さいと考えられる（Wilkinson *et al.*, 2012）．このことから，同じ空間スケールで比較した場合，胞子で分散

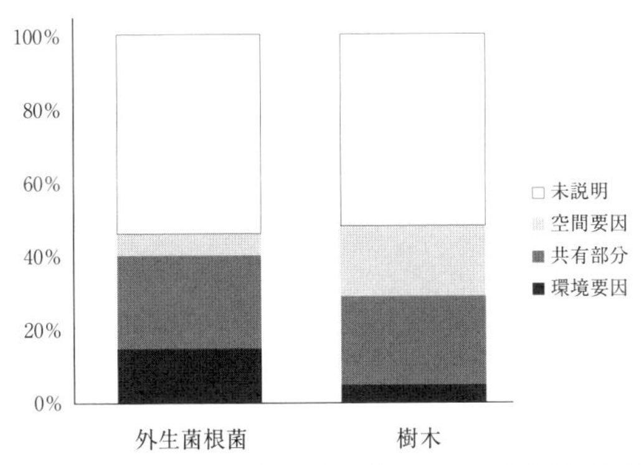


図 7.15 北海道の羅臼岳の外生菌根菌群集と樹木群集における，環境要因と空間要因の相対的重要性の比較
環境要因として，外生菌根菌では宿主樹木，標高，そして土壌 pH が，樹木では標高と胸高断面積が，それぞれ採択された．外生菌根菌は Matsuoka *et al.*（2016），樹木は Mori *et al.*（2013）からそれぞれ作図．

する外生菌根菌は，種子で分散する樹木よりも分散制限が弱く，環境要因の影響を相対的に強く受ける可能性がある．ただし，外生菌根菌と樹木の群集に対する環境要因と空間要因の相対的な影響力を同時に調べて比較した研究例はほとんどない．このため，今回の結果の一般性については，今後の検証が必要である．

外生菌根菌の群集集合において，環境要因のなかでも宿主樹木が強く影響することを示す研究例が多い（図 7.5a；7.3.1 項を参照）．この場合，外生菌根菌群集は，樹木群集の環境応答に対応することで形成されるだろう．つまり，例えば温暖化により樹木の分布が高緯度，あるいは高標高に移動すると，外生菌根菌もそれを追いかけるように移動することになる．ただし 7.4.1 項で示したように，樹木群集の環境応答には，空間要因の影響で時間的・空間的なずれが生じる可能性がある．その場合，分散制限が弱いと考えられる外生菌根菌であっても，環境変化に対する応答にずれが生じることになる．外生菌根菌は宿主樹木と深い関わりを持っているため，外生菌根菌の環境応答を予測する際には，樹木の環境応答の予測に精度が求められる．

一方，7.3.1 項の Miyamoto ら（2015）の例で示したように，外生菌根菌と宿主樹木はそれぞれが気候への選好性を持っており，両者は独立に気候に応答している可能性がある（図 7.5b）．この場合，外生菌根菌は樹木よりも分散制限の影響が弱いため，樹木よりも速やかに環境変化に応答して，分布を変化させることが予想される．結果として，現在観測されているような外生菌根菌群集と宿主樹木群集の対応は見られなくなる，あるいは現在とは異なる対応関係が見られるようになるだろう．

樹木群集と環境要因・空間要因とのあいだには高い相関関係が認められる．このため，菌類と樹木の群集レベルでの対応が，菌類の宿主選好性によるのか，あるいは菌類と樹木の両者が独立に環境要因や空間要因に応答した結果なのかは，必ずしも明確には分離できていない．さらに 7.3.4 項で土壌菌の例を示したように，大陸スケールでみると菌類群集に空間要因が強く影響している可能性や，機能群ごとに異なる環境要因や空間要因に応答している可能性がある．今後も，さまざまな空間スケールで，さまざまな機能群の菌類を対象として環境要因と空間要因の相対的な重要性について研究事例を重ねていく必要がある．

加えて，環境要因のなかでも，宿主樹木などの生物的要因と，気候条件などの非生物的要因のどちらがより重要なのかについて検討が必要である.

## おわりに

本章では，複数の機能群の菌類について，その種数や種組成が，気候や標高に沿って変化することをみてきた．地理的な範囲の狭い標高傾度を扱った事例研究や，分散分割を用いて要因の影響を分離して解析から，さまざまな機能群の菌類が，環境変化に対して敏感に応答していることが実証されている．広域的な地理範囲を対象とした気候帯レベルでの比較研究からは，分散分割により環境要因に加えて空間要因の寄与も示されており，分散制限の存在が予想される．つまり，将来的な気候変動の影響が広大な地理的スケールに及ぶ場合には，環境変化に対する菌類の応答に遅れが見られる可能性を示唆している.

環境変化には，気温と降水量の変化以外にも，積雪量の変化，台風の頻度や強度の変化なども含まれ，菌類に影響を及ぼしうる．例えば，積雪量の増加にともなって融雪時期が遅くなる場合について考える．ある種の内生菌は，土壌表面の落葉が胞子の散布源となり，雪解けとともに胞子を空気中に放出して生葉に感染する（Sahashi *et al.*, 2000）．そのような内生菌では，融雪時期の遅れにより，生葉への定着時期も遅れる可能性がある.

菌類が現実に生じている環境変化に対して，実際にどの程度まで応答しているかを示す報告例は少ない．例えば，イギリスとノルウェーでは，春に発生する菌類34種の子実体の発生日が，最近半世紀でみると18日早まっている（Kauserud *et al.*, 2009）．子実体の発生日と冬の高い温度とのあいだに関連性が認められており，温暖化傾向により春の訪れが早まっていることが，菌類の繁殖時期に影響を及ぼしているといえる.

この研究は博物館に保管された，採取年月の記された子実体標本の在データをもとに得られた結果をまとめたものであり，長期的な環境変化に対する菌類の応答を示した数少ない例である．本章で取り上げた菌根菌，内生菌，分解菌，および土壌菌といった機能群の菌類が，将来的に予想される環境変化にともなってどのように応答するのかについては，長期的，継続的なモニタリングによって実証していく必要がある．

## 引用文献

Agerer, R. (2001) Exploration types of ectomycorrhizae. A proposal to classify ectomycorrhizal mycelial systems according to their patterns of differentiation and putative ecological importance. *Mycorrhiza*, **11**, 107–114.

Arellano, G., Tello, J. S. (2016) Disentangling environmental and spatial processes of community assembly in tropical forests from local to regional scales. *Oikos*, **125**, 326–335.

Arnold, A. E. & Lutzoni, F. (2007) Diversity and host range of foliar fungal endophytes: are tropical leaves biodiversity hotspots? *Ecology*, **88**, 541–549.

Arnold, A. E. (2009) Endophytic fungi: hidden components of tropical community ecology. *In: Tropical Forest Community Ecology.* (eds. Carson, W. P. *et al.*) pp. 254–271, Wiley-Blackwell.

Bahram, M., Põlme, S. *et al.* (2012) Regional and local patterns of ectomycorrhizal fungal diversity and community structure along an altitudinal gradient in the Hyrcanian forests of northern Iran. *New Phytol.*, **193**, 465–473.

Blonder, B., Nogués-Bravo, D. *et al.* (2015) Linking environmental filtering and disequilibrium to biogeography with a community climate framework. *Ecology*, **96**, 972–985.

Blonder, B., Moulton, D. E. *et al.* (2017) Predictability in community dynamics. *Ecol. Lett.*, **20**, 293–306.

Brundrett, M. C. (2009) Mycorrhizal associations and other means of nutrition of vascular plants: understanding the global diversity of host plants by resolving conflicting information and developing reliable means of diagnosis. *Plant and Soil*, **320**, 37–77.

Clemmensen, K. E., Bahr, A. *et al.* (2013) Roots and associated fungi drive long-term carbon sequestration in boreal forest. *Science*, **339**, 1615–1618.

Cottenie, K. (2005) Integrating environmental and spatial processes in ecological community dynamics. *Ecol. Lett.*, **8**, 1175–1182.

Deslippe, J. R., Hartmann, M. *et al.* (2011) Long-term experimental manipulation of climate alters the ectomycorrhizal community of *Betula nana* in Arctic tundra. *Glob. Change Biol.*, **17**, 1625–1636.

Dray, S., Pélissier, R. *et al.* (2012) Community ecology in the age of multivariate multiscale spatial analysis. *Ecol. Monogr.*, **82**, 257–275.

Fernandez, C. W., Nguyen, N. H. *et al.* (2017) Ectomycorrhizal fungal response to warming is linked to poor host performance at the boreal-temperate ecotone. *Glob. Change Biol.*, **23**, 1598–1609.

Fukasawa, Y., Osono, T. *et al.* (2009a) Dynamics of physicochemical properties and occurrence of fungal fruit bodies during decomposition of coarse woody debris of *Fagus crenata*. *J. For. Res.*, **14**, 20–29.

Fukasawa, Y., Osono, T. *et al.* (2009b) Microfungus communities of Japanese beech logs at different stages of decay in a cool temperate deciduous forest. *Canadian J. For. Res.*, **39**, 1606–1614.

Fukasawa, Y., Osono, T. *et al.* (2012) Fungal decomposition of woody debris of *Castanopsis sieboldii* in a subtropical old-growth forest. *Ecol. Res.*, **27**, 211–218.

Fukasawa, Y., Osono, T. *et al.* (2013) Effects of environmental moisture on twig litter decomposition by fungal colonizers. *Journal of Integrated Field Science*, **10**, 1–6.

Fukasawa, Y., Katsumata, S. *et al.* (2014) Accumulation and decay dynamics of coarse woody debris in an old-growth subalpine coniferous forest in Japan. *Ecol. Res.*, **29**, 257–269.

Fukasawa, Y. (2015) The geographical gradient of pine log decomposition in Japan. *For. Ecol. Manage.*, **349**, 29–35.

Fukasawa, Y. & Matsuoka, S. (2015) Communities of wood-inhabiting fungi in dead pine logs along a geographical gradient in Japan. *Fungal Ecology*, **18**, 75–82.

深澤 遊 (2017) 枯れ木の中は戦国時代：キノコとカビの生態学，共立出版.

Finlay, B. J. (2002) Global dispersal of free-living microbial eukaryote species. *Science*, **296**, 1061–1063.

Geml, J., Pastor, N. *et al.* (2014) Large-scale fungal diversity assessment in the Andean Yungas forests reveals strong community turnover among forest types along an altitudinal gradient. *Mol. Ecol.*, **23**, 2452–2472.

Hagiwara, Y., Osono T. *et al.* (2012) Colonization and decomposition of leaf litter by ligninolytic fungi in *Acacia mangium* plantations and adjacent secondary forests. *J. For. Res.*, **17**, 51–57.

Hagiwara, Y., Matsuoka, S. *et al.* (2015) Bleaching of leaf litter and associated fungi in subboreal and subalpine forests. *Can. J. Microbiol.*, **61**, 735–743.

Heilmann-Clausen, J., Aude, E. *et al.* (2014) Communities of wood-inhabiting bryophytes and fungi on dead beech logs in Europe-reflecting substrate quality or shaped by climate and forest conditions? *J. Biogeogr.*, **41**, 2269–2282.

Hirose, D., Matsuoka, S. *et al.* (2013) Assessment of the fungal diversity and succession of ligninolytic endophytes in *Camellia japonica* leaves using clone library analysis. *Mycologia*, **105**, 837–843.

Hirose, D., Hobara, S. *et al.* (2016) Diversity and community assembly of moss-associated fungi in ice-free coastal outcrops of continental Antarctica. *Fungal Ecology*, **24**, 94–101.

Hirose, D., Hobara, S. *et al.* (2017) Abundance, richness, and succession of microfungi in relation to chemical changes in Antarctic moss profiles. *Polar Biology*, **40**, 2457–2468.

Hishinuma, T., Osono, T. *et al.* (2015) Application of $^{13}$C NMR spectroscopy to characterize organic chemical components of decomposing coarse woody debris from different climatic regions. *Ann. For. Res.*, **58**, 3–13.

Hishinuma, T., Azuma, J. I. *et al.* (2017) Litter quality control of decomposition of leaves, twigs, and sapwood by the white-rot fungus *Trametes versicolor*. *Eur. J. Soil Biol.*, **80**, 1–8.

Ikeda, A., Matsuoka, S. *et al.* (2014) Comparison of the diversity, composition, and host recurrence of xylariaceous endophytes in subtropical, cool temperate, and subboreal regions in Japan. *Population Ecology*, **56**, 289–300.

Jarvis, S. G., Woodward, S. *et al.* (2015) Strong altitudinal partitioning in the distributions of ectomycorrhizal fungi along a short (300 m) elevation gradient. *New Phytol.*, **206**, 1145–1155.

Kauserud, H., Heegaard, E. *et al.* (2009) Climate change and spring-fruiting fungi. *Proc. R. Soc. Lon-*

*don, Ser. B*, **277**, 1169–1177.

Leibold, M. A., Holyoak, M. *et al.* (2004) The metacommunity concept: a framework for multi-scale community ecology. *Ecol. Lett.*, **7**, 601–613.

Matsukura, K., Hirose, D. *et al.* (2017) Geographical distribution of rhytismataceaous fungi on *Camellia japonica* leaf litter in Japan. *Fungal Ecology*, **26**, 37–44.

Matsuoka, S., Mori, A. S. *et al.* (2016) Disentangling the relative importance of host tree community, abiotic environment, and spatial factors on ectomycorrhizal fungal assemblages along an elevation gradient. *FEMS Microbiol. Ecol.*, **92**, fiw044.

Meiser, A., Bálint, M. *et al.* (2014) Meta-analysis of deep-sequenced fungal communities indicates limited taxon sharing between studies and the presence of biogeographic patterns. *New Phytol.*, **201**, 623–635.

Miyamoto, Y., Sakai, A. *et al.* (2015) Strong effect of climate on ectomycorrhizal fungal composition: evidence from range overlap between two mountains. *The ISME Journal*, **9**, 1870–1879.

Mori, A. S., Shiono, T. *et al.* (2013) Community assembly processes shape an altitudinal gradient of forest biodiversity. *Global Ecology and Biogeography*, **22**, 878–888.

Morueta-Holme, N., Engemann, K. *et al.*, (2015) Strong upslope shifts in Chimborazo's vegetation over two centuries since Humboldt. *Proc. Natl. Acad. Sci. U.S.A.*, **112**, 12741–12745.

Nogués-Bravo, D., Veloz, S. *et al.* (2016) Amplified plant turnover in response to climate change forecast by Late Quaternary records. *Nat. Clim. Change*, **6**, 1115–1119.

Osono, T. (2006) Role of phyllosphere fungi of forest trees in the development of decomposer fungal communities and decomposition processes of leaf litter. *Can. J. Microbiol.*, **52**, 701–716.

Osono, T. (2007) Ecology of ligninolytic fungi associated with leaf litter decomposition. *Ecol. Res.*, **22**, 955–974.

大園享司（2009）わが国における樹木の葉圏菌類（エンドファイト・エピファイト）の生態学的研究. 日本菌学会報，**50**，1–20.

Osono, T., Hirose, D. (2009) Altitudinal distribution of microfungi associated with Betula ermanii leaf litter on Mt. Rishiri, northern Japan. *Can. J. Microbiol.*, **55**, 783–789.

Osono, T. (2011) Diversity and functioning of fungi associated with leaf litter decomposition in an Asian climatic gradient. *Fungal Ecology*, **4**, 375–385.

Osono, T., Hagiwara, Y. *et al.* (2011) Effects of temperature and litter type on fungal growth and decomposition of leaf litter. *Mycoscience*, **52**, 327–332.

Osono, T., Masuya, H. (2012) Endophytic fungi associated with leaves of Betulaceae in Japan. *Can. J. Microbiol.*, **58**, 507–515.

Osono, T., Tateno, O. *et al.* (2013) Diversity and ubiquity of xylariaceous endophytes in live and dead leaves of temperate forest trees. *Mycoscience* **54**, 54–61.

大園享司（2014）落葉分解．菌類の生物学―分類・系統・生態・環境・利用―（日本菌学会編），pp. 145–153，共立出版.

Osono, T. (2015a) Diversity, resource utilization, and phenology of fruiting bodies of litter-decomposing macrofungi in subtropical, temperate, and subalpine forests. *J. For. Res.*, **20**, 60–68.

Osono, T. (2015b) Effects of litter type, origin of isolate, and temperature on decomposition of leaf litter by macrofungi. *J. For. Res.*, **20**, 77–84.

Osono, T. (2015c) Decomposing ability of diverse litter-decomposer macrofungi in subtropical, temperate, and subalpine forests. *J. For. Res.*, **20**, 272–280.

大園享司（2018）基礎から学べる菌類生態学，共立出版.

Peay, K. G., Schubert, M. G. *et al.* (2012) Measuring ectomycorrhizal fungal dispersal: macroecological patterns driven by microscopic propagules. *Mol. Ecol.*, **21**, 4122–4136.

Peay, K. G. & Bruns, T. D. (2014) Spore dispersal of basidiomycete fungi at the landscape scale is driven by stochastic and deterministic processes and generates variability in plant-fungal interactions. *New Phytol.*, **204**, 180–191.

Peay, K. G., Kennedy, P. G. *et al.* (2016) Dimensions of biodiversity in the Earth mycobiome. *Nat. Rev. Microbiol.*, **14**, 434–447.

Peres-Neto, P. R., Legendre, P. *et al.* (2006) Variation partitioning of species data matrices: estimation and comparison of fractions. *Ecology*, **87**, 2614–2625.

Peterson, A. T. Soberón, J. *et al.* (2011). *Ecological Niches and Geographic Distributions* (MPB–49). pp. 314, Princeton University Press.

Põlme, S., Bahram, M. *et al.* (2013) Biogeography of ectomycorrhizal fungi associated with alders (*Alnus* spp.) in relation to biotic and abiotic variables at the global scale. *New Phytol.*, **198**, 1239–1249.

Qian, H., Ricklefs, R. E. (2012) Disentangling the effects of geographic distance and environmental dissimilarity on global patterns of species turnover. *Global Ecology and Biogeography*, **21**, 341–351.

Sahashi, N., Miyasawa, Y. *et al.* (2000) Colonization of beech leaves by two endophytic fungi in northern Japan. *Forest Pathology*, **30**, 77–86.

Salgado-Salazar, C., Rossman, A. Y. *et al.* (2013) Not as Ubiquitous as We Thought: Taxonomic Crypsis, Hidden Diversity and Cryptic Speciation in the Cosmopolitan Fungus *Thelonectria discophora* (Nectriaceae, Hypocreales, Ascomycota). *PLoS ONE*, **8**, e76737.

Savage, J. & Vellend, M. (2015) Elevational shifts, biotic homogenization and time lags in vegetation change during 40 years of climate warming, *Ecography*, **38**, 546–555.

Shi, L-L., Mortimer, P. E. *et al.* (2014) Variation in forest soil fungal diversity along a latitudinal gradient, *Fungal Diversity*, **64**, 305–315.

Siles, J. A. & Margesin, R. (2016) Abundance and Diversity of Bacterial, Archaeal, and Fungal Communities Along an Altitudinal Gradient in Alpine Forest Soils: What Are the Driving Factors? *Microbial Ecology*, **72**, 207–220.

Smith, S. E. & Read, D. J. (2008) *Mycorrhizal Symbiosis*. pp. 800, Academic Press.

Svenning, J-C., Skov, F. (2005) The relative roles of environment and history as controls of tree species composition and richness in Europe. *J. Biogeogr.*, **32**, 1019–1033.

Svenning, J-C., Skov, F. (2007) Could the tree diversity pattern in Europe be generated by postglacial dispersal limitation? *Ecol. Lett.*, **10**, 453–460.

Talbot, J. M. & Bruns, T. D. (2014) Endemism and functional convergence across the North American soil mycobiome. *Proc. Natl. Acad. Sci. U.S.A.*, **17**, 6341–6346.

Tedersoo. L., Bahram. M. *et al.* (2012) Towards global patterns in the diversity and community structure of ectomycorrhizal fungi. *Mol. Ecol.*, **21**, 4160–4170.

Tedersoo. L., Bahram. M. *et al.* (2014) Global diversity and geography of soil fungi. *Science*, **346**, 1256688.

徳増征二（1996）菌類と地球環境：地球温暖化の腐生性微小菌類群集への影響．日本菌学会報告，**37**，105–110.

徳増征二（2010）本邦における微小菌類の地理的分布と温暖化の影響．*Mycotoxins*, **60**, 17–25.

Wilkinson, D. M., Koumoutsaris, S. *et al.* (2012) Modelling the effect of size on the aerial dispersal of microorganisms. *Journal of Biogeography*, **39**, 89–97.

Zimmerman, N. B. & Vitousek, P. M. (2012) Fungal endophyte communities reflect environmental structuring across a Hawaiian landscape. *Proc. Natl. Acad. Sci. U.S.A.*, **109**, 13022–13027.

# 森林と菌類
## 複雑な相互作用と将来展望

升屋勇人

## はじめに

これまで各章で繰り返し述べられてきた通り，様々な側面から見て菌類が森林に及ぼす影響は非常に大きい．また，そのバランスは菌類の多様性と生態の柔軟性で保たれている．逆に，森林の変化が菌類に及ぼす影響についても，同様のことが言えそうである．しかし，こうした様々な知見が蓄積しつつあるにもかかわらず，序章で触れた森林生態系における 4 つの変化要因が菌類にどれほど影響するかについて，実際に具体的な数値で示すことは未だに非常に困難である．理由はこれまでの各章にあるように，菌類はあまりにも多様でかつ複雑な生態群であり，直接的，間接的に様々な生物と複雑に相互に作用しているからである．また，4 つの変化要因も完全には切り離せないものであり，複合的な影響がより大きく出てくることも考えられる．こうした森林と菌類における複雑なシステムが構築されるまでに，どれほどの時間が必要であったのだろうか．これは，菌類における進化の歴史を過去にさかのぼることで紐解くことができるかもしれない．そして，そこから森林と菌類の関係についての基本的な構造が明らかにできるかもしれない．さらには，森林生態系でキーとなる分類群や，各変化要因に対する反応などが予想できるかもしれない．一方で，菌類を研究する上で普遍的な様々な問題点もあり，それらが森林における菌類研究の阻害要因にもなっていると思われる．それは菌類特有の生物学的な問題であったり，技術的な問題であったりするが，近年徐々に克服されつつある．

本章では，森林と菌類の長い歴史を俯瞰しながら，各章を跨いだ複合的な森林と菌類の相互作用について考えてみたい．そして本章の最後に，森林と菌類の関係を探る上での諸問題と，森林における菌類研究の将来展望について考察する．

## 8.1　菌類の歴史と森林

菌類の祖先は生命の歴史においてかなり初期の段階で分化しており，現在の綱レベルで主要な分類群は古生代にすでに出そろっていたと予想されている．これはDNAと化石証拠に基づく分岐年代推定により得られたものである（図8.1; Taylor *et al.*, 2015）．その後の各分類群の多様化は，様々な生物との共進化によりもたらされてきた．よって菌類の進化の歴史は他生物の進化と切っても切り離せない．特に陸上植物はそれらに共生する菌類とともに上陸したと予想されている．これまでは，アーバスキュラー菌根菌として知られるグロムス門（Glomeromycota）の糸状菌が初めて陸上植物と共生することで，植物が陸上に進出するのに大きな役割を果たしたと考えられてきた．これはデボン紀初期の維管束植物の化石からグロムス門特有のアバスキュラー様の構造が認められたからである．しかし，現在生息する原始的な陸上植物のいくつかはケカビ亜綱（Mucoromycotina）の菌と共生しており，特に *Endogone* 様の糸状菌が広く原始的な陸上植物と関連していたことから，最近では，ケカビ亜綱との共生が陸上植物の始まりであるという説がある．菌類の分子系統，現存する植物の共生菌の系統的位置づけ，宿主植物の系統関係などから，最も古い共生関係は，オルドビス紀中頃において，現在のケカビ亜綱の祖先との共生から始まったというものである（Bidartondo *et al.*, 2011）．シルル紀になると陸上にはコケ植物に似た植物が繁茂し，最初の維管束植物であるリニア類が誕生する．その段階ですでに菌類は多様化しており，小型節足動物に随伴する子嚢菌らしき菌類の化石まで見つかっている．デボン紀になると現生のツボカビ類，グロムス門，ケカビ亜綱や子嚢菌類がリニア類上で見つかっており，様々な菌類がすでに陸上植物と寄生，共生など様々な関係を持っていたことがうかがえる．それから，巨大シダ植物の森林が形成されるペルム紀までには，森林生息性菌類はすでに現在のツボカビから子嚢菌類までの一連の分類群で占められていたかもしれな

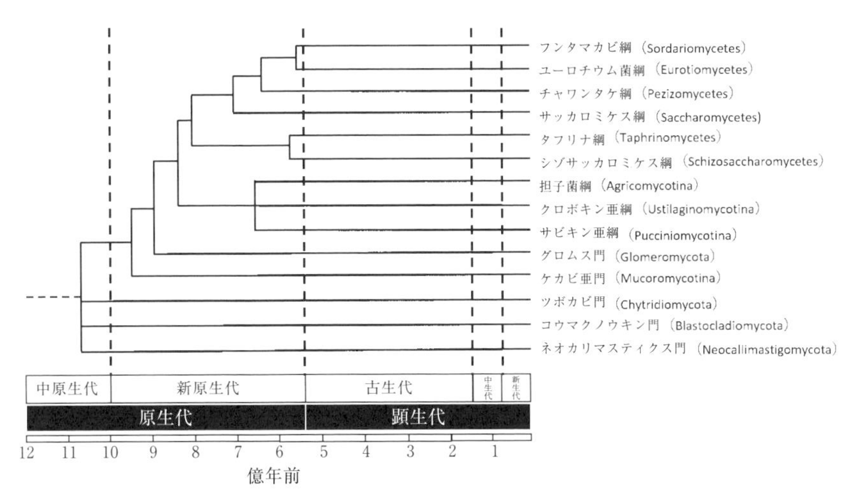

図 8.1　各菌類群の分岐年代　Taylor ら（2015）を改変.

い．この当時，空気中の炭素が植物により固定され，膨大な量の炭素が地上に蓄積され，化石化した．それが現在石炭として地球上に残存している．

地球上で最大の石炭鉱床はこの時期，つまり石炭紀に形成されたものである．この時代の熱帯林で繁茂していた巨大なヒカゲカズラ，トクサ，シダ植物などが枯死し，膨大な木質組織が埋没することで石炭鉱床が形成されたと考えられている．石炭紀層に膨大な石炭鉱床が存在することについての興味深い説として，これらの植物が化石化した背景には，石炭紀後期まで植物基質を分解する白色腐朽菌が進化していなかったからという説がある．実際に，菌類化石証拠で補正した分子時計を用いた年代推定では，木質植物の進化とそれらを分解する菌類の誕生の間にずれがあるという．最初にリグニン分解酵素を分泌できるようになった菌類は，その当時存在した豊富な資源を独占して利用できるようになり，急速にその生態的地位を拡大していったと考えられる．ペルム紀の地層における急激な石炭鉱床の減少がその痕跡と考えられている．その当時，他のどの生物もリグニン分解に成功していなかったと考えられており，リグニン分解菌の登場がどれほどの影響を世界に及ぼしたかが想像できる．地球上で分解の難しい有機物の一つでもあるリグニンを，初めて分解することに成功した白色腐朽菌の誕生は，地球上の炭素循環の系を激変させた．これまで分解されずに残っていた植物遺体が急速に分解されるようになり，当時の地球上の大気中二酸化炭素濃度の上昇に一役買っていたと言われている．一方で，この時代以前までに蓄積していた植物遺体は分解されないまま化石化し，石炭となった．この石炭は近代の人類における産業革命の礎となった．白色腐朽菌の誕生は，当時の森林のみならず，地球環境，そして人類の歴史に非常に大きな影響を与えたといえる．

以上のことから，過去の地球において，菌類と森林生態系の相互作用は，陸上植物との共生による炭素蓄積への貢献と，木質バイオマスの分解による炭素循環への貢献という2つの因子に絞ることができる．また，過去の地球の生態系において，それらが重大なインパクトをもっていたといってもよいだろう．現在においても，菌類の基本的な機能は変化していないことから，状況は同じと考えてよいだろう．白色腐朽菌の誕生に匹敵するようなビックイベントは近い将来にはないかもしれないが，森林生態系の撹乱やそれに伴う菌類への影響が，炭素循環に何等かの形で影響することは十分予想できる．

## 8.2　過去の大量絶滅と菌類

ペルム紀–三畳紀の地質年代を分ける P-Tr 境界において，菌類残渣が化石として大量に残っている．この当時に壊滅的な地球規模の火山噴火が起こり，海生種の 96%，陸上脊椎動物の 70% が絶滅したという．この時期にあった森林も同時に壊滅的な状況になったと予想される．その際に大量に発生した生物遺骸を中心とする有機物は菌類により分解され，その結果，菌類残渣が化石となり残ることになったと考えられている．同じような大量絶滅は 6500 万年前，白亜紀後期にも起こっている．これは隕石の衝突により引き起こされたもので，K-T 境界として知られ，その地質中では地球上ではまれなイリジウム元素が高濃度に存在するという特徴がある．隕石の衝突により生じた大量の塵により粉塵雲が発生，停滞し，降雨の増加，太陽光の減少，寒冷化という環境の激変により，その当時世界中に生息していた恐竜が絶滅に追い込まれた．同時に白亜紀後期まで繁栄していた森林も姿を消したが，ほぼ同じ時期の地層から菌類化石が大量に見つかっている．このことから，その当時大量に発生した生物遺体

を利用することで，一時的に菌類が大発生したために，菌類化石が大量に残っていると考えられた．

しかし，一方で，別の仮説も提唱されている．隕石の衝突までは同じであるが，その後の気候変動による湿度の増加とともに，大気中に大量の菌類胞子が発生したことが，恐竜を含む陸上生物に大きな影響を及ぼした可能性があるという（Casadevall, 2005）．あらゆる生物は寄生菌，病原菌という淘汰圧に対応するために，様々な防御システムを発達させてきた．動物ではその一つが恒温性であり，高い体温は病原菌の感染を防ぐ重要なシステムである．現在知られている動物の菌類病の原因菌は 37°C でも生育可能であるが，もともとは腐生的な生活をしていたと考えられる．一方で，恒温性を獲得していない生物は，腐生的に生活していた菌類の体内への侵入を許し，それがもとで衰弱，死亡に至った可能性があり，当時，十分な恒温性を発達させていなかった生物群は大量に発生した菌類病により絶滅に追い込まれた可能性があるという．現在，菌類病は昆虫や変温動物，植物で多いのに対し，動物では致命的なものはなくはないが，比較的少ない．こうした状況証拠は本仮説を後押しする要素の一つとなっている．これが正しいかどうかは実証できないが，過去の大量絶滅に際に起こった出来事が何であれ，菌類が大量絶滅と同じ時期に大量に発生していたという事実は揺るぎないものと言える．現在進行している地球上 6 度目の生物大量絶滅においても，菌類がなんらかの反応をしているかもしれない．例えば産業革命以前と比べて，大気中の菌類の胞子濃度の上昇や，様々な生物における菌類病の増加などの兆候が見られるかもしれない．

## 8.3　森林生態系 4 つの変化要因と菌類

以上に記してきたように，菌類は地球上の生命の歴史と密接に関わり，森林生態系において特にキーとなる生物群である．それが 4 つの変化要因に対してどのように反応し，その結果森林生態系にどのように作用するかについて，これまでの章で紹介された通りである．ただし，複合的な影響については十分に論じられてきていない．実際には，ある変化要因が他へ影響する場合がある．

明らかになっている顕著な複合的影響は，気候変動が侵入病原菌の分布拡大

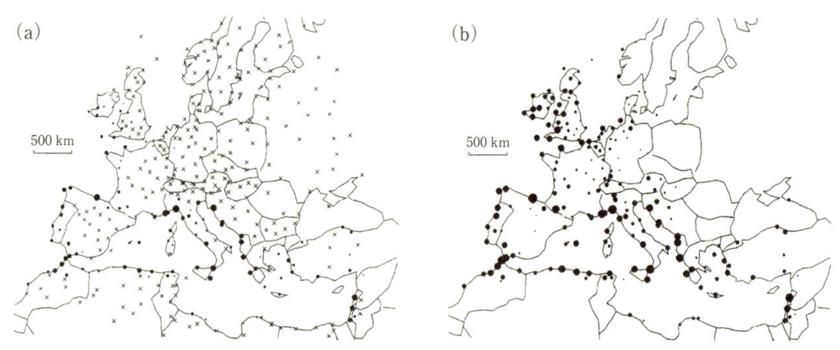


図 8.2　(a) ヨーロッパにおける *Phytophthora cinnamomi* の 1994 年時点での活性（×は気象観測地点のうち *P. cinnamomi* が生存不可能な地点），(b) 気温が 3°C 上昇した場合の予想
ドットサイズは病原菌の生存と成長における気候の相対的適応度. Brasier & Scott (1994) を改変.

を助長することで，森林生態系に影響するというものである．特に重要な事例として *Phytophthora cinnamomi* があげられる．第 5 章でも解説しているが，本種は多犯性の植物疫病菌であり，世界各国に分布を拡大している侵入病原体である．日本でもすでにセイヨウシャクナゲやローソンヒノキの苗畑を壊滅させるなどの被害を引き起こしているが，オーストラリアの森林生態系にはすでに重大な影響を与え，原生林の荒廃を引き起こしているという．また，イベリアにおけるナラ林でも森林衰退を引き起こしている．本種は比較的広い温度域で生息可能であるが，その活性は亜熱帯から温帯にかけて特に高い．ヨーロッパの冷温帯では時々しか被害を引き起こさないが，気候変動による気温上昇でその活性が高まると予想されている（Brasier & Scott, 1994；図 8.2）．同様の状況は日本においても起こり得る．本病原菌は日本国内では，これまで沖縄でパイナップルに被害を引き起こし，高知県，千葉県でも圃場レベルで問題となってきたが，今後の気候変動で病原菌の分布と被害の拡大が起こることが予想される．

逆に侵入病原菌による森林衰退が気候変動にどのような影響を及ぼすかについても，考えてみる必要があるかもしれない．それは，これまでの侵入病原菌による森林破壊は，言い換えれば二酸化炭素吸収源としての森林の破壊であり，多少なりとも気候変動にかかわってくる可能性があるためである．これまでの

表8.1　侵入樹木病害による被害と$CO_2$削減効果の損失　Fisher, *et al.* (2012) より抜粋.

| 病害 | 病原菌 | 宿主範囲 | 地域的損失 | $CO_2$吸収量の損失（メガトン） |
|---|---|---|---|---|
| ニレ類立枯病 | *Ophiostoma ulmi, O. novo-ulmi* | ニレ類 | 2500万本（イギリス，1990年代）7700万本（アメリカ，2001年まで） | 0.395〜1 |
| クリ胴枯病 | *Cryphonectria parasitica* | アメリカクリ | 35億本（アメリカ，1940年まで） | 13.8〜35 |
| オーク突然死 | *Phytophthora ramorum* | ナラ類，カラマツ等 | 140万本（ナラ類，カリフォルニア）400万本（カラマツ，イギリス 2011年） | 0.012〜0.05 |
| マルバユーカリノキ枯死 | *Phytophthora cinnamomi* | 西オーストラリアにおける9000種のうち2000種 | 100万ヘクタール（2009年まで） | 9〜23 |

侵入病原菌による森林被害によって損なわれた森林の二酸化炭素削減の損失は，ニレ類立枯病だけでも39〜100万トンと推定されている（Fisher *et al.*, 2012, 表8.1）．主要な侵入病原菌4種による損失を合計するだけでも2321〜5905万トンであり，この数値は日本の年間二酸化炭素排出量の約2〜5％になる．これはごく一部の侵入病原菌についての数値であり，現在ヨーロッパで問題となっているセイヨウトネリコの大量枯損や樹木疫病菌による被害は含まれていない．その他の侵入病原菌による被害量を合わせれば，かなりの量の損失があることが予想できる．よって，考え方によっては，侵入病原菌が気候変動を引き起こす要因の一つとなる大気中の二酸化炭素増加に，多少なりとも影響しているともいえそうである．

森林のオーバーユースが侵入生物の定着を助長するという報告がある．これは侵入病原菌についての報告ではないが，侵入植物の定着と分散が，森林の皆伐により促進されるという．森林伐採により突然発生したニッチは，他の生物が侵入・定着できる機会を増加させることから，容易に予想できることである．そこからさらに，土壌菌類相やその他の生物に様々な影響が及ぶことは容易に想像できる．また，森林の皆伐によりキクイムシの餌資源が増えれば，それを利用する外来性のキクイムシと随伴する樹木病原菌の定着・拡散が促される可能性がある．具体的なデータは見当たらないため，十分な議論はできないが，森林利用と侵入病原菌の関係については，今後より詳細な検証が必要であろう．

一方，森林のアンダーユースは，樹木の大系化につながることから，特に人工林においては腐朽病害の発生が危惧される．こうした林分は気候変動による影響を大きく受けてしまう可能性がある．気候変動による台風の増加や降雨災害は，多くの倒木を発生させることになり，ギャップが極度に発生してしまうことになる．以上のような環境では森林の自己修復機能は発揮されないかもしれない．天然林では，第4章で紹介されているように，森林の恒常性機能が土着の樹木病害によって維持されていると考えられるが，人為的な介入が頻繁にある森林では，恒常性維持には特に注意が必要であり，気候変動の影響をより大きく受けると予想される．

## 8.4　森林と菌類の関係解明における諸問題

これまで示されてきたように森林と菌類の関係についてはまだまだ不明な点が多い．そのため，今ある森林生態系の変化に対する菌類の影響を十分に示すことは難しく，明らかにしなければいけない問題も多い．例えば，菌類の多様性維持と森林管理の関係や，菌根菌のネットワークと機能が森林生態系にどのような影響を与えるか，樹木病原菌の正の機能が最大限発揮される生態系や多様性との関係，どのような病原菌が侵入病害として顕在化し得るか，土壌汚染における土壌菌類の多様性や機能の変化，気候変動による菌類の分布変化が森林生態系にどのような影響を与えるか等，より具体的なデータが求められているにも関わらず，まだ十分な量の科学的データを提示できていない．これらの問題解明が進んでいない要因は，研究者の人数，予算，研究体制の不備など様々な要因があるが，最も律速要因となっているのは，菌類学の遅れそのものかもしれない．特に分類の問題や，菌類生態学の遅れがある．

第1章でも述べたように，菌類の個体の概念は他生物に当てはめて考えにくい特徴がある．多くの植物や動物では個体数の増減を評価したり，生存率，死亡率を算出したりすることができるが，菌類においては，それは難しい．また，単純に菌類は微小で肉眼で見分けることが困難である．その他様々な問題があるが，菌類生態学を妨げるものとして，大きく分けて3つのバイアスが考えられる．一つは分類学的バイアス，2つめは理論的バイアス，3つめは技術的バイアスである．

### 8.4.1　分類学的バイアス

現時点での既知種数はおよそ10万種であるが，地球上に生息する菌類の推定種数は約510万種と言われている．50種類の菌を採集した場合，1種しか名前がついてないということである．もちろん，よく目につく菌類や，コロニーの巨大な菌類については，すぐに識別できるため，比較的分類が進んでいる種類が多い．逆に全く分類の進んでいない種類もあるため，それが全体の正確な多様性評価の妨げとなっている．そのため，現在までに行なわれている森林生息性菌類の多様性評価には，分類が比較的進んでおり，大きな子実体を形成する担子菌類を用いた研究が多い．特に，子実体の永続性，識別のしやすさ，木質分解者としての重要性などから，多孔菌類を用いた評価が進んでいる（第1章参照）．それでもまた十分な情報が整備されているわけではない（第2章参照）．さらに，微小菌についてはまだ不明な種類が多く存在する．近年では，DNA解析の急速な発展により，特に多様性評価の面で導入され，未記載種が多く含まれることが明らかとなっている．特に，多様性解析や分離した菌株について得られたDNA塩基配列の蓄積が進み，DDBJなどの遺伝子データベース上でも種名が不明なDNA配列が数多く登録されている．DNAではしばしば検出され，その存在が判明していても，実際の菌株や形態について全くわかっていない種類が多く存在する．これらは環境DNAという位置づけで，菌類以下の分類学的レベルで扱うことが困難である．中には目レベル以上で所属不明なものが検出されている．例えば*Archaeorhizomyces*は根圏土壌や根の環境DNAでは世界中で検出されていたにも関わらず，近年まで記載されていなかった（Anna *et al.*, 2011）．ようやく菌株が分離されて初めてその分類学的位置づけを決めることができた分類群である．ただし，未だその生態的機能は不明なままである．DNAが検出されたことだけでは，これらの機能については全くわからず，推定も不可能である．環境 DNA の解析と分類学の進展が歩調をうまく合わせることで，こうした問題は解決してゆくと予想されるが，解決には当分時間がかかると思われる．

また，DDBJ 等遺伝子データベースに登録されている分類群の中には，間違ったものも多く，相同性検索でヒットした分類群名が全く見当はずれな場合もある．分類群によっては種レベルで正しいと思われるデータが 8 割程度で，残り 2 割が間違った学名で登録されている場合もある．そのため，分子同定した分類群について生態的に誤った議論をしてしまう危険性がある．植物寄生菌については特に問題があり，誤同定された結果を採用してしまうリスクが常にある．特に早急に解消しなければならない問題の一つである．

### 8.4.2　理論的バイアス

菌類が生息する森林内微小環境は非常に多様であり，葉圏，樹幹，根圏，倒木，土壌，渓流および湿地などが挙げられる．また，土壌には様々な種類の落葉，落枝を含み基質，化学成分が著しく複雑な成分からなっている．このような森林生態系における異質性は，森林における菌類の多様性評価の大きな弊害となっている．それは，多くの菌類には基質特異性，嗜好性が存在するためである．森林土壌の有機層を 1 cm 移動するだけで全く異なる種類相になることもあり得る．よって，このような森林全体において土壌中における菌類の多様性を評価するのは現実的ではない．そこに生息する様々な動物・植物に特異的に関連した菌類の多様性が加わるため，さらに困難さは増す．

多様性評価には，各種類の出現頻度も重要である．一般に，ある地域で 10 種類の生物が生息しているとしても，1 種類だけ特に高頻度に分布している場合は，その地域の多様性は高いとは言えない．そのため，頻度データを多様性評価に組み込む必要がある．しかし，菌類の場合は頻度を評価するのが難しく，頻度データの解釈も難しい．菌類は断片化した菌糸それぞれからでも生育できる上に，無性的に胞子を形成し，増殖するため，個体の概念を 1 コロニーとした場合であっても，その由来が菌糸断片か，有性生殖により形成された胞子か，無性的に形成された胞子なのかで，生態的な意味が変わってくる．例えば，1 コロニーで形成された有性胞子に由来する 10 個のコロニーは，1 コロニー由来の菌糸断片から形成された10個のコロニーとは性質が異なるかもしれない．古くから用いられているような，CFU（colony forming unit）を一つの単位として，頻度を算出する場合は，有性胞子，無性胞子と菌糸断片を同等に取り扱うことになるが，この場合，胞子を作りやすい種類の頻度を過大評価してしまう可能性がある．例えば *Cladosporium* 属菌の場合は，菌糸から分化した分生子柄の先端が，複数分枝し，さらにその先端に分生子を形成することから，複数の分散体を形成することができる．さらに，分生子を形成する枝そのもの離脱し，分生子として機能するため，CFU で評価した場合，非常に高頻度に検出されることになり，場所によっては優占種となる．しかし，実際のバイオマスで定量化した場合は，特に有占種というわけではないかもしれない．また後述するが，DNA に基づく同定やメタゲノム解析においても，頻度データをどのように評価し，考えるかについては課題があり，分離された菌株を DNA バーコードで同定し，1 菌株を 1MOTU（molecular operatinal taxonomic unit）として扱い，頻度データとする場合と，メタゲノム解析で得られた 1 リードを 1MOTU と扱う場合で，全く意味が異なる．特にメタゲノム解析で得られる 1 リードは，PCR で増幅させたあとの 1 リードなのか，PCR 増幅せずに解析した 1 リードなのか，1 細胞内に複数コピーある遺伝子をターゲットにしたものなのか，1 コピーだけある遺伝子をターゲットにしたものなのかどうかで，意味が全く異なるものになり，そこには菌類の個体概念についての問題が常に付きまとう．それらを理解した上でデータを取り扱う必要がある．

### 8.4.3 技術的バイアス

菌類の検出・同定は経験が必要となる．実際に野外に出て菌類を採集する場合，圧倒的な個人差が出てくる．またその日の状況により，採集できる種類も変わってくる．1 週間しか胞子を分散させない種類もあれば，1 日で消失する子実体もある．熟練した研究者が採集した場合と，そうでない人が採集した場合の種類の違いも大きい．

培地で培養することにより菌の検出を試みる場合，通常用いられている培地，例えば PDA，MA などでさえ生育しない菌も存在する．このことから分離結果が使用する培地によって異なる可能性がある．さらには生育速度の違いから，特に生育速度の早い種類が多く分離され，生育速度が遅い種類がうまく分離されない場合や，他の種類の生育を抑制する二次代謝産物を産生する種類があることで，実際に生息する種類数や頻度を過少評価してしまう危険性は常にある．

サビ菌，ウドンコ菌類などの絶対寄生菌はしばしば風で分散しているにも関わらず，PDA や MA のような通常培地での人工培養が困難であり，これらを考慮した多様性評価を行う際には，メタゲノム解析など別のアプローチが必要となる．

従来のように微小菌類を形態から同定しようとした場合，培地上で形態形成がなされていなければ無理である．実際に野外から分離した菌株の多くは，胞子や構造物を培地上で形成しない場合が多い．そのため，過去多くの菌類の多様性評価の論文では，Sterile mycelium sp. といった表現や，未同定菌 A などという表記で示している場合が多かった．

以上の状況は DNA バーコードによる同定や，メタゲノム解析により克服されつつある．実際に現在急速にその手法を取り入れた菌類生態学的な研究が増えている．これにより，菌類生態学は，他生物で発達してきた生態学的手法を導入することが可能になってきている（第 7 章参照）．ただし，その使用においては常に注意が必要である．DNA 解析にはほとんどの場合，PCR による DNA 増幅が必要であるが，この PCR が曲者で，もとの鋳型量を反映した増幅を示さない場合もある．こうした PCR バイアスも菌類生態学研究における技術的バイアスの一つである．PCR バイアスの種類は様々で，PCR 淘汰，PCR ドリフト，GC 含量，プライマーミスマッチ，テンプレートの再アニーリング，などがあり，これらにより最初の鋳型を反映しない結果になってしまう場合があるため，プライマーの選択や PCR 条件の設定には注意を要する．それでもなお PCR で増幅に失敗する鋳型がある可能性も捨てきれない．あるはずのものが検出できないという点は，目視で子実体を観察たりし，分離培養で評価する場合とほとんど変わらないかもしれない．最近ではメタゲノム解析でも，サンプルに含まれているはずの種が検出されないケースが報告されており，得られた結果が元の状態を反映していない可能性があるという指摘がある．ただし，メタゲノム解析で得られるデータ量は膨大であり，同程度の数値を分離や採集により出そうとするとかなりの労力が必要である．また難培養菌の検出ではDNA解析は特に威力を発揮することから，現在の菌類の多様性評価や機能解析などの生態学的研究にはDNA解析やメタゲノム解析の技術が欠かせないものとなりつつある．最近では，次世代シーケンスも第4世代まで来ており，今後の技術革新によりこれまでに述べた問題点は徐々に解消されてゆくと予想される．そして今後，さらに正確なデータの収集が可能になると思われる．

## おわりに：森林生態系の変化の指標としての菌類 

現在進行中の，地球の生命史で6度目の大量絶滅は，地球上の森林生態系を激変させつつある．一部の地域では森林はすでに消滅し，残された地域も大きな変化の波にさらされている．過去の大量絶滅で示されているように，その変化の中で菌類もまた大きな影響を受けてきたと考えられる．しかし，残存する化石証拠では，どのような菌類がどのような影響を受けたのか，また逆に森林生態系に影響を及ぼしたのかは，白色腐朽菌の例以外にはわからない．一方，現在の森林生態系における4つの変化要因に対して，どのような種類の菌類がどのような影響を受けるかについては，本書でこれまでに述べられてきた知見が重要な手掛かりとなる．

森林変化のモニタリングは，4つの変化要因に対する森林生態系の反応を早い段階でとらえ，森林管理や保全のために適切な対策を講じる重要なステップである．そこでは特にモニタリングの指標として最適な生物種が必要となる．指標として重要な一般的条件は，生物学的に，自然界では安定して生息し，特定のストレッサーに対して計測可能な変化を示し，スケールと複雑さにおいて反応に変化があることが必要と言われている．方法論的には，長期のモニタリングが可能で，正確なデータの収集ができること，曖昧なデータがないこと，仮説検証ができることがあげられる．そして社会的に重要と見なされ，理解しやすく，対費用効果が高いことが必要である（Burger & Gochfeld, 2006）．これに基づき動物，植物，微生物等，様々な生物種指標が提案されているが，菌類群集そのものを指標とする試みは著者の把握する範囲では見当たらない．しかし，本書で紹介した通り，菌類群集は様々な生態群から構成されており，どの分類群が反応したかによって，何が変化したかを予測することができるかもしれない．

第1章にあるように，木質資源の主な利用者は菌類であることから，森林管理や森林の断片化などが菌類の出現や頻度に及ぼす影響は大きい．こうした分解菌のグループは特に森林の構造変化に鋭敏な反応を示すことが予想される．中でも，第2章で解説されているように，特定の樹種に限定して生えるような菌類は，その樹種が存在しているかどうかの指標になる．このような菌類については，空中を浮遊している胞子を捕捉することで，モニタリングができるだろう．また，第3章でも解説されている通り，外生菌根菌は森林生態系において重要な役割を果たしているギルドであり，その変化をモニタリングすることは特に重要である．実際に外生菌根菌の広域なモニタリングを通じて，森林管理や環境保全の影響を評価し，政策に生かす試みがある（Suz *et al.*, 2015）．さらには，人工衛星ランドサットのデータから，アーバスキュラー菌根から外生菌根性の樹木の優占する森林の林冠の分光特性を解析し，それぞれの菌根共生系を衛星データから特定できる手法も考案されている（Fisher *et al.*, 2016）．これにより地球規模で菌根共生系のパターンをマッピングできるかもしれない．第4章のトピックである樹木病害は，指標種としては重視されないかもしれないが，実際にはその環境状態を反映した発生パターンを持つ．その特性に関する情報と，景観生態学を結び付けた景観病理学がすでに提案されている（Holdenrieder *et al.*, 2004，第4章参照）．本来は病害の発生しやすい環境条件や地域を予測し，森林管理に資するための手法であるが，これは逆に病原菌を環境指標として利用できることを意味している．例えば，根株腐朽菌や植物疫病菌の自然分布は土壌水分と密接な関係がある．また，カラマツ先枯病（*Botryosphaeria laricina*）は風の強い場所のカラマツで特に被害が大きい（佐藤ら，1963）．宿主変換するさび病菌の仲間で，マツ葉さび病菌の1種，*Coleosporium phellodendri* はマツの葉に精子・サビ胞子世代を過ごし，キハダ（*Phellodendron amurense*）の葉上で夏胞子・冬胞子世代を過ごすことが知られている．つまり両宿主が存在しなければこの病原菌は生活環を全うできない．これらのことは樹木病原菌の存在が環境条件や植生の指標になり得ることを示している．また，農薬・重金属に対する菌類の反応や，気候変動に対する菌類群集の構造変化についても，それぞれの状況が選択圧となって菌類群集に作用するため，特徴的な種類が見いだされる．例えば一般廃棄物や工業廃棄物に長期間さらされた農地では重金属耐性の高い種類が優占的に分離される．また銅が多く含まれる土壌では，外生菌根菌の種数が減少することがPCRによる解析と形態観察から明らかとなっている（Rudawska *et al.*, 2011）．こうした研究はメジャーな雑誌にはあまり掲載されない地味で基礎的なものであり，高い評価を受けるものではないが，森林生態系と菌類の関係を考える上で価値ある研究である．今後さらなるデータの蓄積が進むことで，群集構造の変化そのものが森林変化の指標として利用できるようになるだろう．

現時点で課題は山積している．ただし，その中で技術的な側面は今後徐々に解消されていくことが予想される．山積する課題の中で，特に重要部分といえる「菌類生態学にかかわる研究者の不足」については，現在の国内外における状況を見ると楽観的に考えることは難しい．こうした点は本書やその他の菌類生態学に関する成書を通じて解消されることを期待したい．

## 引用文献


Rosling, A., Cox, F., Cruz-Martinez, K. *et al.* (2011). Archaeorhizomycetes: Unearthing an ancient class of ubiquitous soil fungi. *Science*, **333**, 876–9.

Bidartondo, M. I., Read, D. J., Trappe, J. M. *et al.* (2011) The dawn of symbiosis between plants and fungi. *Biol. lett.*, **7**, 574–577.

Brasier, C. M., Scott, J. K. (1994) European oak declines and global warming: a theoretical assessment with special reference to the activity of *Phytophthora cinnamomi*. *OEPP/EPPO Bulletin*, 24, 221–232.

Burger, J. & Gochfeld, M. (2001) On developing bioindicators for human and ecological health. *Environ. Monit. Assess.*, **66**, 23–6.

Casadevall, A. (2005) Fungal virulence, vertebrate endothermy, and dinosaur extinction: is there a connection? *Fungal Genet. Biol.*, **42**, 98–106.

Fisher, M. C., Henk, D. A., Briggs, C. J. *et al.* (2012). Emerging fungal threats to animal, plant and ecosystem health. *Nature*, **484** (7393), 10.1038/nature10947. http://doi.org/10.1038/nature10947 の supplement data.

Holdenrieder, O., Pautasso, M., Weisberg, P. J., Lonsdale, D. (2004) Tree diseases and landscape processes: the challenge of landscape pathology. *TREE*, **19**, 446–452.

Taylor, T. N., Krings, M., Taylor, E. L. (2015) *Fossil Fungi*. pp. 382, Academic press, Elsevier.

Fisher, J. B., Sweeney, S., Brzostek, E. R. *et al.* (2016) Tree-mycorrhizal associations detected remotely from canopy spectral properties. *Glob. Change Biol.*, **22**, 2596–2607.

佐藤邦彦・横沢良憲・庄司次男（1963）カラマツ先枯病に関する研究Ⅰ林業試験場研究報告，**156**, 85–143

Suz, L. M., Barsoum, N., Benham, S.（2015）Monitoring ectomycorrhizal fungi at large scales for science, forest management, fungal conservation and environmental policy. *Ann. For. Sci.*, **72**, 877–885.

Rudawska, M., Leski, T. & Stasinska, M.（2011）Species and functional diversity of ectomycorrhizal fungal communities on Scots Pine（*Pinus sylvestris* L.）trees on three different sites. *Ann. For. Sci.*, **68**, 5–15.

# 索　引

## 【欧文】



## 【あ行】

【か行】

## 【さ行】

【た行】



【な行】



【は行】

## 【ま行】



## 【や行】



## 【ら行】

Memorandum

Memorandum

【編者】

升屋勇人（ますや　はやと）

1999年　筑波大学大学院農学研究科修了

現　在　森林総合研究所きのこ・森林微生物研究領域微生物生態研究室室長.
　　　　博士（農学）

専　門　森林微生物機能解析学

主　著　『昆虫と菌類の関係―その生態と進化―』（分担訳，共立出版，2007），
　　　　『菌類の生物学』（分担執筆，共立出版，2014）

森林科学シリーズ 10
*Series in Forest Science 10*

森林と菌類

*Forest and Fungi*

2018 年 10 月 15 日　初版 1 刷発行

検印廃止
NDC 474.7, 653.17, 468
ISBN 978-4-320-05826-2

編　者　升屋勇人　©2018

発行者　南條光章

発行所　**共立出版株式会社**
〒112-0006
東京都文京区小日向 4-6-19
電話　(03) 3947-2511（代表）
振替口座　00110-2-57035
URL　www.kyoritsu-pub.co.jp

印　刷　精興社

製　本　加藤製本

一般社団法人
自然科学書協会
会員

Printed in Japan